"十二五"职业教育国家规划教材
经全国职业教育教材审定委员会审定

# 石油工业概论

## （第三版·富媒体）

主　编　张红静　韩福勇
副主编　褚会丽
主　审　田乃林

石油工业出版社

## 内 容 提 要

本书以石油工业生产流程为主线,系统、概要地论述了国内外石油工业的发展史,石油和天然气的生成与聚集、勘探、开发、集输,以及石油炼制与石油化工等基本知识。全书共八章,每章开始设定学习目标、构建思维导图,每章结尾引入思政案例,并以二维码为纽带,加入富媒体教学资源,为读者提供更为丰富和便利的学习环境。

本书可作为石油本科院校、职业本科院校及高职院校教材,也可作为了解石油相关知识的科普读物。

图书在版编目(CIP)数据

石油工业概论:富媒体/张红静,韩福勇主编. —3 版.
—北京:石油工业出版社,2024.5(2024.9 重印)
"十二五"职业教育国家规划教材
ISBN 978-7-5183-6714-6

Ⅰ.①石… Ⅱ.①张…②韩… Ⅲ.①石油工业—高等职业教育—教材 Ⅳ.①TE

中国国家版本馆 CIP 数据核字(2024)第 106802 号

---

出版发行:石油工业出版社
　　　　　(北京市朝阳区安华里二区 1 号楼　100011)
　　　　网　　址:www.petropub.com
　　　　编辑部:(010)64256990
　　　　图书营销中心:(010)64523633　(010)64523731
经　　销:全国新华书店
排　　版:北京密东文创科技有限公司
印　　刷:北京中石油彩色印刷有限责任公司

---

2024 年 5 月第 3 版　2024 年 9 月第 2 次印刷
787 毫米×1092 毫米　开本:1/16　印张:15
字数:382 千字

---

定价:39.00 元
(如发现印装质量问题,我社图书营销中心负责调换)
版权所有,翻印必究

# 《石油工业概论(第三版·富媒体)》编审人员

主　　编：张红静(河北石油职业技术大学)
　　　　　韩福勇(天津石油职业技术学院)
副 主 编：褚会丽(河北石油职业技术大学)
主　　审：田乃林(河北石油职业技术大学)
参　　编：(按姓氏拼音排序)
　　　　　程忠玲(河北石油职业技术大学)
　　　　　郭永伟(河北石油职业技术大学)
　　　　　蒋定建(克拉玛依职业技术学院)
　　　　　李建冰(河北石油职业技术大学)
　　　　　孟　琦(天津石油职业技术学院)
　　　　　牛丽伟(河北石油职业技术大学)
　　　　　秦　义(大庆职业学院)
　　　　　王　晶(河北石油职业技术大学)
　　　　　王　岩(延安职业技术学院)
　　　　　闫方平(河北石油职业技术大学)
　　　　　张金凯(山东胜利职业学院)
　　　　　张新军(河北石油职业技术大学)
　　　　　郑哲奎(河北石油职业技术大学)

# 第三版前言

本书第一版于 2006 年 9 月正式出版发行,并被列为普通高等教育"十一五"国家级规划教材。第二版于 2015 年 6 月出版发行,并被列为"十二五"职业教育国家规划教材。

第三版教材在保留了前两版特点的基础上,进一步更新了石油工业发展的新技术、新工艺、新方向的内容,即在油气田开发技术一章中,增加了海上油气开发、非常规油气开采技术的内容。本次修订在教学体例上做了调整,每章开始新增学习目标、思维导图、初识工程领域,每章结尾新增思政案例,即工程领域的大国工匠或杰出人物的典型事迹,每节开始新增问题导入,每章更新或是新增若干图片、视频。此外,将"油藏天然能量及驱动方式"这一节由原来的第六章调整至第二章。

全书分为八章,包括我国石油工业与世界石油工业、石油地质、油气田勘探、钻井与完井、油井试油及开采技术、油气田开发技术、油气储运技术、石油炼制与石油化工。具体编写分工如下:张红静和韩福勇编写前言;张红静和牛丽伟编写第一章;张新军编写第二章;王晶和王岩编写第三章;李建冰和孟琦编写第四章;郭永伟、闫方平和秦义编写第五章;张新军、李建冰和褚会丽编写第六章;褚会丽和张金凯编写第七章;郑哲奎、程忠玲和蒋定建编写第八章。本书由张红静、韩福勇任主编,褚会丽任副主编,由张红静负责修改、统稿,由田乃林教授审定。

在本书编写和出版过程中,得到了克拉玛依职业技术学院樊宏伟的大力支持和帮助,在此表示衷心感谢!

由于编者水平有限,书中还会有一些错误和不足之处,敬请广大师生及读者批评指正。

编者

2023 年 11 月

# 第二版前言

本书以石油工业生产流程为主线,系统、概要地论述石油和天然气的生成与聚集,油气勘探、开发、集输、石油炼制与石油化工,以及石油企业安全和环境保护等基本知识。

本书第一版于2006年9月正式出版发行,并被列为普通高等教育"十一五"国家级规划教材。几年来,由于石油工业的发展,书中有些油气资料数据已经过时,有些内容需要更新,个别章节结构体系需要进一步完善,为此进行修订。

本书第二版是在广泛征集并采纳相关石油院校任课教师意见的基础上,重新修订而成。在修订过程中,编者查阅了大量的文献资料,力求采用最新的油气资料数据,尽量反映石油工业发展的新技术、新工艺、新方向,努力整合教材内容,完善教材知识体系,注重知识性、技术性和实用性。在我国油气资源可持续发展战略的内容中,增加了非常规油气资源、替代能源和可再生能源知识;在油气水组成和物性部分,增加了油田水的组成与物性内容;在钻井方面,增加了钻机标准和钻井液配制与维护,并按API(美国石油学会)钻井液分类,增补了气体钻井液和合成基钻井液概念;在油井采油技术中,增加了射流泵采油,修改了螺杆泵采油、电动潜油泵采油、水力活塞泵采油等内容,增补了必需的图片;在提高油田采收率方面,加重了稠油开采技术的篇幅;在油气集输部分,加重了矿场油气集输流程内容,增补了输油管道的水力和热力特性知识;在石油炼制部分,修改了水蒸气汽提内容;为方便师生教与学,在每章后面附有复习思考题。

全书共分九章,编写分工为:承德石油高等专科学校何耀春编写前言、第二章,张红静编写第一章,程忠玲编写第八章;天津石油职业技术学院、渤海石油职业学院李书森编写第三章;天津工程职业技术学院刘桂和编写第四章;大庆职业学院王岚编写第五章;辽河石油职业技术学院黄欢编写第六章;山东胜利职业学院崔彬澎、高文伟编写第七章;重庆科技学院刘菊梅编写第九章;何耀春、张红静担任主编;全书由何耀春负责修改、统稿,由田乃林教授审定。

本书在编写和出版过程中,得到大庆职业学院李娟和陈德东、山东胜利职业学院马存栋、天津工程职业技术学院赵洪星的支持和帮助,石油工业出版社给予了大力支持,在此一并表示衷心感谢!

由于编者水平有限,书中难免存在一些错误和不足之处,敬请广大师生及读者批评指正。

编者

2015年1月

# 第一版前言

本书以石油工业生产流程为主线,力求系统、概要地论述石油和天然气的生成与聚集、油气勘探、开发、集输、加工与石油化工、石油企业的安全和环境保护等基本知识。

本教材可供石油院校各专业学生使用,目的在于使学生了解石油工业,掌握油气生成和油气勘探、开发、加工、集输的基本过程和基本理论知识,增加石油院校学生对石油工业的了解,增强学生在石油企业工作的适应能力。

全教材共分九章,内容包括石油和天然气的生成和聚集、油气田勘探方法和阶段、钻井技术、油井试油与开采技术、油气田开发技术、油气集输技术、石油炼制与石油化工和 HSE 基础知识。编写分工为:承德石油高等专科学校何耀春负责前言、第二章,程忠玲负责第八章;大庆职业学院王岚负责第一章,李娟负责第五章,陈德东、王岚负责第六章;天津石油职业技术学院李书森负责第三章;天津工程职业技术学院赵洪星、刘桂和负责第四章;山东胜利职业学院马存栋、崔彬澎负责第七章;重庆科技学院李文华负责第九章。全书何耀春、赵洪星为主编,马存栋、陈德东、李树森为副主编,最后由何耀春负责修改、统稿,由田乃林教授审定。

尽管本教材曾以校内教材使用多年,但作为规划教材,其编写是在 2005 年的大庆会议上才得以确定和完成分工,又要保证 2006 年的秋季用书,时间仓促,加之经验缺乏,难免有一些错误和不足之处,请广大师生在使用过程中多多包涵;更欢迎广大读者向有关编者和出版社反馈信息,以利于本书重印和修订时改正和提高。

编者<br>
2006 年 6 月

# 目　　录

## 第一章　我国石油工业与世界石油工业 … 1
第一节　我国石油工业 … 3
第二节　世界石油工业 … 15
思政案例　技能引航　做新时代的石油工匠——大国工匠赵奇峰 … 20
复习题 … 22

## 第二章　石油地质 … 23
第一节　矿物与岩石 … 24
第二节　地质构造 … 37
第三节　油气的生成、运移与聚集 … 43
第四节　油藏天然能量及驱动方式 … 60
思政案例　不老人生——石油地质大师李德生 … 64
复习题 … 68

## 第三章　油气田勘探 … 69
第一节　油气勘探阶段 … 70
第二节　油气勘探方法 … 71
思政案例　永远在路上——石油勘探专家翟光明 … 76
复习题 … 77

## 第四章　钻井与完井 … 78
第一节　钻井设备与工具 … 79
第二节　钻井工艺 … 88
第三节　钻井液 … 99
第四节　固井 … 103
第五节　完井 … 105
第六节　钻井事故 … 107
思政案例　为祖国献石油——铁人王进喜 … 109
复习题 … 110

## 第五章　油井试油及开采技术 ... 111
### 第一节　油井试油 ... 112
### 第二节　油井采油技术 ... 113
### 第三节　油水井增产增注措施 ... 124
### 第四节　修井 ... 129
### 思政案例　铁人精神激励我不断前行——大国工匠刘丽 ... 131
### 复习题 ... 132

## 第六章　油气田开发技术 ... 133
### 第一节　油田开发方案的编制 ... 134
### 第二节　油田注水开发技术 ... 138
### 第三节　提高采收率技术 ... 144
### 第四节　海上油气开发 ... 151
### 第五节　非常规油气开采技术 ... 160
### 思政案例　千里潜行　逐梦深海——大国工匠韩超 ... 167
### 复习题 ... 168

## 第七章　油气储运技术 ... 169
### 第一节　矿场油气集输 ... 170
### 第二节　油气管道输送 ... 186
### 第三节　油气的储存 ... 193
### 思政案例　聚焦解决油气储运难题　展现巾帼"她"力量——齐鲁工匠张春荣 ... 203
### 复习题 ... 204

## 第八章　石油炼制与石油化工 ... 205
### 第一节　石油炼制产品及生产工艺 ... 206
### 第二节　石油化工原料及加工流程 ... 222
### 思政案例　石油化工技术的开拓者——石油赤子侯祥麟 ... 226
### 复习题 ... 227

## 参考文献 ... 228

# 富媒体资源目录

| 序号 | 名称 | 页码 |
|---|---|---|
| 1 | 彩图1-1 原油样品 | 2 |
| 2 | 视频2-1 岩浆岩的形成 | 29 |
| 3 | 视频2-2 变质岩的形成 | 31 |
| 4 | 视频2-3 沉积岩的形成 | 32 |
| 5 | 视频2-4 褶皱 | 41 |
| 6 | 视频2-5 背斜和向斜的形成 | 41 |
| 7 | 视频2-6 正断层的形成 | 42 |
| 8 | 视频2-7 逆断层的形成 | 42 |
| 9 | 富媒体2-1 不老人生——石油地质大师李德生 | 64 |
| 10 | 富媒体3-1 数字勘探——大数据时代 | 70 |
| 11 | 歌曲3-1 山地物探铁军之歌 | 70 |
| 12 | 富媒体3-2 永远在路上——石油勘探专家翟光明 | 76 |
| 13 | 视频4-1 钻井的故事 | 79 |
| 14 | 视频4-2 钻井的工具 | 79 |
| 15 | 视频4-3 液压大钳的使用 | 79 |
| 16 | 视频4-4 钻井液循环系统 | 99 |
| 17 | 视频4-5 下套管 | 105 |
| 18 | 视频5-1 初识采油厂、计量站和海上采油平台 | 112 |
| 19 | 视频5-2 采油工作场景及启动抽油机 | 118 |
| 20 | 视频5-3 水力压裂 | 124 |
| 21 | 富媒体5-1 油田里的创新能手——大国工匠刘丽 | 131 |
| 22 | 富媒体6-1 石油故事——大庆油田不断研发新的采油技术 | 144 |
| 23 | 富媒体6-2 走进科学——致密油如何开发 | 161 |
| 24 | 富媒体6-3 千里潜行 逐梦深海——大国工匠韩超 | 168 |
| 25 | 富媒体7-1 地下储气库 | 201 |

# 第一章　我国石油工业与世界石油工业

📖 **学习目标**

【知识目标】
- 了解石油工业的基本生产流程。
- 熟悉我国石油工业古代、近代和现代发展历史。
- 掌握我国石油工业现状和发展前景。
- 了解石油对国际政治经济的影响情况。

【能力目标】
- 能够描述石油工业的基本生产流程,掌握我国石油工业未来发展战略,并引导学生正确认识石油对国家安全和经济社会的重要性。

**思维导图**

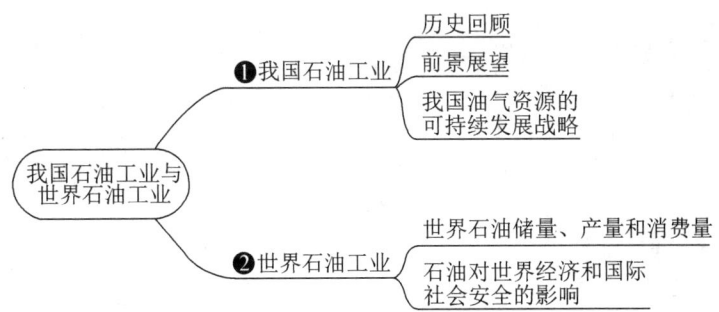

 初识石油工业

近代人类社会的现代化,有赖于能源的大规模开发和高效率运用。人类可利用的来自地下、地面和太空的能源虽然很多,但在今后相当长一段时间内,石油和天然气仍是世界上主要的能源之一。

石油(petroleum)被誉为"黑色的金子""工业的血液",在国民经济中的地位和作用十分重要(图 1-1、图 1-2 和图 1-3)。

图 1-1 原油样品

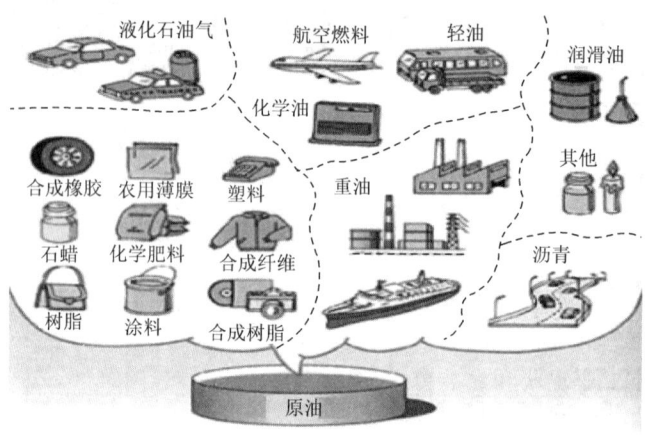

图 1-2 石油用途

图 1-3 油塑工艺品

石油工业是对石油进行勘探、开发和炼制加工的物质生产部门。它是一个高风险、高投入、高技术密集的行业。

石油工业由两大部分构成，即石油勘探与开发、石油炼制与石油化工。前者称为石油工业的"上游"，后者称为石油工业的"下游"。

石油工业生产流程如图 1-4 所示。

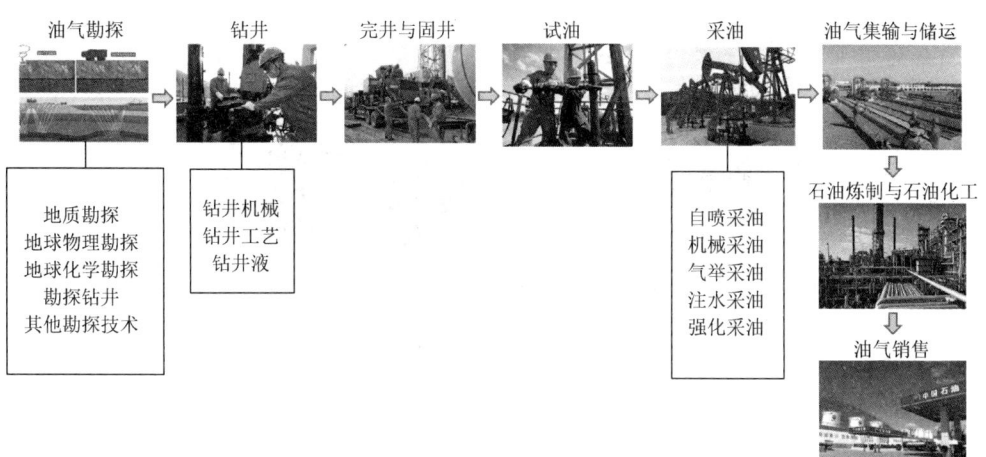

图 1-4 石油工业生产流程

# 第一节 我国石油工业

 问题导入

1. 我国何时开始发现、利用石油和天然气？
2. 我国主要油气田的分布及现状如何？
3. 未来我国石油工业将如何发展？

## 一、历史回顾

我国石油工业的发展有着悠久的历史。

### (一)我国古代石油的开采和利用

我国发现、利用石油和天然气已有 2000 多年历史。公元前 3 到公元 1 世纪，四川临邛（今邛崃市）发现"火井"。13 世纪开始，四川自贡一带浅层天然气进行过大规模开发利用。历史上，石油曾被称为石漆、膏油、肥、石脂、脂水、可燃水等，直到北宋时科学家沈括（1031—1095）才在世界史上第一次提出了"石油"这一科学的命名。沈括于 11 世纪末成书的《梦溪笔谈》中写道："鄜、延境内有石油，旧说'高奴县出脂水'，即此也"，并预言"此物后必大行于世"。

### (二)旧中国的石油工业

我国第一口油井是 1878 年在台湾西部苗栗钻成。当时，清政府从美国雇来技师、买来钻机，钻成了一口深为 133.8m 的井，大约在 90m 深处见到油流，每天可采出原油 750kg。

我国大陆第一口油井是 1907 年清政府从日本购进一部顿钻钻机，在陕西延长油矿钻成，井深 80 多米，日产原油 1~1.5t，至今仍在出油（图 1-5）。

1936—1943 年，独山子油矿在与苏联的合作下，共钻井 33 口，1942 年原油年产量最高，达 6909t。

图1-5 中国大陆第一口油井(延长油田发现井)

1936年,四川油矿勘探处成立,从德国购进旋转钻机,至1949年,共钻井6口,累计产气 $2350\times10^4\mathrm{m}^3$。

1935—1938年,我国著名的地质学家孙健初三次对我国最大的油矿——甘肃玉门油矿进行实地考察,确定井位。1939年3月27日打出第一口井,日产原油10t左右。至1949年共计钻井48口,生产原油 $49\times10^4\mathrm{t}$。

到1949年时,石油年产量只有 $12\times10^4\mathrm{t}$(其中含 $5\times10^4\mathrm{t}$ 人造油),天然气年产量为 $0.1\times10^8\mathrm{m}^3$,石油探明储量为 $2900\times10^4\mathrm{t}$,原油加工能力为 $17.5\times10^4\mathrm{t}$(未包括台湾地区)。

### (三)新中国的石油工业

新中国成立后,党和政府高度重视石油工业,使石油工业得以快速发展。

20世纪50年代前期,我国积极恢复玉门及延长油矿,恢复东北人造石油工业,同时以陕、甘地区为重点,开展石油勘探。1955年10月,克拉玛依第一口井——克一号井喷油(图1-6)。这是新中国成立后石油勘探史上的第一个突破。

图1-6 克一号井

20世纪50年代后期,石油勘探重点战略东移。

1958年9月,兰州炼油厂第一期工程建成。这是中国第一个年加工能力 $100\times10^4\mathrm{t}$ 的大型炼油厂。

1959年9月26日,东北松辽盆地松基三井喷油(图1-7),揭开了发现大油田的序幕。1960年2月,大庆石油会战开始。1963年,大庆油田全面开发建成,一举扭转了我国石油工业长期落后的面貌。大庆会战后,接着在胜利、大港、四川、江汉、长庆、辽河、华北进行了石油会战。

图 1-7 松基三井

1963年全国原油产量达到 $648×10^4$ t，其中大庆油田生产原油超过 $400×10^4$ t。同年12月3日，周恩来总理在第二届全国人民代表大会第四次会议上庄严宣告："我国石油基本自给，中国人民使用'洋油'的时代，已经一去不复返了。"1964年初，毛泽东主席向全国工交战线发出了"工业学大庆"号召。

1967年，海上石油工业开始起步，6月14日在渤海用自制的钢平台打成了第一口油井，喜喷油流。

1976年，大庆油田年产量突破 $5000×10^4$ t。1978年全国原油年产量突破 $1×10^8$ t（达 $1.04×10^8$ t）大关，进入世界产油大国行列。

从1981年起，全国原油产量逐年增长，到1985年达到 $1.25×10^8$ t（图1-8），列世界第六位。2000年全国原油产量达 $1.62×10^8$ t，是继产油大国沙特阿拉伯、俄罗斯、美国、伊朗后，连续13年名列世界第五位；天然气产量 $277×10^8$ m$^3$（图1-9），列世界第15位。2010年全国原油产量为 $2.03014×10^8$ t，首次突破 $2×10^8$ t；天然气消费首度突破千亿立方米，达到 $1060×10^8$ m$^3$；国内天然气产量达到 $950×10^8$ m$^3$，创历史新高。"十三五"时期，油气在全国一次能源消费中的地位更加牢固，石油占比基本维持在18.9%左右，天然气占比从2015年的5.8%提升到了2020年的8.7%左右。2016—2018年，原油产量连续三年下降，从 $2.14×10^8$ t下降到 $1.89×10^8$ t。针对上述情况，国内石油公司加大科技创新投入，勘探开发效果显著，原油产量在2019年实现止跌回升，2020年达 $1.95×10^8$ t；天然气产量持续增加，2020年达 $1888×10^8$ m$^3$。2023年，原油产量上升至 $2.09×10^8$ t，石油对外依存度增加至72.99%；天然气产量达 $2324.3×10^8$ m$^3$。

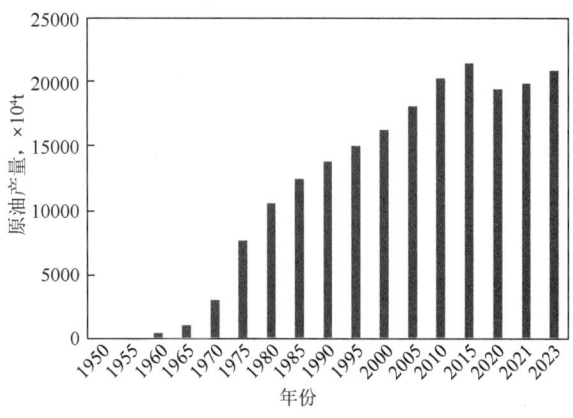

图 1-8 中国原油年产量示意图

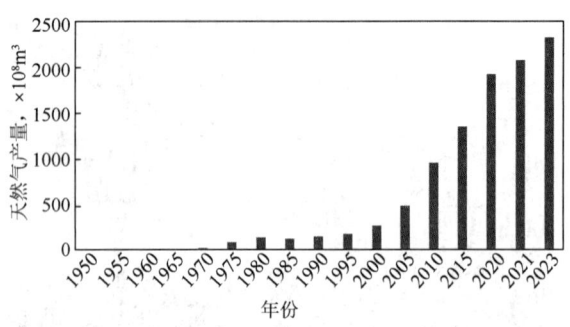

图 1-9 中国天然气年产量示意图

自 1959 年建成新疆克拉玛依至独山子输油管道以来,中国的油气管道建设有了较快发展。"十三五"期间,全国原油管道干线管网里程增加超过 $0.33 \times 10^4$ km,成品油新建管道里程达 $0.8342 \times 10^4$ km,天然气新建干线管道里程达 $1.02 \times 10^4$ km,油气长输管道累计达到 $14.4 \times 10^4$ km(原油管道约 $2.9 \times 10^4$ km,成品油管道约 $2.9 \times 10^4$ km,天然气管道约 $8.6 \times 10^4$ km)。截至 2022 年底,中国大陆建成油气长输管道里程累计达到 $15.5 \times 10^4$ km,其中天然气管道里程约 $9.3 \times 10^4$ km,原油管道里程约 $3.2 \times 10^4$ km,成品油管道里程约 $3.0 \times 10^4$ km。2023 年中国天然气需求呈增长态势,天然气基础设施建设持续发力,智能化建设将是油气管道发展的重要趋势,城镇燃气管道等老化更新改造将成为"十四五"期间的重点工作之一。

**我国石油工业管理体制沿革**

新中国成立后,我国石油工业隶属于石油工业部(1955 年 7 月成立);1970 年 6 月,石油工业部、煤炭工业部、化学工业部三部合并,成立燃料化学工业部;1975 年 2 月,撤销燃料化学工业部,成立石油化学工业部;1978 年 3 月,撤销石油化学工业部,设立石油工业部和化学工业部。实行市场经济后,我国于 1982 年成立了中国海洋石油总公司。1983 年 7 月,中国石油化工总公司成立。1988 年撤销石油工业部,成立中国石油天然气总公司。1998 年 7 月,中国石油天然气总公司与中国石油化工总公司重组,成立中国石油天然气集团公司与中国石油化工集团公司,不再承担行业管理职能,由国家经贸委管理。与世界石油公司一样,改制后的我国三大石油公司也是由油气勘探、开发、储运、炼制加工、销售组成的纵向联合体,采取上下游、内外贸一体化的体制,自主经营、自负盈亏、自我约束、自我发展。在三大石油公司以外,形成一大批为石油工业各个环节服务的专业技术服务公司,如物探、钻井、测井、油田和管道建设、机械制造等。

## 二、前景展望

### (一)油气资源量丰富

我国油气资源丰富,陆上和海上可供找油找气的沉积岩(图 1-10)超过 $670 \times 10^4$ km²(在世界各国沉积岩面积位次中居第 3 位),其中陆上 $520 \times 10^4$ km²(占全国国土面积 44%),近海大陆架面积 $150 \times 10^4$ km²,大大小小的沉积盆地有 500 余个。我国石油资源集中分布在八大沉积盆地:渤海湾盆地、松辽盆地、鄂尔多斯盆地、塔里木盆地、准噶尔盆地、柴达木盆地、珠江口盆地和东海陆架盆地;天然气资源集中分布在九大沉积盆地:塔里木盆地、四川盆地、鄂尔多斯盆地、东海陆架盆地、柴达木盆地、松辽盆地、莺歌海盆地、琼东南盆地和渤海湾盆地。

图 1-10 沉积岩实物图

"十三五"期间,中国油气勘探取得了重要进展。中国石油新增石油探明地质储量 $36.1 \times 10^8 t$,天然气探明地质储量 $3.6 \times 10^{12} m^3$;中国石化新增石油探明地质储量 $4.12 \times 10^8 t$,天然气探明地质储量 $1.02 \times 10^{12} m^3$;中国海油新增石油探明地质储量 $11 \times 10^8 t$,天然气探明地质储量 $4357 \times 10^8 m^3$。根据《全国石油天然气资源勘查开采通报(2015—2020年度)》数据统计结果,"十三五"期间,全国新增石油探明地质储量 $50.24 \times 10^8 t$,新增天然气探明地质储量 $3.87 \times 10^{12} m^3$。《中国矿产资源报告(2022)》显示,截至2021年底,中国石油、天然气剩余探明技术可采储量已达 $36.89 \times 10^8 t$、$63392.67 \times 10^8 m^3$,油气地质勘查在鄂尔多斯、准噶尔、塔里木、四川和渤海湾等多个盆地新层系、新类型、新区勘探取得突破。此外,2021年中国煤层气、页岩气剩余探明技术可采储量分别为 $5440.62 \times 10^8 m^3$、$3659.68 \times 10^8 m^3$。

## (二)西部大开发为中国石油工业提供新的发展机遇

西部主要含油气地区有塔里木盆地、准噶尔盆地、吐鲁番—哈密盆地、鄂尔多斯盆地、四川盆地和柴达木盆地,具有明显的油气资源优势。根据《2021年矿产资源储量统计表》,在2021年西部地区的能源矿产基础储量中,石油为 $169109.3 \times 10^4 t$(占全国的45.85%),天然气为 $52968.5 \times 10^8 m^3$(占全国的83.56%)。西部地区12省区❶中,石油储量以新疆、甘肃最为突出,分别为 $63355.5 \times 10^4 t$ 和 $44681.1 \times 10^4 t$,占西部地区石油储量的37.46%和26.42%;天然气储量以四川、陕西、新疆和内蒙古较为丰富,分别为 $15556.4 \times 10^8 m^3$、$11630.0 \times 10^8 m^3$、$11175.3 \times 10^8 m^3$ 和 $9887.5 \times 10^8 m^3$,占西部地区天然气储量的29.37%、21.96%、21.10%和18.67%。西部地区石油天然气产量的增长将有利于我国陆上石油产量实现稳中有升,并对全国天然气的使用发挥重要作用。《全国石油天然气资源勘查开采通报(2020年度)》显示,2020年我国石油新增探明地质储量 $13.22 \times 10^8 t$,比上年增长17.7%。其中,新增探明地质储量大于 $1 \times 10^8 t$ 的盆地有4个:鄂尔多斯盆地、渤海湾盆地(含海域)、准噶尔盆地和塔里木盆地,西部占据了3个;新增探明地质储量大于 $1 \times 10^8 t$ 的油田有2个:鄂尔多斯盆地的庆城油

---

❶ 西部地区12省区包括新疆维吾尔自治区、内蒙古自治区、西藏自治区、宁夏回族自治区、甘肃省、陕西省、四川省、重庆市、云南省、贵州省、青海省、广西壮族自治区。

田、准噶尔盆地的昌吉油田,全部隶属西部。《中国矿产资源报告(2022年)》显示,2021年,在鄂尔多斯、准噶尔、塔里木、四川和渤海湾等大型含油气盆地新层系、新类型、新区勘探均获多项重大突破。鄂尔多斯盆地中东部首次在盆地盐下高压气藏获高产突破。准噶尔盆地东部阜康凹陷东环带多口探井获高产,展现出阜康凹陷多层系立体勘探潜力。塔里木盆地多口井获高产油气流,富满地区发现3条新富油气断裂带,实现塔北—塔中整体含油连片。四川盆地川中古隆起勘探大规模展开,有望形成万亿立方米规模大气区。渤海海域垦利10-2油气田建成我国海上首个浅层岩性亿吨级大油田。河套盆地兴隆构造带新落实亿吨级优质高效规模增储上产区。其中6个盆地西部地区占了5个,表明西部盆地仍是勘探开发的重点潜力区。

西部石油工业主要的开发建设项目包括油气田开发建设和输油输气管道建设两个方面。

在油气田开发建设方面:一是青海柴达木盆地涩北气田。这是涩北—西宁—兰州输气管道项目的天然气资源供应基地,每年具有$(25\sim30)\times10^8\mathrm{m}^3$的生产能力。二是新疆塔里木盆地克拉2号气田。它是工程项目的主要天然气供应来源,每年约$100\times10^8\mathrm{m}^3$的生产能力。三是鄂尔多斯盆地天然气二期开发工程。它为西气东输管道(图1-11)工程建成初期提供天然气源,同时也是陕京复线气源供应地,每年约有$60\times10^8\mathrm{m}^3$的生产能力。四是川东地区天然气田,每年约有$30\times10^8\mathrm{m}^3$的生产能力,为重庆和湖北武汉提供天然气;2005年川东北普光气田的发现,探明可采储量超过$2000\times10^8\mathrm{m}^3$,实现每年$40\times10^8\mathrm{m}^3$商业气量。

图1-11 西气东输管道

在输油输气管道建设方面:一是涩北—西宁—兰州输气管道工程。该管道工程全长935km,管径为660mm,年输气能力$(20\sim30)\times10^8\mathrm{m}^3$,对控制西宁、兰州地区的环境污染,促进柴达木盆地的天然气开发将起到积极的促进作用。二是西气东输管道工程。这是西部大开发的标志性工程,该管道工程总长超过4000km,管径1016mm,年输气能力$120\times10^8\mathrm{m}^3$,横跨中国东西部9个省(区、市)。西气东输工程不但可加快西部新疆塔里木盆地的天然气开发步伐,而且将改善东部地区能源结构,减少环境污染。三是鄂尔多斯盆地长庆气田—内蒙古呼和浩特输气管道工程。该管道工程全长470km,管径377mm,最大年输气能力$12\times10^8\mathrm{m}^3$,对调整内蒙古呼和浩特、包头等地区的能源消费结构,改善城市大气环境具有十分重要的意义。四是兰州—重庆成品油管道工程。该管道干线工程全长1207km,设计年输油能力$500\times10^4\mathrm{t}$,对解决四川和重庆两地油品运输难度大、成本高的问题,解决西北地区成品油过剩的矛盾,促进西部地区发展具有重要作用。五是西南成品油管道工程。该管道起自云南昆明,终端为广东茂名,干线工程全长2085km,设计每年输油能力为$1000\times10^4\mathrm{t}$,将有效解决广西、贵州、云南成品油运输问题,并带动相关石化产业发展。

## 三、我国油气资源的可持续发展战略

20世纪80年代以来,随着国民经济高速发展,我国能源需求迅速增长。从1993年和2006年我国成为石油、天然气净进口国开始,我国石油和天然气进口量逐步扩大。1999年原油净进口量已接近$4×10^7 t$;2004年原油净进口量突破$1.2×10^8 t$;2008年原油净进口量首次突破$2×10^8 t$,达到$2.0067×10^8 t$,进口LNG(液化天然气)$44.4×10^8 m^3$(图1-12)。"十三五"时期,中国油气行业呈现"油稳气增"特征,在一次能源消费中石油占比基本维持在18.9%左右,天然气占比从2015年的5.8%提升到了2020年的8.7%左右。2020年,原油进口量达$5.4×10^8 t$,原油对外依存度为73.5%,比2019年增加0.9个百分点;天然气进口量达$1403×10^8 m^3$,天然气对外依存度43.2%,比2019年减少2.2个百分点。2020年9月,我国明确提出2030年"碳达峰"和2060年"碳中和"目标,简称"双碳"目标。"十四五"期间,能源发展将围绕"双碳"目标进入低碳转型升级新征程,油气行业将进入加速变革期,我国油气行业"油稳气增"特征将更加明显。2021年《国内外油气行业发展报告》发布,报告指出,随着世界主要经济体碳达峰、碳中和目标的明确,将深度引发油气供需两侧的结构性变革,我国油气行业将进入加速变革和全面推进高质量发展的新时期。未来五年,全国油气市场将进入变动期,天然气仍将是需求增长最快的化石能源。2021年是"十四五"开局之年,据中国海关总署数据,2021年原油进口量达$5.13×10^8 t$,原油对外依存度首次下降至71.6%;天然气进口量达$1650×10^8 m^3$,天然气对外依存度46%,比2020年高2.8个百分点。预计"十四五"末(2025年),我国石油需求将逐步临近峰值(约为$7.3×10^8$~$7.5×10^8 t$)平台期,天然气需求达到每年$4300×10^8 m^3$,天然气产量达到每年$2350×10^8$~$2500×10^8 m^3$,LNG接收能力突破$1.2×10^8 t$。根据中国石油经济技术研究院完成的《2060年世界与中国能源展望(2021版)》对我国油气供需态势的基本预测:2030年我国将消费石油$7.8×10^8 t$左右,2035年前我国原油产量约$2×10^8 t$,对外依存度将达到74%左右;2040年前我国天然气需求将保持较快增长,峰值将近$6500×10^8 m^3$,2030年天然气产量将突破$2500×10^8 m^3$,粗略估计对外依存度62%左右,供求矛盾突出。为了解决石油的供需矛盾,保证国民经济的稳定运行,我国石油工业必须实行可持续发展战略。

图1-12 LNG接收站

### (一)进一步扩大油气资源基础

根据"十三五"期间油气勘探成果得到的认识:陆上油气资源具备加大勘探开发力度的基础,大盆地仍是陆上油气勘探主战场;我国东部地区老油田还有较大的发掘油气潜力,西部地区油气资源十分丰富,是石油工业发展的重点。

西藏地区有着广泛的沉积地层,是极有希望的含油地区。由于地理、地形复杂,交通条件等种种困难,早些年尚未得到有效开发。20世纪后期,在进行第二轮战略评价时期西藏高原的勘探已开始增加工作量,但因受多种困难条件约束,进展一直较缓慢。随着我国科学技术和社会经济的发展,西藏地区矿产资源终将会得到充分的开发和利用。云南、贵州、湖南、湖北的广大山区,多为与四川油气田相似的碳酸盐岩地层,可能蕴藏着大油气田。

陆上剩余油气资源品质总体偏差,增储上产难度大,所以深层油气资源是一个不可忽视的增储上产领域。我国的深层油气资源丰富,但探明率较低,因此,深层油气资源预计将成为油气勘探潜力很大的一个后备战场。

海域常规油气资源品质较好,海洋油气成为近年来增产上产的主力。海洋中的油气资源潜力巨大,但探明率仍较低,特别是深水、超深水海域油气资源。随着我国科学技术和社会经济的发展,该领域终将会得到充分的开发和利用。

### (二) 不断完善和创新油气田开发技术,提高油气采收率

在长期的石油勘探开发实践中,我国不断研究完善了大型非均质砂岩开发理论与分层开采、控水稳油综合治理和三次采油等技术。根据我国石油工业发展的趋势与需要,目前三次采油技术已逐步形成了以化学采油(图1-13)为主体的四大技术系列,即化学驱、气驱、热力驱和微生物驱。这些新技术的研究和应用,必将进一步延长老油田开采时间,提高油气采收率。

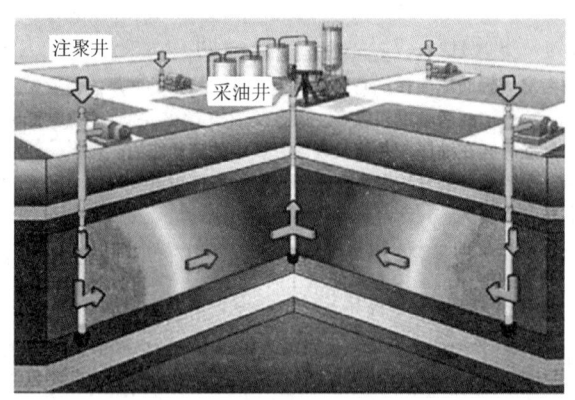

图 1-13 聚合物驱油过程中注采井示意图

### (三) 加大天然气的勘探开发力度,部分实现以气代油

中国天然气地质资源量 $82.7 \times 10^{12} \mathrm{m}^3$,可采资源量 $49.2 \times 10^{12} \mathrm{m}^3$,探明程度 20% 左右;陆上资源量 $44.3 \times 10^{12} \mathrm{m}^3$,可采资源量 $23.9 \times 10^{12} \mathrm{m}^3$,海域资源量 $38.4 \times 10^{12} \mathrm{m}^3$,可采资源量 $25.3 \times 10^{12} \mathrm{m}^3$。陆上天然气资源主要分布于陆上四川盆地、塔里木盆地、准噶尔盆地、柴达木盆地、鄂尔多斯盆地、松辽盆地和渤海湾盆地 7 大含油气盆地,探明程度 16.3%,处于勘探早期。由于"西气东输""海气登陆""川气出川"(图 1-14)等管道工程的带动,天然气储、产量将有一个较快的增长。根据《全国石油天然气资源勘查开采通报(2015—2020)》数据结果显示,"十三五"期间,全国新增天然气探明地质储量 $3.87 \times 10^{12} \mathrm{m}^3$,生产天然气 $0.69 \times 10^{12} \mathrm{m}^3$,"十三五"末(2020年底),全国已探明天然气田 284 个,累计探明天然气地质储量 $16.88 \times 10^{12} \mathrm{m}^3$,累计生产天然气 $2.38 \times 10^{12} \mathrm{m}^3$。2021 年,天然气产量首次突破 $2000 \times 10^8$,达到 $2053 \times 10^8$

$m^3$,天然气进口量为 $1650\times10^8 m^3$,对外依存度为 46%,比 2020 年高 2.8 个百分点。根据《2060 年世界与中国能源展望(2021 版)》预测,2040 年前中国天然气需求峰值接近 $6500\times10^8 m^3$,2030 年中国天然气产量将突破 $2500\times10^8 m^3$;2060 年中国天然气需求约 $4100\times10^8 m^3$,而天然气产量近 $3500\times10^8 m^3$。

图 1-14 "川气出川"天然气管道

### (四)加强非常规油气资源的勘探开发

非常规油气资源包括页岩气、煤层气、致密气及天然气水合物等非常规天然气资源以及稠油油藏、页岩油藏、致密砂岩油藏等非常规石油资源。其中非常规天然气资源是近二十年在国际上崛起的洁净、优质能源,可广泛应用于民用燃气、发电、化工原料、工业燃料、汽车燃料、燃气锅炉等领域。"十三五"期间,我国的非常规天然气勘探开发取得了重大突破,实现了从常规天然气向非常规天然气的工业化发展,正在成为我国未来增储上产的战略接替领域。截至 2020 年,中国非常规天然气产量为 $732\times10^8 m^3$,占天然气总产量的 38%。在非常规天然气发展符合预期情况下,2030 年中国非常规天然气产量可达到 $1000\times10^8 m^3$,2050 年中国非常规天然气产量可达到 $1200\times10^8 m^3$。

我国页岩气资源丰富,主要分布在四川盆地及其周缘地区、滇黔桂地区和长江中下游地区,目前处于早期快速发展阶段。"十三五"期间,中国页岩气开发技术获得重要成果,埋深 3500m 以内浅页岩气实现了有效开发,埋深 3500m 以上深页岩气开发取得突破进展,使四川盆地海相页岩气成为中国天然气产量增长的重要组成部分。根据《全国石油天然气资源勘查开采通报(2020)》数据结果显示,"十三五"末(2020 年),全国已探明页岩气田 7 个,累计页岩气探明地质储量 $2.0\times10^{12} m^3$,新增页岩气探明地质储量 $1918.27\times10^8 m^3$;累计生产页岩气 $691.30\times10^8 m^3$,页岩气年产量为 $200.55\times10^8 m^3$,同比增长 30.4%,产量主要来自四川盆地及其周缘。自 2004 年以来,经过近 20 年的不懈努力,我国页岩气年产量由 0(2010 年)增长到 $228\times10^8 m^3$(2021 年),逐渐成为中国天然气产量增长的重要组成部分,在理论技术和生产实践中都取得了较好的效果。而埋深超过 3500m 的深层页岩气具备再上产 $200\times10^8 m^3$ 以上的能力,是未来我国页岩气发展的重要方向。

我国煤层气资源相当丰富,陆地和海域的含煤盆地总面积达到 $100\times10^4 km^2$ 以上,并且成煤期多,大型隐伏含煤盆地也多,煤系地层厚度大。新一轮全国煤层气资源评价结果表明,我国埋深 2000m 以内浅煤层气地质资源量为 $36.8\times10^{12} m^3$,埋深 1500m 以内浅煤层气可采资源

量为 $10.9×10^{12}m^3$。我国是世界上继俄罗斯、加拿大之后的第三大煤层气储藏国,是世界排名前 12 位国家资源总量的 13%。"十三五"期间,我国煤层气储量持续增长,新增煤层气探明储量 $1555×10^8m^3$,主要集中在沁水盆地和鄂尔多斯盆地东缘;四川盆地南部筠连气田、贵州文家坝气田也取得了勘探突破;发现了安泽—马必东、石楼北等大型煤层气田,其中安泽—马必东气田代表了深层煤层气领域勘探开发的重大突破。截至 2020 年底,全国已探明煤层气田 28 个,累计煤层气探明地质储量 $7259.11×10^8m^3$(表 1-1),新增煤层气探明地质储量 $673.13×10^8m^3$;累计生产煤层气 $288.66×10^8m^3$,煤层气年产量为 $57.67×10^8m^3$,较 2015 年增长了 30%,产量主要来自沁水盆地和鄂尔多斯盆地东缘。

表 1-1 全国主要石油资源探明储量与开采量

| 资源类型 | 全国探明储量(截至 2020 年) | 全国 2021 年开采量 |
| --- | --- | --- |
| 石油 | $422×10^8t$ | $19898×10^4t$ |
| 天然气 | $16.88×10^{12}m^3$ | $2053×10^8m^3$ |
| 煤层气 | $7259.11×10^8m^3$ | $104.7×10^8m^3$ |
| 页岩气 | $2×10^{12}m^3$ | $228×10^8m^3$ |
| 天然气水合物 | $8.8×10^{12}m^3$ | — |

我国致密气资源丰富,主要分布在鄂尔多斯盆地、四川盆地、塔里木盆地和松辽盆地等地。其中鄂尔多斯盆地是当前致密气开发的主要地区,其致密气资源具备年产量 $400×10^8$ ~ $500×10^8m^3$ 的开发潜力,四川、塔里木和松辽等盆地具备年产 $50×10^8$ ~ $100×10^8m^3$ 的开发前景。我国致密气资源于 2003 年开始开发,2006 年进入规模开发试验阶段,2009 年进入产量快速增长阶段,2014 年中国致密气年产量达到 $340×10^8m^3$,占天然气总产量约 25%;2015—2018 年,致密气开发进入产量稳定期,采收率可达 50%。截至 2020 年底,中国致密气探明地质储量超过 $5×10^{12}m^3$,产量达到 $465×10^8m^3$,与 2019 年相比增长约 15%,占全国天然气总产量的 24%,已成为我国天然气生产的主体之一。根据中国工程院预测,2030 年前我国致密气产量预计可达 $800×10^8$ ~ $1200×10^8m^3$,是天然气增储上产的重要领域。

天然气水合物主要分布于水深大于 300m 深海陆坡区及陆地永久冻土带,它是水和天然气在高压和低温条件下混合产生的一种固态物质,外貌极像冰雪或固体酒精,点火即可燃烧,有"可燃冰""气冰""固体瓦斯"之称(图 1-15)。天然气水合物能量密度高,每立方米在标准状态下可释放出 160 ~ $180m^3$ 甲烷气,是普通天然气的 2 倍,而且杂质少,是一种清洁、少污染的高效能源。我国从 20 世纪 80 年代开始天然气水合物研究,起步相对较晚,但是发展速度很快。1999 年在西沙海槽首次开展了天然气水合物高分辨率多道地震调查;2011 年和 2016 年在祁连山地区成功实施陆域天然气水合物试采工程;2017 年和 2020 年在南海神狐海域开展两次天然气水合物试采,试采稳定连续产气 60 天和 30 天,累计开采出 $30.9×10^4m^3$ 和 $86.14×10^4m^3$ 气体,标志着我国天然气水合物开采技术上实现了重大突破,我国成为第一个实现在海域天然气水合物试采且能够连续稳产的国家。据估算,全球天然气水合物地质资源量达 $20×10^{12}t$ 油当量,大致相当于全球煤炭、石油和天然气等化石燃料总资源量的 2 倍;中国海域天然气水合物资源储量约为 $800×10^8t$ 油当量,是已探明石油储量的 2 倍。作为一种新型非常规能源,天然气水合物有望成为传统能源的替代品。

图 1-15　天然气水合物

### (五) 加强替代能源和可再生能源的研发力度

国民经济的可持续发展、能源消费的剧增、化石燃料的匮乏至枯竭以及生态环境的日趋恶化,迫使人们不得不思考人类社会的能源问题,不得不研究并开发新的可替代能源和可再生能源。我国具有丰富的可替代能源和可再生能源。

可替代能源主要有核能。它是通过转化其质量从原子核释放的能量。核电作为一种技术成熟的清洁能源,与火电相比,不排放二氧化硫、烟尘、氮氧化物和二氧化碳,且不存在核辐射和核安全问题。实践证明核电是一种安全、可靠、清洁、经济的能源,是最可能被大规模开发的非化石能源之一。氢能有巨大的潜在优越性,以氢为基础的能源系统的出现是可以预见的。与化石能源制氢相比,核能制氢具有资源基础较大而无大量温室气体排放的优点。

可再生能源是指可以反复再生的能源,具体有水能、太阳能、风能、地热能、海洋能、生物质能等非化石能源。其主要特征是可供人类永续利用,分布广、品种多,可当地化开发和分散式利用。最为突出的优点是不含碳和少含碳。缺点是能量密度低,开发利用需要较大的空间,而且具有波动性、间隙性及不稳定性等特征。我国可再生能源资源品种齐全,数量多,资源基础雄厚。

为了促进我国非常规能源的技术进步,加速其产业化成长过程,使其在能源系统中发挥比较大的作用,要善于把非常规和常规能源的先进的利用方式结合起来,逐步改变我国能源结构,从根本上改善能源进口依存度;要制定适宜的法律和激励政策,以最小的代价,在最短的时间内完成非常规能源的规模化发展过程,使非常规能源成为一种廉价的、在能源供应中可以发挥重要作用的能源,为我国长期的能源可持续发展做好技术、工业装备能力和产业上的准备。

### (六) 参与国外油气开发

自从 20 世纪 90 年代初中国的石油公司开始走出国门至今,中国的几大石油公司已在世界 80 多个国家和地区拥有油气业务,国际化经营已具有一定规模。中国的石油公司走向海外、利用国外石油资源曾经出现两大机遇。其一,20 世纪 90 年代初苏联解体,所属各国实行私有化,与此同时南美许多国家也实行私有化,有较多机会可以从上述国家获得油气田和勘探区块;其二,1998—1999 年东南亚爆发金融危机,油价暴跌至 10 美元/bbl,中国石油公司在这一时期获得了一些项目。

进入 21 世纪,上述国家的私有化高潮已经过去。中东产油国有的不对外开放上游领域,有的合同条款愈加苛刻,有的政治不稳定。国际上大部分有利区块已被国际大石油公司占有,有些实力较强的国家石油公司则以自主开发为主。他们手中的区块,特别是陆上区块日益减少。近些年来的高油价使得油田项目转让的机会少、代价高,竞争十分激烈。但是,世界仍存在较大的油气勘探开发潜力,例如老油田滚动勘探和提高采收率的潜力,处于起步阶段的非常规石油资源,如重油、油砂的利用等。也就是说,仍存在许多利用国外油气资源的机会。

面对国际形势已经发生和正在发生的深刻变化,中国的石油公司把握当今国际环境的新特点,采取有效的策略和措施,加强国际化经营,已形成美洲、非洲、欧洲、中东、中亚—俄罗斯和亚太等六大油气合作区。"十三五"以来,国际合作迈上新台阶,"一带一路"能源合作亮点纷呈,截至2020年,海外油气产量突破$2\times10^8$t油当量。2021年,由于疫情反复、低油价和"欧佩克+"减产等因素,中国的石油公司经受了多重考验,平稳有序复工复产,海外油气权益年产量保持在$1.8\times10^8$t以上,成绩显著。"十四五"期间,我国面临的国际环境日趋复杂多变,而油气特别是天然气对外依存度将继续升高,需要合理布局海外油气合作,助力构建以国内大循环为主体、国内国际双循环相互促进的新发展格局,为能源绿色低碳转型奠定基础。

**(七)建立油气储备,确保国家经济安全**

石油作为主要能源,关系到各国经济发展和经济安全,被视为重要的战略物资,越来越与国际政治经济形势的变化交织在一起,因此,建立我国的战略石油储备势在必行。一是资源和产能的储备;二是技术储备;三是石油进口渠道要多元化,建立双边、多边、地区性或国际性石油能源合作体制,以保证石油开发和供给的稳定与安全。

2020年,中国石油对外依存度达73.5%,为近五十年来最高。近年来,中国坚持立足国内、全球化经营的思路,已经与俄罗斯等国家合作,逐步建成四大油气战略进口通道,即西北通道、东北通道、西南通道和海上通道。

西北通道是从中亚及俄罗斯西西伯利亚等地进口油气资源,并在我国西北地区入境的进口通道。目前,西北通道已建成中亚天然气管道(图1-16)A、B、C和D线,全长约$1\times10^4$km,于2009年12月投产,其中A、B、C和D四条线路设计输气能力分别为$300\times10^8$m³/a、$300\times10^8$m³/a、$250\times10^8$m³/a和$300\times10^8$m³/a;建成哈—中天然气管道(图1-17),全长2798km,2009年7月建成投产,引进原油$2000\times10^4$t/a。

图1-16 中亚天然气管道

图1-17 哈—中天然气管道

东北通道是指从俄罗斯东部进口油气资源,并在我国东北地区入境的进口通道。目前,已建成中俄原油管道,并于2010年11月进入运行阶段,进口原油$1500\times10^4$t/a;建成中俄天然气管道(图1-18),2019年12月正式投产通气,引进天然气$380\times10^8$m³/a。

西南通道是指从中东和缅甸进口油气资源,并在我国西南地区入境的进口通道。中缅油气管道包括原油管道和天然气管道(图1-19),初步设计引入原油$2200\times10^4$t/a,天然气$120\times10^8$m³/a,原油主要来自中东和非洲,天然气主要来自缅甸近海油气田。

图1-18　中俄天然气管道　　　　　　图1-19　中缅天然气管道

海上通道(图1-20)是建立石油和LNG海上船运供应通道。目前,中国从海外进口原油和LNG主要经过中东航线、非洲航线、东南亚航线和南美航线,LNG进口来源国主要有澳大利亚、卡塔尔、马来西亚和印度尼西亚等。随着中国油气进口依存度不断提高,LNG进口量增长迅速。从2017年开始,LNG进口量首次超过管道气进口量;截至2021年,全年进口LNG数量达到$1106\times10^8 m^3$,已超过日本成为全球第一大LNG进口国。

图1-20　海上通道

没有能源就没有生命和人类,更没有今天的社会文明和进步。在人类利用能源的征途中,能源危机似乎使人们"山重水复疑无路",但坚持油气资源的可持续发展战略,人类社会的发展必将"柳暗花明又一村",社会的文明和历史将不断前进。

---

**大庆精神**

大庆精神概括为"爱国、创业、求实、奉献"。它是20世纪60年代初期在大庆石油会战中逐步形成的。它是以铁人王进喜为代表的石油人的理想、信念、情感和意志的结晶。

---

# 第二节　世界石油工业

 问题导入

1. 全世界石油储量、产量及消费量是如何分布的?
2. 石油对世界经济、政治产生怎样的影响?

# 一、世界石油储量、产量和消费量

## (一)世界石油储量及分布

根据 2023 年《全球油气储量报告》最新数据显示,2022 年,全球石油储量增长 1.3%,为 $2406.9 \times 10^8 t$,储采比降至 52.1;天然气储量增长 2.2%,为 $211 \times 10^{12} m^3$。其中,欧佩克石油储量为 $1701.1 \times 10^8 t$,占全球储量比例 70.7%;天然气储量为 $74.2 \times 10^{12} m^3$,在全球占比 35.2%。全球油气资源格局不变,石油储量仍主要集中在中东和美洲地区,天然气储量仍主要集中在中东、东欧及原苏联地区(图 1-21 和图 1-22)。

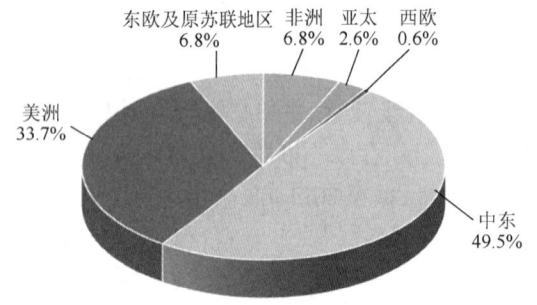

图 1-21 世界六大地区石油储量占比　　图 1-22 世界六大地区天然气储量占比

石油储量前 5 强仍是委内瑞拉、沙特阿拉伯、伊朗、加拿大和伊拉克,5 国总储量 $1490.5 \times 10^8 t$,占全球储量的 62%(图 1-23)。天然气储量前 5 强仍是俄罗斯、伊朗、卡塔尔、美国和土库曼斯坦,5 国总储量 $133.3 \times 10^{12} m^3$,占全球储量的 63%(图 1-24)。根据 2022 年《中国矿产资源报告》,受益于大力度的勘探开发活动,截至 2021 年底,中国石油储量 $37 \times 10^8 t$,同比增长 1.9%,仍保持全球第 13 位;天然气储量 $7.2 \times 10^{12} m^3$,增长 3.5%,保持第 8 位。

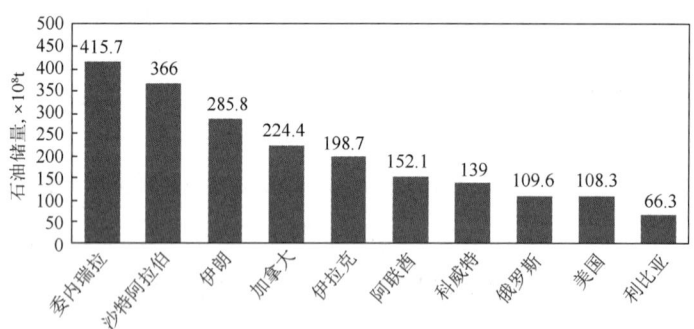

图 1-23　2022 年全球石油储量 TOP10

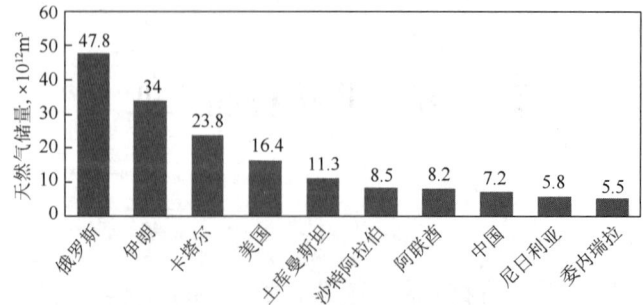

图 1-24　2022 年全球天然气储量 TOP10

**(二)世界石油产量及分布**

根据2023年《全球油气储量报告》最新数据显示,2022年,尽管欧佩克一直在提高其产量目标,但全球石油供应的挑战在这一年仍然存在。特别是因为俄罗斯开始关闭更多的油井,生产商继续受到产能限制。总体来看,在高油价的刺激下,2022年全球石油产量仍然实现了反弹。在世界六大地区中,美洲油气产量早已超越中东,成为"油气产量老大"(图1-25)。

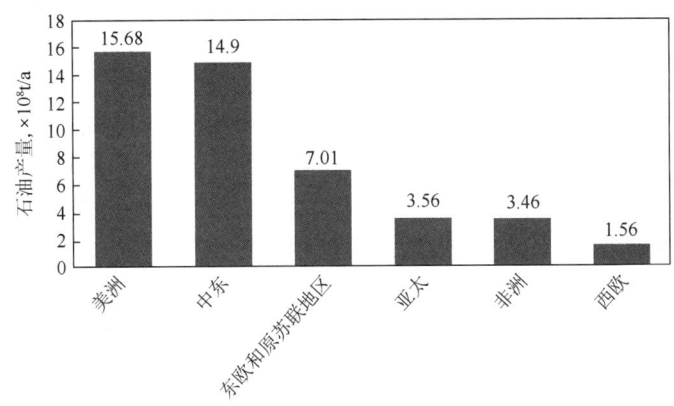

图1-25 2022年世界六大地区石油产量

2022年世界十大石油生产国家(图1-26)分别是:美国、沙特阿拉伯、俄罗斯、加拿大、伊拉克、中国、阿联酋、伊朗、科威特、巴西。美国是世界上最大的石油消费国,自2010年以来的页岩油气革命,更是使得该国极大地提高了石油自主率,从而超越沙特和俄罗斯成为世界上最大的石油生产国。

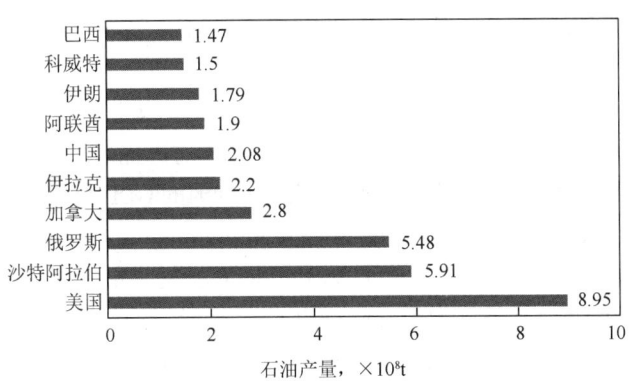

图1-26 2022年世界十大产油国

**(三)世界石油消费量及分布**

根据英国能源研究所2023年《世界能源统计评论》的数据,2019年,全球石油消费总量为$9795.9 \times 10^4$ bbl/d,2020年下降到$8913.9 \times 10^4$ bbl/d,2021年恢复到$9437.2 \times 10^4$ bbl/d,2022年恢复到$9730.9 \times 10^4$ bbl/d,但2020—2022年三年全球的石油消费均未超过2019年的水平。

根据英国能源研究所2023年《世界能源统计评论》的数据,2019年,全球天然气消费总量为$3.905 \times 10^{12}$ m³,2020年下降到$3.86 \times 10^{12}$ m³,2021年增长到$4.067 \times 10^{12}$ m³,不仅超过了2019年的水平,并且创下了阶段性的新高。2022年,由于俄乌冲突导致的天然气价格大涨,煤炭部分取代了天然气,全球天然气消费总量下降到$3.941 \times 10^{12}$ m³。

## 二、石油对世界经济和国际社会安全的影响

石油对世界经济和国际社会安全的影响,主要源自石油这一重要能源所具有的三个天然属性:一是高度依赖性。石油是国民经济不可或缺、无法替代的重要能源和化工原料,国民经济对石油具有很强的依赖性。石油占世界整个能源需求的31%,根据欧佩克发布的《世界石油展望(2022)》预测,2045年石油和天然气在全球一次能源组合中的市场份额将保持在50%以上,在整个预测期内,石油在全球能源结构中保持最高份额。二是天然的稀缺性。石油是一种不可再生的能源。由于技术发展的限制,石油储量探明有限,而且经济增长和石油消耗存在一定的比例关系。伴随着经济的增长,世界石油的地质蕴藏总量不断减少,供需矛盾日益突出。三是分布的不均衡性。石油资源分布的不均衡,导致石油供需矛盾更为尖锐。目前,产油的国家和地区已有150多个,发现的油田已有4万多个。但世界石油资源主要分布在中东、中南美洲、北美洲、独联体国家、非洲、亚太地区和欧洲。其中,中东、中南美洲是石油储量最多的地区,其探明储量占全世界总探明储量的66.9%。世界上最大的油田是沙特阿拉伯的加沃尔油田,可采石油储量达$104 \times 10^8$t。中东的沙特阿拉伯、伊朗、科威特、伊拉克和阿拉伯联合酋长国是世界最大的石油产地和输出地区。而这些地区大多是政治、民族和宗教矛盾错综复杂的地区。

石油的这些重要属性,使石油成为保障国家经济安全和政治安全的重要战略物资。1973年10月6日,爆发了第四次中东战争,以色列在战争爆发几天后取得了优势,从地面、空中和海上向埃及和叙利亚发起进攻。欧佩克即做出反应,大幅度提高油价,纠正长期以来被人为压低的油价。1974年1月1日将石油标价从每桶3美元提高到11.65美元,标志着"廉价石油时代"结束(西方称"第一次石油危机")。中东石油是对世界经济影响最为敏感的神经,石油提价使世界资本主义经济大发展开始消退,接着经历了1974年至1975年第二次世界大战后的最严重的世界性经济危机,导致美国、日本、英国的GDP平均负增长率为1.23%。1979年年初,由于伊朗政局的变化,石油出口停止。1980年,两伊战争爆发,导致石油供应量突然减少,油价从1978年底的平均每桶12.86美元暴涨到现货市场的每桶40~41美元(西方称"第二次石油危机")。1980年至1982年的经济危机,使美国、英国的GDP负增长率分别为0.2%和2.4%。两次"石油危机"使美国经济损失达4万亿美元。

1980年后,世界经济不景气,石油进口国开展节油运动,提高能源利用率,发展替代能源,减少石油消费;另一方面中东以外地区大力发展石油工业,造成石油供过于求,油价疲软,一度降至每桶10美元以下。欧佩克多方努力,1987年油价又逐步回升到每桶16~18美元的水平。

1990年8月2日,伊拉克入侵科威特,海湾危机爆发后,石油价格大起大落。1990年8月1日,中东原油价格为每桶18.10美元;10月9日,每桶油价上涨到35.40美元;10月11日,国际油价飙升到了每桶41.07美元的历史高位。1991年1月17日,海湾战争爆发,每桶油价又下降到14.90美元,低于海湾危机前的水平。以美国为首的多国部队连续轰炸伊拉克及其在科威特的军事目标,直至伊拉克宣布无条件投降,至此海湾战争结束。这是自第二次世界大战以来最大的一次局部战争。他们是在争夺海湾地区的石油控制权。正如美国前总统尼克松所说:"美国进行海湾战争,既不是为了民主,也不是为了自由,而是为了石油"。

到1994年,世界石油市场供大于求的形势仍未扭转,油价仍在每桶16~18美元左右徘徊。2002年,国际油价每桶仅20美元。

根据国际能源署(IEA)报告,2004年、2005年、2006年世界每天对原油的需求分别为

$8220 \times 10^4$ bbl、$8330 \times 10^4$ bbl 和 $8470 \times 10^4$ bbl。2006 年比 2005 年每天需求增加 $140 \times 10^4$ bbl，即使所有石油供应国都开足马力全力生产，全球石油供应仍然有 $1500 \times 10^4$ bbl 左右的缺口。由于原油需求快速增长，同时受美国"新经济"泡沫和传统资本市场泡沫相继破裂、房地产市场泡沫濒临崩溃，国际资本的运作主要集中在能源领域，以及主要产油国政治局势不稳定（如伊朗核问题）的影响，2005 年 8 月 30 日，国际油价高达 69.81 美元/bbl，9 月 2 日达到 67.72 美元/bbl。2006 年 7 月 14 日，国际原油价格突破 75 美元/bbl（达到 76.8 美元/bbl），创造历史新高。和发达国家相比，这次油价上涨将使更多依赖进口石油的发展中国家的生产成本上升，通货膨胀压力增大，经济增长速度放缓。

2007 年欧洲各国的原油库存普遍下滑，国际石油供应的紧张局势没有缓解的趋势，原油价格突破 90 美元的历史高位，达 91.86 美元/bbl。2008 年下半年，受金融危机爆发和逐步蔓延的影响，全球经济急剧下滑，石油需求严重萎缩，国际石油价格自 2008 年 7 月中旬达到历史高点（147.27 美元/bbl）后持续快速回落，并一直延续到 2009 年初。2009 年全年，尽管全球石油需求始终呈负增长，但随着欧佩克成员国严格执行减产协议，效果逐步显现，市场信心开始回暖，加之美元贬值和国际投机资本重仓介入，国际石油价格从 2 月初的 34 美元/bbl 上升至超过 80 美元/bbl，并在 70~80 美元/bbl 区间震荡。

2010 年年初，库存过剩和需求疲弱的供需基本使得油价短暂跌破 70 美元/bbl；年末，欧美寒冷天气和乐观的经济数据将布伦特油价推至金融危机以来的最高水平达 94.75 美元/bbl。2011 年，WTI 油价（西德克萨斯轻质原油价格）总体先升后降，利比亚动乱导致石油供应中断，欧债危机恶化等一系列利空经济事件和日本地震后续影响的作用下，国际油价震荡下滑，WTI 油价由年内最高点的 113.7 美元/bbl 降至 75.3 美元/bbl，降幅为 33.8%。

2012 年国际油价总体经历了前高后低、大起大落的态势。受伊朗和叙利亚局势动荡的影响，国际石油价格呈现大幅上扬态势，欧佩克原油参考价格在 3 月份曾超过 124 美元/bbl，伦敦布伦特和纽约西德克萨斯轻质原油期货价格也出现了新高。

2013 年，以色列空袭叙利亚军事设施、埃及和利比亚局势动荡以及伊拉克原油出口受阻等因素支撑着国际油价或者推动国际油价升高；美国和其他五国部分放宽对伊朗的经济制裁，促使国际油价回落。国际油价总体呈两轮"升降"走势，年底出现翘尾。

2014 年上半年，世界经济缓慢复苏加之中东地区局势动荡，国际油价稳步上涨；2014 年下半年，由于经济增长缓慢、原油产量增加、欧佩克影响力减小以及美元升值等因素，国际油价出现断崖式下跌，从年内最高点 115.06 美元/bbl（6 月 19 日）下降至 57.33 美元/bbl（12 月 31 日）。

2015 年，由于利比亚暴力冲突、也门事件持续升级、美国原油库存下降以及美元持续下行等因素影响，国际油价总体升高；由于美国原油库存增加、俄罗斯原油产量增加、欧佩克会议不减产并不设产量上限、原油需求减少和美元急升等因素影响，国际油价呈下降趋势。2015 年国际油价上半年震荡上升，布伦特油价最高价为 67.77 美元/bbl（5 月 6 日），下半年破位下跌，最低价为 36.11 美元/bbl（12 月 22 日）。

2016 年，国际油价走势以探底回升、震荡上行为主要特征。布伦特油价最低点为 27.88 美元/bbl（1 月 20 日），跌破了 2009 年金融危机低点。年末，由于供需平衡稳步推进和货币政策宽松等因素，布伦特油价达到了 57.89 美元/bbl。

2017 年年初，布伦特油价保持在 55 美元/bbl 的价位波动，由于非欧佩克成员国减产滞后、美联储加息以及美国库存与产量连续增长等原因，国际油价震荡式下跌。到 6 月下旬，布伦特油价降至年内最低 44.8 美元/bbl。2017 年下半年，由于减产协议、中东局势紧张和极端天气等因素影响,原油价格显著上涨,布伦特油价最高价为64.3美元/bbl。

2018年,受美国制裁伊朗以及欧佩克超额减产等因素影响,国际油价呈现震荡上行趋势,布伦特油价最高升至86.29美元/bbl(10月3日);10月以后,受伊核制裁和原油产量增加等因素影响,国际油价持续下跌,最低价为50.47美元/bbl(12月24日)。

2019年,受减产协议以及地缘政治动荡等因素影响,国际油价呈现上升趋势,布伦特原油于4月25日创下75.6美元/bbl高点。之后受贸易争端加剧、经济数据不佳和石油供应过剩等因素影响,国际油价一路下跌。到第4季度后半段,中美两国宣布达成第一阶段贸易协议,加之"欧佩克+"扩大减产规模,油价随之低位回升,达到65~70美元/bbl。

2020年,新冠肺炎疫情的全球蔓延和产油国的价格战,使国际油价出现史无前例的暴跌。布伦特油价最高值在1月上旬,达到68.91美元/bbl,最低值在4月下旬,仅为19.33美元/bbl;WTI甚至自上市以来首次出现负油价(-37.63美元/bbl)。4月下旬以后,世界各国逐步放松了疫情防控,石油需求回升;同时产油国达成了史上规模最大的减产协议,国际石油价格回升,7月以来稳定在40美元/bbl左右的水平。11月,新冠疫苗的出现,刺激着国际油价上涨。12月,布伦特油价达到了55美元/bbl,仍低于疫情前水平。

2021年,全球逐步放松疫情防控,石油需求大幅增加,而石油增产有限,再加上中东局势和极端天气等因素影响,国际油价持续大涨。自年初的50美元/bbl一度上涨至最高86.4美元/bbl(10月26日),为2014年10月以来的最高值。受疫情反复影响,在3月中旬至4月中旬、7月、8月和11月底,国际油价出现明显下降。特别是11月底,油价从82.22美元/bbl(11月25日)下降至72.72美元/bbl(11月26日),并一度下跌至65.57美元/bbl(12月1日)。随着恐慌情绪缓解,由于仍存在石油供应缺口,国际油价逐步回升,价格稳定在71~77美元/bbl之间。

2022年3月上旬,布伦特油价一度冲高至139美元/bbl。在此之后,国际能源署(IEA)联合多国大量释放战略原油储备,供应紧张压力缓解,油价回落至100美元/bbl区间。随后两个月,油价推升至全年次高点,布伦特油价震荡走高至125美元/bbl水平。2022年10月,"欧佩克+"宣布下调原油生产配额并通过减产调控原油供给量。但由于终端石油消费需求持续萎靡,2022年11月,国际油价下跌至全年新低,WTI油价一度下跌至73.6美元/bbl,布伦特油价下探至80.81美元/bbl。年末,供应端变数不大,油价维持宽幅震荡。

据石油勘探开发研究院能源战略中心数据,2023年,布伦特、WTI油价在65~97美元/bbl区间波动,全年均价分别为82.3美元/bbl和77.7美元/bbl,同比下降16.9%、17.6%。其中,3月美国和欧洲银行危机、二季度美国连续加息,以及11月后市场对供应过剩的担忧,导致油价出现3次较为明显的回落。中国经济的强势复苏、7月以来沙特和俄罗斯等国的减产,以及10月爆发的巴以冲突,又给下挫的油价提供了支撑。

---

**世界石油宝库——波斯湾**

波斯湾,也称海湾,面积$24×10^4 km^2$,被誉为"世界石油宝库"。到2012年底,波斯湾地区探明石油储量1093亿吨,约占世界石油探明储量的48.4%;已探明的天然气储量约为$80.5×10^{12} m^3$,约占世界天然气储量的43%。该地区具有油田规模大(集中分布在几个大油田)、地质条件好(83%的油井都是自喷井)、外运方便(海、陆均可),石油产量高、投资小、成本低、效益高的特点,是世界最大的产油地区,也是世界石油出口地区。出口量占世界石油出口总量的60%左右,主要输往美国、日本和西欧等地。

## 思政案例

### 技能引航　做新时代的石油工匠
#### ——大国工匠赵奇峰

工作27年,从一名采油工成长为中国石油技能专家,国家级技能大师工作室和辽宁省劳模创新工作室的领衔人,他就是辽河油田公司欢喜岭采油厂采油作业三区8#站采油工——赵奇峰。

赵奇峰,享受国务院政府特殊津贴,获第十四届中华技能大奖、全国"五一"劳动奖章,被评为全国技术能手、首届中国十大杰出青年技师、全国能源化学地质系统大国工匠、辽宁省功勋高技能人才、首批辽宁工匠、最美辽宁工人,当选辽宁省第十二次党代表。他编撰出版专著6部,获省部级以上创新成果奖33项、国家专利42项,96项创新发明成果在石油行业推广应用,解决油田生产技术难题522项,累计创效8600万元。

**攻坚啃硬,成为破解老油田开采难题的技能专家**

稠油开采成本高、难度大,在我国最大的稠油产地就是辽河油田。辽河油田欢喜岭采油厂很多稠油区块油层含砂量大、油井易砂卡,不仅严重影响生产时率,而且产生高额检泵作业费用。面对难啃的硬骨头,赵奇峰开发了自动分析软件,通过绘制每口油井电流—产量曲线图,寻找出砂规律,应用后有效预防砂卡、延长了生产周期、降低了生产成本,被命名为"电流防砂法"。他还在实践中总结出"链状管理法""组合注汽防窜法"等先进操作法,采取这些措施后一大批躺倒井"起死回生",累计增产原油$6\times10^4$t,创效1300万元。

齐40块是世界上首个中深层油藏实现蒸汽驱开发的区块,转驱后,由于油层温度大幅提高,伴生气中硫化氢和二氧化碳含量急剧上升,无法作为燃料燃烧,既造成能源浪费,又危害员工健康。赵奇峰认为,打出来的气不能白白浪费。于是他查阅大量资料,了解脱硫信息,找寻治理办法,先后进行33次现场试验和8次工艺改造,终于掌握了干法脱硫关键数据,成功改进脱硫剂配方从而在辽河油田推广应用。伴生气通过脱硫点集中处理,天然气回收进入燃气系统、二氧化碳回收再利用。实施后,每天处理气量$13\times10^4 m^3$,回收天然气$1.7\times10^4 m^3$,平均年自用外销二氧化碳$2.7\times10^4$t,年均创效1000余万元。

他还带领团队通过利旧加工制成隔热管密封节取出器,取出率100%,获全国能源化学地质系统百优职工创新成果奖。研发高效调整抽油机平衡专用工具,解决调平衡工序复杂、强度大等行业生产难题,提高工效70%,获得中国石油一线创新成果一等奖。设计采油污水深度软化免除硅技术方案,成功应用于高含硅采油污水回用热采锅炉工艺,节约处理成本2200余万元。

在实践取得成就的同时,赵奇峰更注重把成功的经验转化为可借鉴、可推广的创新工作法。他不断总结操作方法,在省部级以上刊物发表论文16篇。其中,《实施企业标准、提高热洗质量,促进老区块持续稳定发展》获全国理论创新优秀成果一等奖,《基于TRIZ理论的抽油机调平衡装置》获得辽宁省创新方法大赛一等奖,《新型数字化拉线液位计的研制与开发》获全国能源化学地质系统创新成果一等奖。

**著书带徒,成为享誉石油圈的业内名师**

作为一名高技能人才,赵奇峰深知"独木不成林,一枝独秀不算春",带徒传技、把技艺更好地传承下去,是工匠精神的体现,更是责无旁贷的责任。

辽河油田是以稠油、高凝油为主,兼顾稀油油藏的混合型油田,但国内大部分采油教材都较为单一,稠油的更少。2010年,赵奇峰编写的95万字的《油水井分析入门与提高》一书出版,开创了石油行业岗位工人出书的先河,一举填补了国内复杂油藏油水井分析专业指导书的空白,获辽宁省自然科学学术成果二等奖。后来他又陆续推出5部专著,对石油开采具有重要指导意义。

作为业内专家、名匠,除了传播知识,赵奇峰更加注重高精尖技艺技能的传承。2006年赵奇峰被聘为辽河油田采油工总教练,2015年被聘为中国石油大学(北京)、西南石油大学兼职教授,至今累计带徒300余人,教学2000余课时,培养出中央企业、辽宁省、石油石化行业技术能手24名,帮带出的技师、工程师、管理干部100余人。徒弟柳转阳获全国技术能手、全国"五一"劳动奖章荣誉称号,并和师傅赵奇峰一同被评为首批"辽宁工匠";徒弟夏洪刚代表中国产业工人参加"一带一路"上合组织大国工匠绝招绝技展示,获得中外专家一致好评,赵奇峰名副其实地成为石油行业公认的"第一名师"。

新时代是奋斗者的时代,石油工人的技术水平和创新能力直接影响企业经济效益和国家能源安全。赵奇峰始终坚守一线岗位,把岗位和企业、国家联系在一起,搞创新、解难题、带徒弟、出教材,成果与奖牌背后,有一种为国家振兴发展而奋斗的责任与担当,诠释着当代大国工匠的劳动之美与奉献之美。

(资料和图片来源:中国石油新闻中心,盘锦政协微信公众号《身边的大国工匠 治井"华佗"赵奇峰》)

### ● 复习题

1. 何谓石油工业?它的特点是什么?它包括哪些生产流程?
2. 我国历史上"石油"一词是谁最早提出的?
3. 我国油气资源主要分布在哪些地区?
4. 我国西部石油工业开发建设取得了哪些进展?
5. 我国油气资源可持续发展战略包含哪些内容?
6. 什么是"双碳"目标?
7. 什么是非常规油气资源、替代能源和可再生能源?从我国实际出发,你认为哪种能源最有发展前景?
8. 简述我国四大油气通道。
9. 简述世界石油分布的主要区域。
10. 世界十大储油国、十大产油国、十大石油消费国是哪些?
11. 石油具有哪些属性?它对世界经济和国际社会安全有何影响?

# 第二章 石油地质

### 学习目标

**【知识目标】**

- 了解矿物与岩石的基本概念、类型、特征及与油气的关系。
- 掌握地质构造的分类、概念和判断方法。
- 了解油藏流体的基本物理性质,熟悉油气的生成、运移和聚集的过程。
- 了解油藏的天然能量分类,熟悉油藏开发的驱动方式,掌握油藏开采特征。

**【能力目标】**

- 能够区分基本的矿物类型、判断基本的岩石类型。
- 能够判断褶皱和断裂构造的类型。
- 能够描述油气的生成、运移和聚集的过程。
- 能够判断圈闭的构成和油气藏类型。
- 能够描述不同驱动类型的油藏开采特征并根据开采特征判断油藏驱动方式。

### 思维导图

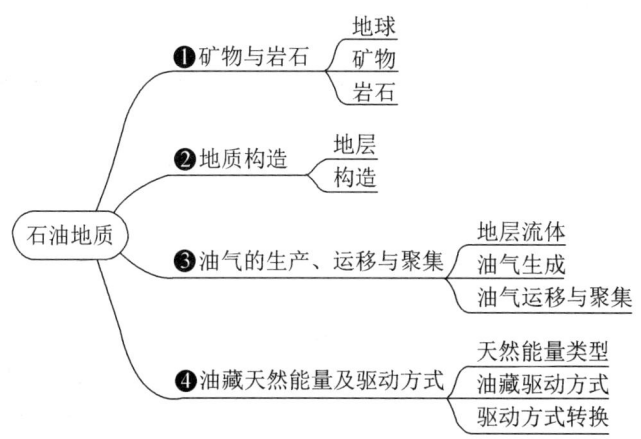

### 初识石油地质

石油地质是研究石油和天然气在地壳中生成、运移和聚集规律的科学。

石油地质研究的主要内容如下：
(1)地层流体的化学组成、物理性质和分类；
(2)石油成因与生油岩标志；
(3)储层、盖层及生储盖组合；
(4)油气运移,包括油气初次运移和油气二次运移；
(5)圈闭和油气藏类型；
(6)油气藏的形成和保存条件；
(7)油藏天然能量与驱动类型。

从油气的生成到油气矿藏的形成,是客观事物不断发展和转化的过程。石油和天然气的生成、运移、聚集、破坏、再聚集是一个统一的发展过程。油气来源是基础,油气运移是纽带,油气成藏是目标,油气资源是结果。

石油和天然气是从地下开采出来的,它们以什么状态赋存于地下岩层中？是怎样生成、运移和聚集的？是如何开采的？要了解这些问题,我们必须了解地下岩石的组成和特征,了解生成油气的物质及油气成藏模式,了解油气藏开发的驱动机理。

## 第一节　矿物与岩石

1. 地壳由什么构成？
2. 岩石由什么构成？
3. 岩石如何分类？与油气的关系是什么？

### 一、地球

地球是太阳系中的一个固态行星。地球赤道半径6378km,极半径6357km,平均半径约6371km,赤道周长大约为40076km,它是一个赤道半径较长、两极半径较短、北极略微突出、南极略微扁平的不规则椭球体。地球表面积$5.1 \times 10^8 km^2$,其中约71%的表面积为海洋,29%的表面积为陆地。

据地震波的传播特征,从地表到地心地震波有两个稳定的较明显的突变,分别命名为莫霍面(距地面7~70km)和古登堡面(距地面2900km),以此为界可将地球内部分为三大圈层,从地表到地心依次为地壳、地幔、地核,如图2-1所示。莫霍面之上为地壳,两个界面之间是地幔,古登堡面以下为地核。地壳是岩石圈的一部分,处于地球的最外部,主要是由岩石所组成的固体圈层,厚度为5~70km。石油和天然气就存在于地壳岩石的孔隙和裂缝之中。

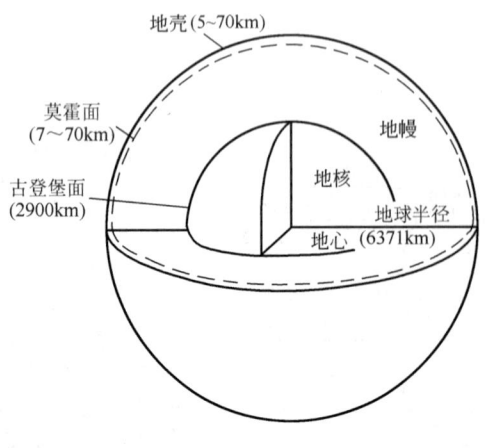

图2-1　地球的圈层构造

## 二、矿物

矿物(mineral)是地壳中的化学元素在各种地质作用下所形成的自然单质或自然化合物,具有一定的化学成分、结晶构造、外部形态和物理性质,是岩石的基本组成单位。

### (一)矿物概述

矿物是一定地质条件作用的产物。例如,岩盐是在高温炎热的环境下形成的;金刚石是在高温高压条件下形成。

矿物可以由一种元素组成,如金刚石(C)、自然硫(S)、自然金(Au)等,但自然界的矿物绝大多数都是由几种元素的化合物组成的,如石英($SiO_2$)、方解石($CaCO_3$)和白云石$[CaMg(CO_3)_2]$等。

自然界中,矿物一般有三种存在状态,即固态,如石英、长石、云母等;液态,如自然汞、石油等;气态,如天然气、火山喷发气中的二氧化碳($CO_2$)以及硫化氢($H_2S$)等。矿物的存在状态并非固定不变,只要所处的物理、化学环境有所改变,它们也会随之变化。如水在地壳内部由于温度高,常呈气态;但在地表常温条件下,就变为液态;而在 0 ℃ 时,则从液态的水转变为固态的冰。又如黄铁矿($FeS_2$),在还原条件下可以形成而且稳定。如果黄铁矿出露于地表,在空气充分的氧化环境里,$FeS_2$中的硫就被氧化生成硫酸($H_2SO_4$)而被地表水带走。同时低价铁也要氧化为高价$Fe^{3+}$,于是黄铁矿被分解而形成了与新环境相适应的另一种矿物——褐铁矿($Fe_2O_3 \cdot nH_2O$)。

矿物都具有一定的化学组成和内部结构,如纯净的岩盐是由$Na^+$和$Cl^-$所组成,其内部结构是$Na^+$和$Cl^-$相间排列而形成的立方体,也就是常见的食盐。

不同的矿物具有不同的形态和特征,矿物的形态与其化学组成、内部结构及生成环境有关。同一种矿物,在不同的地质条件下,常常具有不同的形态特征。自然界中的矿物一部分呈单体出现,但大多数却以集合体的形式出现。

矿物具有一定的物理性质和化学性质。矿物的物理性质主要有矿物的形状、颜色、条痕、透明度、光泽、解理、断口、硬度、密度、放射性和磁性等。矿物的化学性质主要有矿物遇酸反应能力、矿物的染色性等。矿物的物理性质和化学性质主要取决于它的化学组成和内部结构。如自然结晶的岩盐是白色、立方体、玻璃光泽、三组完全解理,并有咸味;煤是黑色的且可燃烧;石墨和金刚石虽都是由 C 原子所组成,但由于内部结构不同,石墨是层状结构,金刚石是四面体结构,二者的硬度相差极大;方解石遇冷稀盐酸剧烈反应,而白云石反应微弱。矿物的物理性质和化学性质是鉴定矿物的重要依据。

矿物在地壳中分布极广,目前已发现的矿物有 3700 多种,常见的有 200 多种,但常见的造岩矿物只有二三十种,如石英、长石、云母、辉石、角闪石、橄榄石、黄铁矿、赤铁矿、褐铁矿、方解石、白云石以及各种黏土矿物(高岭石、蒙脱石、伊利石等)等。如方解石($CaCO_3$),它是组成石灰岩的主要矿物。

### (二)常见矿物

最常见的矿物有二三十种,其中常见造岩矿物大多是硅酸盐类和碳酸盐类,也有部分为简单氧化物。

#### 1.石墨(C)

石墨常为鳞片状集合体,有时为块状或土状;颜色与条痕均为黑色,可污手;半金属光泽;

有一组极好解理,易劈开成薄片;硬度1~2,指甲可刻划;有滑感;相对密度为2.2。

### 2. 黄铁矿($FeS_2$)

黄铁矿大多为块状集合体,也可发育成立方体单晶;立方体的晶面上常有平行的细条纹;颜色为浅黄铜色,条痕为绿黑色;金属光泽;硬度6~6.5;性脆,断口参差状;相对密度5。

### 3. 黄铜矿($CuFeS_2$)

黄铜矿常为致密块状或粒状集合体;颜色铜黄,条痕为绿黑色;金属光泽;硬度3~4,小刀能刻划。性脆,相对密度4.1~4.3;黄铜矿比黄铁矿颜色较深且硬度小。

### 4. 方铅矿(PbS)

方铅矿的单晶常为立方体,通常呈致密块状或粒状集合体;颜色铅灰,条痕灰黑色;金属光泽;硬度2~3;有三组解理,沿解理面易破裂成立方体;相对密度7.4~7.6。

### 5. 闪锌矿(ZnS)

闪锌矿常为致密块状或粒状集合体;颜色自浅黄到棕黑色不等(随含铁量增加而变深),条痕为白色到褐色;光泽自松脂光泽到半金属光泽;透明至半透明;硬度3.5~4;解理好;相对密度3.9~4.1(随含铁量的增加而降低)。

### 6. 石英($SiO_2$)

石英常发育成单晶并形成晶簇,或为致密块状或粒状集合体。纯净的石英无色透明,称为水晶(crystal)。石英因含杂质可呈各种颜色。例如,含Fe、Mn呈紫色,称为紫水晶;含有细小分散的气态或液态物质呈乳白色,称为乳石英。石英晶面为玻璃光泽,断口为油脂光泽,无解理;硬度7;贝壳状断口;相对密度2.65。隐晶质的石英称为石髓(玉髓),常呈肾状、钟乳状及葡萄状等集合体;一般为浅灰色、淡黄色及乳白色,偶有红褐色及苹果绿色;微透明。具有多色环状条带的石髓称为玛瑙。

### 7. 赤铁矿($Fe_2O_3$)

赤铁矿常为致密块状、鳞片状、鲕状、豆状、肾状及土状集合体;显晶质的赤铁矿为铁黑色到钢灰色,隐晶质或肾状、鲕状者为暗红色,条痕呈樱红色;金属、半金属到土状光泽;不透明;硬度5~6,土状者硬度低;无解理;相对密度4.0~5.3。

### 8. 磁铁矿($Fe_3O_4$)

磁铁矿常为致密块状或粒状集合体,也常见八面体单晶;颜色为铁黑色;条痕为黑色;半金属光泽,不透明;硬度5.5~6.5;无解理;相对密度5;具强磁性。

### 9. 褐铁矿($Fe_2O_3 \cdot nH_2O$)

褐铁矿实际上不是一种矿物而是多种矿物的混合物,主要成分是含水的氢氧化铁,并含有泥质及二氧化硅等;褐至褐黄色,条痕黄褐色;常呈土块状、葡萄状,硬度不一。

### 10. 萤石($CaF_2$)

萤石常能形成块状、粒状集合体,或立方体及八面体单晶;颜色多样,有紫红色、蓝色、绿色和无色等;透明;玻璃光泽;硬度4;解理好;易沿解理面破裂成八面体小块;相对密度3.18。

### 11. 方解石($CaCO_3$)

方解石常发育成单晶,或晶簇、粒状、块状、纤维状及钟乳状等集合体;纯净的方解石无色透明;因杂质渗入而常呈白、灰、黄、浅红(含 Co、Mn)、绿(含 Cu)、蓝(含 Cu)等色;玻璃光泽;硬度3;解理好;易沿解理面分裂成为菱面体;相对密度2.72;遇冷稀盐酸强烈起泡。

### 12. 白云石[$CaMg(CO_3)_2$]

白云石的单晶为菱面体,通常为块状或粒状集合体,一般为白色,因含 Fe 常呈褐色;玻璃光泽;硬度3.5~4;解理好;相对密度2.86,含铁高时可达2.9~3.1;白云石以在冷稀盐酸中反应微弱,以及硬度稍大而与方解石相区别。

### 13. 孔雀石[$Cu(CO_3)(OH)_2$]

孔雀石常为钟乳状、块状集合体,或呈皮壳附于其他矿物表面;深绿或鲜绿色;条痕为淡绿色;晶面上为丝绢光泽或玻璃光泽;硬度3.5~4;相对密度3.5~4.0;遇冷稀盐酸剧烈起泡;孔雀石以其特有颜色而易与其他矿物相区别。

### 14. 硬石膏($CaSO_4$)

硬石膏的单晶体呈等轴状或厚板状;集合体常为块状及粒状;纯净者透明;无色或白色,常因含杂质而呈暗灰色;玻璃光泽;硬度3~3.5;解理好,沿解理面可破裂成长方形小块;相对密度2.9~3.0。

### 15. 石膏($CaSO_4 \cdot 2H_2O$)

石膏的单晶体常为板状;集合体为块状、粒状及纤维状等;无色或白色;有时透明;玻璃光泽,纤维状石膏为丝绢光泽;硬度2;有极好解理,易沿解理面劈开成薄片;薄片具挠性;相对密度2.30~2.37。石膏中透明而呈月白色反光者称透明石膏;纤维状者称纤维石膏;细粒状者称雪花石膏。

### 16. 磷灰石[$Ca_5(PO_4)_3(F,Cl,OH)$]

磷灰石常为六方柱状单晶,集合体为块状、粒状、肾状及结核状等。纯净磷灰石为无色或白色,但少见;一般呈黄绿色,可以出现蓝色、紫色及玫瑰红色等;玻璃光泽;硬度5;断口参差状;断面为油脂光泽;相对密度2.9~3.2。以结核状出现的磷灰石称磷质结核。将含钼酸铵的硝酸溶液滴在磷灰石上,有黄色沉淀(磷钼酸铵)析出,这是鉴别磷灰石的重要方法。

### 17. 橄榄石[$(Mg,Fe)_2(SiO_4)_3$]

橄榄石常为粒状集合体;浅黄绿到橄榄绿色,随含铁量增高而加深;玻璃光泽;硬度6~7;解理不好;相对密度3.2~4.4,随含铁量增高而增大。

### 18. 石榴子石[$X_3Y_2(SiO_4)_3$]

石榴子石化学式中的 X 代表二价阳离子,如 $Ca^{2+}$、$Mg^{2+}$、$Mn^{2+}$、$Fe^{2+}$ 等,Y 代表三价阳离子,如 $Al^{3+}$、$Fe^{3+}$、$Cr^{3+}$ 等,阳离子为铁、铝者,称为铁铝榴石,阳离子为钙、铝者,称为钙铝榴石。尽管它们的化学成分有某种变化,但其基本结构相同,特征近似。石榴子石常形成等轴状单晶体;集合体呈粒状和块状;浅黄白、深褐到黑色(一般随含铁量增高而加深);玻璃光泽;硬度6~7.5;无解理;断口为贝壳状或参差状;相对密度4左右。

### 19. 红柱石($Al_2SiO_5$)

红柱石的单晶体呈柱状,横切面近于正方形,集合体呈放射状,俗称菊花石,常为灰白色及肉红色;玻璃光泽;硬度6.5~7.5;有平行柱状方向的解理;相对密度3.13~3.16。

### 20. 蓝晶石($Al_2SiO_5$)

蓝晶石的单晶体常呈长板状或刀片状;常为蓝灰色;玻璃光泽,解理面上有珍珠光泽;有平行长轴方向的解理;硬度5.5~7;平行伸长方向的硬度小,垂直伸长方向的硬度大;相对密度3.53~3.65。

### 21. 夕线石($Al_2SiO_5$)

夕线石通常为针状及纤维状集合体;常为灰白色,玻璃光泽;硬度7;有平行伸长方向的解理;相对密度3.38~3.49。

### 22. 普通辉石[$(Ca,Mg,Fe,Al)_2(Si,Al)_2O_6$]

普通辉石的单晶体为短柱状,横切面呈近正八边形,集合体为粒状;绿黑色或黑色;玻璃光泽;硬度5.5~6.0;有平行柱状方向的两组解理,其交角为87°;相对密度3.2~3.4。

### 23. 普通角闪石[$(Ca,Na)_{2\sim3}(Mg,Fe,Al)_5(Si_6(Si,Al)_2O_{22})(OH,F)_2$]

普通角闪石的单晶体较常见,为长柱状;横切面呈六边形,经常以针状形式出现;绿黑色或黑色;玻璃光泽;硬度5~6;有平行柱状的两组解理,交角为56°;相对密度3.02~3.45,随着含Fe量增加而加大。

### 24. 滑石[$Mg_3(Si_4O_{10})(OH)_2$]

滑石的单晶体为片状,通常为鳞片状、放射状、纤维状、块状等集合体;无色或白色;解理面上为珍珠光泽;硬度1;平行片状方向有极完全解理;有滑感;薄片具挠性;相对密度2.58~2.55。

### 25. 高岭石[$Al_4(Si_4O_{10})(OH)_8$]

高岭石一般为土状或块状集合体;白色,常因含杂质而呈其他颜色;土状者光泽暗淡,块状者具蜡状光泽;硬度2;相对密度2.61~2.68;具可塑性。

### 26. 白云母[$KAl_2(AlSi_3O_{10})(OH,F)_2$]

白云母的单晶体为短柱状及板状,横切面常为六边形;集合体为鳞片状,其中晶体细微者称为绢云母;薄片为无色透明;具珍珠光泽;硬度2.5~3;有平行片状方向的极好解理;易撕成薄片;具弹性;相对密度2.77~2.88。

### 27. 黑云母[$K(Mg,Fe)_3(AlSi_3O_{10})(OH,F)_2$]

黑云母的单晶体为短柱状、板状,横切面常为六边形,集合体为鳞片状;棕褐色或黑色,随含铁量增高而变暗;其他光学与力学性质同白云母相似;相对密度2.7~3.3。

### 28 长石[$K(AlSi_3O_8),Na(AlSi_3O_8),Ca(Al_2Si_2O_8)$]

长石是硅酸盐矿物中分布最广的一类矿物,约占地壳重量的50%。长石包括三个基本类型:钾长石[$K(AlSi_3O_8)$](代号Or)、钠长石[$Na(AlSi_3O_8)$](代号Ab)、钙长石[$Ca(Al_2Si_2O_8)$](代号An)。

钾长石包含正长石、钾微斜长石、透长石及冰长石等变种,其成分无变化,仅结构略有差别。其中常见的是正长石。单晶体常为柱状或板柱状;常为肉红色,有时具有较浅的颜色;玻璃光泽;硬度6;有两组方向相互垂直的解理;相对密度2.4~2.57。

钾长石与钠长石因其中含有碱质元素(Na与K),故常称碱性长石。

钠长石与钙长石常按不同比例混溶在一起,组成类质同像系列:钠长石(100%~90% Ab,0~10% An)、更长石(90%~70% Ab,10%~30% An)、中长石(70%~50% Ab,30%~50% An)、拉长石(50%~30% Ab,50%~70% An)、培长石(30%~10% Ab,70%~90% An)、钙长石(10%~0Ab,90%~100% An)。这六种长石成分上连续过渡,总体称斜长石。其中钠长石与更长石称为酸性斜长石;拉长石、培长石及钙长石称为基性斜长石(此处酸性、基性为地质上的,非化学上的意义)。斜长石有许多共同特征:单晶体为板状或板条状;常为白色或灰白色;玻璃光泽;硬度6~6.52;有两组解理,彼此近正交;相对密度2.61~2.75,随钙长石成分增大而变大。

## 三、岩石

地球岩石圈中的岩石据其成因可分为岩浆岩、变质岩和沉积岩三大类。它们都是地质作用的产物。

地质作用(geological process)是指在地质力的作用下,地壳的物质成分、内部构造和外部形态不断发生变化的自然作用。地球的地质力包括内动力(来自地球内部的动力,如放射性元素蜕变能、地球自转能等)和外动力(来自地球外部的动力,如太阳辐射能、日月引力能、重力能等)两种。由于地球内动力作用而产生的地质作用,称内动力地质作用,包括地壳运动、岩浆活动、变质作用和地震作用。由于地球外动力作用而产生的地质作用,称外动力地质作用。前者形成了岩浆岩和变质岩,后者形成了沉积岩。

岩浆岩和变质岩是构成地壳的主要物质,约占地壳岩石总质量的95%,在地表分布面积上约占25%,常构成含油气盆地基底。由于岩浆岩和变质岩形成时温度、压力极高,没有生物参与,因此与油气关系较小。

沉积岩主要分布在地壳表层,大陆的70%以上为沉积岩所覆盖,海洋几乎100%为沉积岩所覆盖,常形成沉积盆地的盖层。沉积岩在地表分布厚度不一。我国华北盆地沉积岩最厚可达上万米。沉积岩中蕴藏着丰富的矿产能量资源,如可燃性有机岩(石油、天然气、煤、油页岩)、盐类、放射性原料、黑色金属(铁、锰)、有色金属(铜、铅、锌)、稀有和分散元素、矿物肥料(磷、钾)和非金属矿产(重晶石、萤石)。据统计,世界上99%的油气都分布在沉积岩中。

### (一)岩浆岩

岩浆岩(magmatic rock)是由地下深处(地幔软流圈中)处于高温高压状态下、富含挥发性组分的硅酸盐熔浆(称为岩浆),沿着地壳的破碎带向上侵入到上覆地层(称为侵入活动)或喷出到地表(称为喷出活动或火山活动),并冷却凝固形成的岩石(视频2-1)。侵入活动形成的岩石称为侵入岩,如花岗岩;喷出活动形成的岩石称为喷出岩或火山岩,如玄武岩。

视频2-1 岩浆岩的形成

**1. 常见岩浆岩及其特征**

(1)花岗岩。花岗岩(granite)为酸性岩类的深成侵入岩,主要由石英、钾长石和斜长岩组成,含量占85%以上,其次还有黑云母、角闪石、辉石等,副矿物有榍石、磷灰石、电气石、锆英石等。石英的自形程度不好,一般为肉红色或灰白色。花岗岩具有全晶质中粒—粗粒等粒结构、似斑状结构,具致密块状构造。

花岗岩有时出现很大的长石斑晶,称斑状花岗岩;若暗色矿物以角闪石为主,称角闪石花岗岩;若暗色矿物以角闪石为主,且斜长石含量大于钾长石时,称花岗闪长岩;若无或极少含暗色矿物时,称白岗岩。花岗岩主要以岩基形式出现,也有以岩株、岩盖产出的。

(2)闪长岩。闪长岩(diorite)为中性岩类的深成侵入岩,主要由斜长石和角闪石组成,此外还有辉石、黑云母等,副矿物有榍石、磷灰石、磁铁矿等;灰或灰绿色。闪长岩很少或没有石英;具有全晶质中粒—粗粒等粒结构,块状构造。由于次生变化,斜长石变为绿帘石,角闪石变成绿泥石致使岩石呈浅绿色。闪长岩以岩株、岩盖、岩墙出现,常与花岗岩及辉长岩共生。

(3)辉长岩。辉长岩(gabbro)为基性岩类深成侵入岩,一般为灰至灰黑色,主要组成矿物为辉石和斜长石,其次为角闪石和橄榄石。辉长岩具有全晶质中粒—粗粒等粒结构,块状构造。辉长岩多以岩盆、岩床、岩墙产出,与超基性岩、闪长岩共生或独立存在。

(4)流纹岩。流纹岩(rhyolite)是成分与花岗岩相当的酸性喷出岩,一般为灰色、灰红色、肉红色。具斑状结构和流纹构造,斑晶为石英、透长石(透明斜长石),基质部分为玻璃质或隐晶质,有时可见气孔或块状构造。此外,尚有一些几乎全部由玻璃质组成的玻璃质流纹岩,如松脂岩、珍珠岩等。流纹质火山玻璃中可具有大量气泡,形成浮石构造,具有这种构造的岩石,能浮于水面,故有"浮岩"之称。

(5)安山岩。安山岩(andesite)是成分与闪长岩相当的中性喷出岩。安山岩呈深灰、浅玫瑰、褐色等;一般为斑状结构,斑晶为斜长石、辉石等,有时含角闪石;具有气孔、杏仁或块状构造。安山岩形成较大的熔岩流并与玄武岩、英安岩等共生,分布面积仅次于玄武岩,占岩浆岩分布面积的22%。

(6)玄武岩。玄武岩(basalt)是成分与辉长岩相当的基性喷出岩。玄武岩常呈黑、灰黑、黑绿、灰绿色等;具隐晶、细粒至斑状结构,块状构造,有时也具气孔或杏仁构造。玄武岩在地壳上分布很广,约占岩浆岩总分布面积的35.1%,常以大面积的熔岩流、岩被形式出现。陆相喷发常具柱状节理,水下喷发常形成枕状构造。大洋底几乎全部由玄武岩组成,它也是月球表面的主要岩石。

(7)橄榄岩。橄榄岩(peridotite)是超基性岩类的深成侵入岩。橄榄岩常呈暗绿、灰黑色,主要矿物为橄榄石和辉石,橄榄石含量占40%~70%,有时含有少量角闪石、黑云母;具有全晶质中粒—粗粒结构,自形程度较好,致密块状构造,由于次生变化,易变成蛇纹石橄榄岩或蛇纹岩。

(8)花岗伟晶岩。花岗伟晶岩(granite pegmatite)的成分与花岗岩相似,主要由石英、碱性长石组成。花岗伟晶岩晶体颗粒粗大,粒径由几厘米至几十厘米,一般多呈脉状体产出。伟晶岩中有时也有少量斜长石、白云母、电气石、绿柱石以及各种含有稀有元素矿物等,这些矿物常呈较好的晶形穿插在主要矿物中,有时可富集形成矿床。

(9)正长岩。正长岩(syenite)是半碱性岩类的深成侵入岩,颜色多为肉红色或灰白色,几乎全由肉红色或灰白色的钾长石组成,含少量斜长石。暗色矿物多为角闪石、黑云母、辉石等,一般无石英或含量极少。正长岩具全晶质中粒结构,块状构造,风化后常形成铝土矿,岩体一般不大,多呈小型岩株、岩盖,常与花岗岩共生。

**2. 岩浆岩与油气的关系**

就石油有机成因观点,岩浆和岩浆岩中既不具备生油的原始有机物质,也不具备有机质转化成油气的地质条件。因此,岩浆岩不是生油的母岩。另外,地壳中高温、高压的岩浆侵入活动,不仅会使围岩发生变质,而且在岩石变质的同时,储存在岩石孔隙中的油气以及夹于岩层中的煤层将发生碳化,最后形成石墨,从而使油气藏受到破坏。所以,岩浆的侵入活动和侵入岩的存在,对于在岩浆侵入前形成的油气藏无疑是一个破坏因素。

国内外油气勘探实践表明,岩浆岩虽不具备生油条件,并不等于其中不能储集油气。尽管岩浆岩岩性一般较致密,但有的喷出岩具原生孔隙(如气孔);有的由于构造作用、风化剥蚀的结果,在岩浆岩中可形成次生的孔隙与裂隙,这就使岩浆岩具备了储集油气的条件,因而在一定的地质条件下,生成于沉积岩中油气,也可经运移而储集于岩浆岩的孔隙与裂隙中形成油气藏。目前,国内外都发现了以岩浆岩为油气储层的油气田。例如日本的新潟盆地中一些油气田,其油气就储集在石英安山岩、石英粗面岩中。我国的胜利油田也在花岗岩、玄武岩、辉绿玢岩中发现了良好的油气显示;辽河油田在凝灰岩、粗面岩、花岗岩中获得工业油流;克拉玛依油田也在石炭系的玄武岩、安山岩中发现油藏。我国松辽盆地的深层断陷发现了世界上最大的深层火山岩大气田——徐深气田,探明天然气地质储量 $1018\times10^8\mathrm{m}^3$,开辟了我国陆上"第五大气区"。事实已说明,在特定的地质条件下,岩浆岩是可以成为油气储层的。

## (二)变质岩

变质岩(metamorphic rock)是由变质作用形成的(视频2-2)。变质作用是早先形成的岩浆岩、变质岩、沉积岩在地下深处由于高温、高压、岩浆热液或地壳构造运动的作用,使岩石的内部矿物成分、结构、构造发生了变化,而生成了新岩石的作用。由沉积岩经变质作用形成的变质岩称为副变质岩;由岩浆岩经变质作用形成的变质岩称为正变质岩。如大理岩、花岗片麻岩、各种片岩都是变质岩。

视频2-2 变质岩的形成

### 1.常见变质岩及其特征

(1)板岩。板岩(slate)是由粉砂岩、黏土岩等经区域变质作用或接触热力变质作用形成的具板状构造的浅变质岩石。板岩的颜色多为灰至黑色;主要具变余结构,有时具变晶结构。岩石均匀致密,矿物颗粒用肉眼难以识别。板理面上可有少量绢云母、绿泥石等新生矿物,微显丝绢光泽,敲击时可发出清脆声。

(2)千枚岩。千枚岩(phyllite)是具有典型的千枚状构造的浅变质岩。千枚岩的颜色有黄、绿、浅红、蓝灰等色;主要由很细小的绢云母、绿泥石、石英等组成,容易裂成薄片;一般为鳞片状变晶结构;具有较强的丝绢光泽。这种岩石是由黏土岩、粉砂岩、凝灰岩等变质而成。

(3)片岩。片岩(schist)具明显片状构造。片岩的颜色有黑、灰黑、绿、浅褐等色;富含云母、绿泥石、滑石、角闪石等片状或柱状矿物,矿物结晶程度较高,多为鳞片状变晶结构和纤维状变晶结构。

(4)片麻岩。片麻岩(gneiss)是具有明显片麻状构造的变质岩。片麻岩的颜色多为灰和浅灰;具中粒—粗粒变晶结构;主要矿物成分有长石、石英。片状或柱状矿物有黑云母、角闪石和辉石。有时存在矽线石、石榴子石等变质岩特有矿物。片麻岩是变质程度较深的变质岩,主要由花岗岩、长石、石英砂岩经区域变质作用而成。

(5)大理岩。大理岩(marble)由石灰岩和白云岩变质而成;主要矿物成分为方解石和白云石,遇稀盐酸强烈起泡,可与其他浅色岩石相区别;一般具粒状变晶结构、块状构造。一般为白色,如含有不同的杂质,则可出现不同的颜色和花纹,磨光后非常美观,其中结构均匀,质地致密的白色细粒大理岩又称为"汉白玉"。大理岩分布广泛,我国云南大理点苍山盛产美丽花纹的大理岩而闻名于世,大理岩即由此而得名。

(6)石英岩。石英岩(quartzite)是各种石英砂岩受热变质而成,一般呈白色或灰白色,具粒状变晶结构,块状构造。矿物成分主要为石英,其含量大于85%;其次为长石、绢云母、绿泥石、白云母、角闪石等。

(7)蛇纹岩。蛇纹岩(serpentinite)主要由橄榄岩、辉岩经热液交代作用而形成。矿物成分以蛇纹石为主,有时残存少量橄榄石与辉石。蛇纹岩的颜色为黄绿至黑色,质软且具滑感,蜡状光泽,隐晶质变晶结构,块状构造。

### 2. 变质岩与油气的关系

由于变质过程中具较高的温度和压力,引起岩石中有机质分解和破坏;矿物的重结晶或矿物成分的重新组合,以及岩石被压紧等势必使岩石的孔隙度大大降低,因而不利于油气储存。因此,一般说来,变质岩与岩浆岩一样也不能有油气的生成,同时变质作用对油气的保存也是不利的。但是,在油气勘探过程中发现,在变质岩基底顶面风化带,或变质岩断裂破碎带,往往会产生次生风化裂隙或构造裂隙,可形成油气的储集条件。这样,在与变质岩邻近的沉积岩中生成的油气,可运移至变质岩的次生裂隙或片理间隙中聚集形成油气藏。例如,1958年我国甘肃玉门油田鸭儿峡的鸭114井在志留系变质岩基底的风化带中发现了高产油气,至1998年的40年间单井累计产油$40 \times 10^4$t以上,2002年在青西断陷的志留系变质岩裂缝—溶孔型储层中发现了$9000 \times 10^4$t的油气储量,酸化后日产量为$126 \sim 170 m^3$;胜利油田在浅海区的埕北30B-1井在钻至太古界片麻岩段时,发现良好的油气显示,在3393.61~3395.39m井段,用8mm油嘴放喷求产,日产原油169.2$m^3$,天然气14686$m^3$。这些事实都说明了变质岩不仅可以储集油气,而且还能持续高产。

## (三)沉积岩

视频2-3 沉积岩的形成

沉积岩(sedimentary rock)是在地表条件下,由温度变化、风、水、生物、冰川等自然力(地质营力)对母岩(指早先形成的各种岩浆岩、变质岩或沉积岩)的风化剥蚀,经过搬运作用、沉积作用和成岩作用而形成的岩石(视频2-3)。

与岩浆岩、变质岩相比较,沉积岩形成的地质作用有如下特点:常温常压形成;有生物的参与,可具有生物化石,或生物遗体转化成的石油、天然气、煤、油页岩等;有丰富的水、二氧化碳、氧气参与作用。

沉积岩主要分布于地表,其深度一般很少超过8~10km,下伏岩石均为古老的岩浆岩或变质岩组成的结晶基底。

沉积岩中有着丰富的矿产资源。可燃有机岩(石油、天然气、油页岩和煤)和化肥、化工生产原料(磷、钾、盐类)几乎都形成于沉积岩中;大量的耐火材料、建筑材料、玻璃与陶瓷、化纤原料也都取自沉积岩;大部分铁、锰等有色金属矿物和一部分有色金属(铝、锌及稀有金属元素)都产自沉积岩中。

### 1. 沉积岩的形成

沉积岩的形成经历了母岩的风化作用、剥蚀作用、搬运作用、沉积作用、成岩作用和后生作用。

1)风化作用

风化作用是指组成地壳的岩石在常温、常压条件下,由于气温变化、气体、水溶液和生物活动等因素的作用,促使岩石在原地遭受破坏作用的过程。

气温的昼夜和四季变化,使岩石的表面和内部交替膨胀与压缩;岩石的孔隙裂缝中的水结冰,体积膨胀,产生巨大的压力;岩石孔隙中含潮解性盐类的吸水和结晶等都可以使出露地表的岩石内部产生裂隙而剥离,发生机械崩解,但并不改变岩石的矿物成分,这种作用称为物理风化作用。

水、游离氧及二氧化碳是化学风化作用的重要因素。水可以溶解岩石中可溶性的矿物(如碱金属、碱土金属盐类矿物),可以发生水合作用(如硬石膏变为石膏),也可以发生水解作用(长石水解成为高岭土)。空气和水中的游离氧可以与岩石中含有变价元素(如 Fe、Mn)的矿物(如 $FeS_2$)发生氧化还原反应,形成高价金属氧化物(如赤铁矿、褐铁矿)。二氧化碳溶于水形成碳酸,与碳酸盐岩(如石灰岩)作用形成碳酸氢钙而溶解。

风化作用的产物有三种:碎屑物质、溶解物质和残余物质。它们一部分被介质转移到别处,一部分残留在原地,形成风化残积物。这种风化残积物覆盖于地表构成一层不连续的薄壳,称为风化壳。形成于第四纪以前的风化壳称为古风化壳。研究古风化壳有着重要的地质意义:

第一,古风化壳代表一个长期的沉积间断,是当时地壳上升经受过强烈风化作用的标志,是地层不整合接触的证据之一。

第二,研究风化作用可以恢复古地理环境及古气候。

第三,风化作用可以形成重要的沉积矿产,如铁矿、铝土矿、黏土矿物等。

第四,古风化壳上岩层疏松多孔,可以储集油气,形成地层不整合油气藏。

2) 剥蚀作用

剥蚀作用是指各种地质外营力(水、风、冰川等)把岩石的风化产物搬开,同时还破坏岩石并改造原有地形的作用。

流水(包括河流水、湖浪、海浪和潮汐、地下水)对地表岩石可以产生溶蚀、磨蚀作用;风对地表岩石产生吹蚀和磨蚀作用;冰川是固体运动,对岩石产生刨蚀和磨蚀作用。它们使地表形成了千姿百态的地形地貌,如弯曲的河流、陡峭的海崖、百孔千疮的海岸、形态逼真的石蘑菇、宏伟壮观的瀑布、广袤无垠的沙漠,还有婀娜多姿的喀斯特地貌。

3) 搬运和沉积作用

母岩风化剥蚀的产物,除少部分残留在原地外,大部分物质在水、风、冰川等外力的作用下被搬运到合适的地方沉积下来。不同的物质其搬运和沉积作用的方式及在搬运和沉积过程中所遵循的物理、化学规律也不同。

碎屑物质包括砾(大于 1mm)、砂(0.1~1mm)、粉砂(0.1~0.01mm)、黏土(小于 0.01mm),都是机械方式搬运。被搬运的物质,在一定条件下,当搬运介质的动力不足以克服碎屑的重力时便沉积下来。随着搬运距离的增加,碎屑颗粒会因其自身的特性不同而按一定的顺序有规律地沉积下来:粗颗粒、密度大的、球形颗粒先沉积,而细粒的、密度小的、片状和鳞片状的颗粒后沉积;近物源区沉积的碎屑圆度好、分选性(指颗粒的均匀程度)差,不稳定矿物含量高,而远离物源区沉积的碎屑圆度好、分选性也好,稳定性矿物含量相对高些。这种作用称为"机械沉积分异作用"。这是导致沉积岩多种类型的原因之一。

溶解物质可分为两大类,一类是 Cl、S、K、Na、Ca、Mg 等元素的化合物,其溶解度大,在水中以真溶液状态进行搬运;另一类是 Si、Al、Fe、Mn 等元素的氧化物或氢氧化物,在水中溶解度小,常呈胶体状态进行搬运。在搬运和沉积的过程中,由于化学元素的活泼性或溶解性的不同,按一定的先后顺序沉积下来(沉积顺序为:氧化物→磷酸盐→硅酸盐→碳酸盐→硫酸盐→卤化物),从而形成重要的沉积矿物和化学岩。这种过程称为化学沉积分异作用。

生物的搬运和沉积作用有机械的和化学的方式。人类改造大自然对地表岩石破坏作用的产物进行搬运和沉积是机械方式。海洋中生物吸取海水中的 Ca、Si、P 或 $CO_2$ 来维持生命及制造骨骼或外壳,它们死亡后其遗体堆积,软体部分分解析出 $CO_2$、$H_2O$、$P_2O_5$ 等,可与其他元素化合形成硅藻土、软泥等生物化学沉积,是化学的、生物的方式。在潮湿气候区的湖泊和沼泽中,有大量生物遗体堆积,在合适的条件下,植物形成泥炭(最低级的煤),动物遗体形成腐泥,并向石油和天然气转化。油页岩也是腐泥形成的产物。

4)成岩作用和后生作用

沉积作用形成的松散的沉积物随着埋藏深度的增加,压力和温度不断升高,形成坚硬岩石的过程称为成岩作用。沉积岩形成以后到它下降到地壳深处遭受变质作用,或上升到地表遭受风化作用以前所发生的一切变化称为后生作用。

在沉积物(或沉积岩)发生成岩作用和后生作用期间,主要的变化有:

压实作用——沉积物在上覆沉积重荷作用下,水分不断排出,孔隙度不断降低,体积不断缩小而成为固结的岩石。这种作用主要对细粒的黏土物质成岩起作用。

胶结作用——充填于碎屑颗粒孔隙之间的化学物质在成岩作用和后生作用期间发生沉淀而将其黏结起来,形成岩石的作用。这些化学沉淀物称为胶结物。胶结物成分多样,有硅质(如自生石英、蛋白石、燧石等)、铁质(如菱铁矿、黄铁矿、赤铁矿和褐铁矿)、钙质(方解石)、白云质(白云石)、石膏质等。胶结作用主要对碎屑岩、生物碎屑岩成岩起作用。

重结晶作用——沉积下来的矿物质在温度、压力的影响下所进行的结晶作用。如非晶质(胶状)蛋白石脱水后变为隐晶质的玉髓,玉髓重结晶变为晶质石英。因此,重结晶作用是使沉积矿物由非晶质向隐晶质、晶质体变化,颗粒由小变大的过程。重结晶作用是化学岩或生物化学岩成岩的主要作用方式。

交代作用——矿物中一种离子被另一种离子所替代而形成新矿物的作用。如碳酸盐在成岩作用阶段,沉积物内的方解石(碳酸钙)中的钙离子被水溶液里的镁离子所替代而形成新生白云石(碳酸钙镁),这种作用称为白云岩化作用。后生作用阶段也可发生白云岩化作用。

总之,成岩作用和后生作用使岩石的物性(孔隙性和渗透性)发生变化,从而影响了地下油气运移和聚集。如胶结作用可使岩石物性变差;压实作用使岩石致密,又可使岩石中的新生油气随孔隙水运移到储层。

**2. 沉积岩的特征**

沉积岩的特征是鉴别沉积岩、确定沉积岩形成环境和水动力条件以及进行地层划分和对比的重要标志。沉积岩的特征主要包括沉积岩的颜色、构造。

沉积岩的颜色取决于沉积岩的颗粒和胶结物的成分、物源和沉积环境。暗色矿物含量多的颜色深;铁质矿物含量多的颜色呈红色或红褐色;钙质、硅质、石膏质胶结的沉积岩呈白色或灰色。黏土岩的颜色反映其形成环境,黑色、深灰色的黏土岩中有机质含量高,是还原环境形成;红色、紫红色的黏土岩中有机质含量少,三价铁离子含量高,是氧化环境中形成的;灰、灰绿色是弱氧化—弱还原条件下形成的。

沉积岩的构造是指沉积岩各组成部分的空间分布和排列方式,主要包括层理、层面构造。层理是沉积岩的岩石性质(如粒度、成分、颜色等)沿垂向变化的一种层状构造。它是由细层(纹层)、层系、层系组所组成,常见的层理类型有水平层理、波状层理、交错(或斜)层理、递变层理、透镜状层理、韵律层理(表2-1),它们形成于不同的水动力条件下和不同的沉积环境中。

沉积岩的层面构造有波痕、泥裂、冲刷痕迹、晶体印痕、虫迹,它们都是浅水沉积标志。泥裂和晶体印痕还代表了干旱气候。

### 3. 沉积岩的类型

沉积岩有许多类型,包括碎屑岩、黏土岩、碳酸盐岩、蒸发岩、生物沉积岩(油页岩和煤)以及各种磷、硅、铝、锰质岩等。下面只介绍与油气关系重大的碎屑岩、黏土岩和碳酸盐岩。

#### 1) 碎屑岩

碎屑岩(clastic rock)是指由母岩风化作用产生的碎屑物质(含量大于50%)所组成的岩石。因其具有孔隙性和渗透性,常常作为油气储集岩。

(1) 碎屑岩的组成。

碎屑岩是由碎屑物质、充填于碎屑颗粒孔隙间的细小的机械沉积物(简称杂基、基质)和化学沉淀物(胶结物)所组成的岩石。

表2-1 层理基本类型

| 层理类型 | | 序号 | 层理形态 | 层系 | 层组 |
|---|---|---|---|---|---|
| 水平层理 | | 1 | | | |
| 波状层理 | | 2 | | | 纹层 |
| 交错层理 | 板状 | 3 | | | |
| | 楔状 | 4 | | | |
| | 槽状 | 5 | | | |
| 递变层理 | | 6 | | | |
| 透镜状层理 | | 7 | | | |
| 韵律层理 | | 8 | | | |

碎屑物质包括岩石碎屑和矿物碎屑两种。岩石碎屑是由母岩(岩浆岩、变质岩和古老的沉积岩)机械破碎而成的多矿物成分组成的岩石碎块(碎屑)。其成分直接反映了母岩的性质,是确定沉积物源的直接标志;多存在于颗粒较粗的砾岩、砂岩中,粉砂岩中极少。矿物碎屑是母岩风化后形成的单组分矿物碎屑;种类不多,主要是石英和长石,其次是白云母和黏土矿物;还有少量(小于1%)的重矿物;主要存在于砂岩和粉砂岩中。

杂基是充填在碎屑颗粒孔隙中的细小机械沉积物;它们与颗粒同时沉积,多为粉砂和黏土;杂基越多,反映岩石形成时的水动力条件越弱,搬运距离越短。

化学沉淀物(胶结物)是在碎屑物质沉积后,由碎屑物质孔隙间的化学物质沉淀形成。主要有硅质、铁质和钙质,其含量小于50%。根据碎屑岩胶结物含量的多少、分布状况及胶结物与碎屑颗粒之间的接触关系,可把碎屑岩分为四种胶结类型:基底胶结、孔隙胶结、接触胶结、镶嵌胶结。在这四种胶结类型中,接触胶结的碎屑岩孔隙最多,储油物性最好,孔隙胶结次之,基底胶结和镶嵌胶结最差。

(2) 碎屑岩类型。

根据碎屑粒径大小(简称粒度)可将碎屑岩分为砾岩、砂岩和粉砂岩。

砾岩(conglomerate)是指主要由粒度大于1mm的碎屑(砾石)所组成的岩石。砾石以岩屑为主。杂基为细砂、粉砂和黏土物质,与砾石同时沉积形成。胶结物常为硅质、钙质、铁质。由圆状、次圆状的砾石所组成的岩石称为砾岩;砾石呈棱角、次棱角状的砾岩称为角砾岩。砾岩具有一定的孔隙,可以储存油气。如我国克拉玛依油田就是砾岩油气藏。

砂岩(sandstone)是指由砂级(粒度1~0.1mm)的碎屑所组成的岩石。砂级颗粒含量大于50%,以石英为主,其次是长石和岩屑,含有少量的白云母和绿泥石,重矿物含量一般小于1%。胶结物以硅质、黏土质为主。砂岩常具有斜层理、交错层理。砂岩除按粒度分为粗、中、细砂岩外,还可按碎屑成分分为石英砂岩、长石砂岩和岩屑砂岩类。砂岩是良好的油气储层。据统计,在世界上已发现的油气田中,有一半以上是砂岩储层,我国也如此。一般来说,中、细砂岩较粗砂岩的储集物性好,石英砂岩较长石、岩屑砂岩的物性好,它们有利于油气储存和渗滤,是良好的油气储集岩。

粉砂岩(siltstone)是指主要由粒度为0.1~0.01mm的碎屑(大于50%)所组成的岩石。碎屑物质成分单一,主要为石英,长石较少,岩屑极少,白云母较多,重矿物含量2%~3%。胶结物多为钙质,铁质和硅质较少。具有薄的水平层理、波状层理。常形成于海湖水体较深的底部和河漫滩、三角洲、湖、沼泽等水动力条件较稳定的、由砂岩向黏土岩过渡的地带。粗粉砂岩(粒度0.1~0.05mm)物性较砂岩差,但可以储集油气。

2) 黏土岩

黏土岩(clay rock)是指主要由粒度小于0.01mm的颗粒组成、且以黏土矿物为主(大于50%)的岩石。它主要由四类物质组成:

(1) 黏土矿物:是黏土岩的主要组成物质,主要有高岭石、蒙脱石、伊利石、绿泥石。它们是由硅氧四面体和铝氧八面体在垂向上组合而成的层状铝硅酸盐矿物。

(2) 碎屑物质:是由陆地搬运而来的石英、长石、白云母等。

(3) 化学成因矿物:有赤铁矿、软锰矿、各种铝土矿、蛋白石、方解石、白云石、菱铁矿、石膏、硬石膏、重晶石、黄铁矿、岩盐等。它们可用来判断沉积环境(氧化还原条件、含盐度)和成岩、后生变化。

(4) 有机物质:主要有煤、腐泥质、沥青质、生物遗体(化石)等。

黏土岩主要根据其构造特征进行分类,如黏土岩页理(厚度小于1cm的层理)发育,称为页岩(shale);页理不发育的黏土岩称为泥岩。颜色较深的泥(页)岩有机质丰富,在一定条件下可以生油;泥(页)岩致密,也可作为盖层。

3) 碳酸盐岩

碳酸盐岩(carbonate rock)是指主要由沉积碳酸盐矿物(主要为方解石和白云石)所组成的岩石。岩石中方解石含量大于50%,称为石灰岩;岩石中白云石含量大于50%,称为白云岩。石灰岩遇冷稀盐酸(5% HCl)剧烈反应,并放出$CO_2$气体;白云岩遇冷稀盐酸不反应或反应微弱,但粉末遇冷稀盐酸起反应。这是鉴别碳酸盐岩并区分石灰岩和白云岩的重要方法之一。

白云岩的成因是沉积学家长期以来争论的问题。一种观点认为白云岩是从水体中以化学沉淀的方式直接形成,这种白云岩称为原生白云岩。另一种观点认为白云岩是非化学沉淀作用形成,是由碳酸盐沉淀物与海水或孔隙水中的镁离子发生交代作用(这种作用称为白云岩化作用)形成,或者是碳酸盐岩与缝、隙水中的镁离子发生交代作用形成;前者称为成岩白云岩,后者称为后生白云岩。

碳酸盐岩在我国分布范围很广。碳酸盐岩是重要的生油岩和储集岩。粗粒石灰岩,其孔隙度高,渗透性好,是良好的油气储集岩;颗粒较细、有机质丰富的泥晶灰岩及礁灰岩是良好的生油岩。我国华北、辽河、胜利油田的古潜山油气田以及四川气田都是碳酸盐岩。

# 第二节 地质构造

## 问题导入

1. 地层的沉积规律是什么?
2. 地质构造是如何运动的?

地层(stratum)是一段地质时期内形成的沉积岩层的统称。地层的含有物及特征是地质历史的记录,它具有时间性和空间性。地层的时间性是指某一地层是在一定的地质时期内形成;地层的空间性是指地层特征的纵、横向变化都表明其形成时的古地理条件的变迁。

地层形成之后,在地球的内动力地质作用(主要是地壳运动)下,会形成各种形变(如褶皱和断裂),称为地质构造。石油和天然气在地层中形成,在地层中运移,又保存于一定的地层地质构造之中,形成油气藏。因此,研究油气的生成与聚集,必须研究地层及形变。

## 一、地层

研究地壳上的地层,首先应明确地层的新老关系,建立地层系统。

### (一)地层系统建立的依据

#### 1. 地层层序律

地层层序律是指在正常情况下,先沉积的地层在下,后沉积的地层在上,即下伏地层比上覆地层老的自然顺序。这里"正常情况下"是指地层形成之后未受到严重的地壳运动而发生倒转。

#### 2. 化石层序律

化石是指保存在地层中的古代生物的遗体或遗迹。由于生物的演化具有从低级向高级、从简单向复杂进化的方向性,以及不可逆性和阶段性的特点,因此,在同一地区不同的地层中应含有不同的生物化石,而在不同地区含有相同的生物化石的地层则应属同一时代形成的地层,这就是化石层序律。

#### 3. 地层的接触关系

空间上紧密相邻且形成时间不同的两套地层间的接触关系有两种:整合接触和不整合接触。

1)整合接触

整合接触是指上、下两套地层连续沉积或基本上连续沉积,其间没有显著的沉积间断或仅有过短暂的沉积间断;在地层产状上,上、下两套地层彼此平行或大致平行。它标志着地层沉积期间,沉积盆地处于地壳持续稳定沉积,而没有产生较长时间的沉积间断。

2)不整合接触

不整合接触是指上、下两套地层为不连续沉积,其间存在着较长期的、明显的沉积间断,即在沉积间断时期不仅没有接受沉积,还受外力的剥蚀作用,造成两套地层间具有一个明显的风化剥蚀面,称为不整合面。

不整合接触是由地壳经过较为剧烈的运动所造成的。根据地壳运动的性质与强度,可分为两类接触关系——平行不整合、角度不整合(图 2-2)。

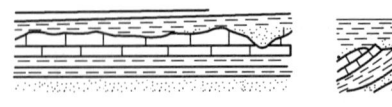
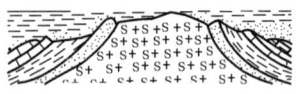

(a) 平行不整合　　　　　　(b) 角度不整合

图 2-2　地层接触关系示意图

平行不整合(又称假整合):上、下两套地层间虽有不整合面(假整合面)的存在,并有地层缺失现象,但是两套地层的产状表现为彼此一致或基本一致。它表明了地壳的升降运动。

角度不整合(又称不整合):上、下两套地层间,具有地层缺失和不整合面的存在,同时两套地层的产状不一致,呈角度相交。它表明地壳不仅明显地升降,而且还发生了水平方向的运动(产生过褶皱和断裂变动)。

### (二) 地层系统与地层单位

#### 1. 地层—地质年代表的建立

根据地层层序律和化石层序律,结合地层接触关系,人们通过对全世界各地区地层剖面的对比和整理,现在已经相当精确地建立起地区上生物发展的历程和地层形成的层序,已经建立起一个统一的地质年代表和完整的地层系统表,见表 2-2。

地球上所有的地层据其新老关系分为三个宇:显生宇(PH)、元古宇(PT)、太古宇(AR)。宇内分界,界内分系,系内分统。与地层单位宇、界、系、统相对应的地质年代单位称为宙、代、纪、世。"世"可进一步分"期"。地层系统单位是地质年代分期的物质表现,它具有空间性,而地质年代单位是时间性单位。

宙、代、纪、世、期都是相对地质时代单位。地层确切的形成时间是通过其放射性同位素半衰期的测定来确定,常以"百万年"为单位,这是绝对地质年龄。

2005 年我国第三届全国地层会议通过的《中国地层指南及中国地层指南说明书(修订版)》,对我国区域或地方性的地层划分和地质年代作了统一规定,此处不作展开。

#### 2. 地层单位

1) 国际性地层单位(年代地层单位)

国际性地层单位是国际通用的地层单位,主要是依据古生物演化特征进行划分的,故又称为"年代地层单位",包括宇、界、系、统。

宇:最大的国际通用地层单位,包括一个"宙"的时间内形成的地层,宇内分界。地球上整个地层可分为三个宇:太古宇、元古宇和显生宇。太古宇和元古宇中硬体化石很少,可见菌藻类生物化石。显生宇中古生物种类繁多,化石丰富。

界:第二级国际通用地层单位,包括一个"代"的时间内所形成的地层,界内分系。不同的界中,某类生物化石极其丰富,如中生界中恐龙化石。

系:第三级国际通用地层单位,包括一个"纪"的时间内所形成的地层,系内分统。系通常用首先建立地层剖面的地点名称来命名,如寒武系、奥陶系、志留系。

统:是最小的国际通用地层单位,包括一个"世"的时间内形成的地层。统是根据某一科、属古生物化石及特征来划分的。

表2-2 地层地质年代表

| 宇(宙) | 界(代) | 系(纪) | 统(世) | 阶(期) | GSSP | 年龄值 Ma |
|---|---|---|---|---|---|---|
| | | | | | | 538.8±0.2 |
| 元古宇 | 新元古界 | 埃迪卡拉系 | | | ◯ | ~635 |
| | | 成冰系 | | | ◯ | ~720 |
| | | 拉伸系 | | | ◯ | 1000 |
| | 中元古界 | 狭带系 | | | ◯ | 1200 |
| | | 延展系 | | | ◯ | 1400 |
| | | 盖层系 | | | ◯ | 1600 |
| | 古元古界 | 固结系 | | | ◯ | 1800 |
| | | 造山系 | | | ◯ | 2050 |
| | | 层侵系 | | | ◯ | 2300 |
| | | 成铁系 | | | ◯ | 2500 |
| 太古宇 | 新太古界 | | | | ◯ | 2800 |
| | 中太古界 | | | | ◯ | 3200 |
| | 古太古界 | | | | ◯ | 3600 |
| | 始太古界 | | | | | 4031±3 |
| 冥古宇 | | | | | | 4567 |

前寒武系

| 宇(宙) | 界(代) | 系(纪) | 统(世) | 阶(期) | GSSP | 年龄值 Ma |
|---|---|---|---|---|---|---|
| | | | | | | 358.9±0.4 |
| 显生宇 | 古生界 | 泥盆系 | 上泥盆统 | 法门阶 | ◁ | 372.2±1.6 |
| | | | | 弗拉阶 | ◁ | 382.7±1.6 |
| | | | 中泥盆统 | 吉维特阶 | ◁ | 387.7±0.8 |
| | | | | 艾菲尔阶 | ◁ | 393.3±1.2 |
| | | | 下泥盆统 | 埃姆斯阶 | ◁ | 407.6±2.6 |
| | | | | 布拉格阶 | ◁ | 410.8±2.8 |
| | | | | 洛赫考夫阶 | ◁ | 419.2±3.2 |
| | | 志留系 | 普里道利统 | | ◁ | 423.0±2.3 |
| | | | 罗德洛统 | 卢德福特阶 | ◁ | 425.6±0.9 |
| | | | | 高斯特阶 | ◁ | 427.4±0.5 |
| | | | 温洛克统 | 侯默阶 | ◁ | 430.5±0.7 |
| | | | | 申伍德阶 | ◁ | 433.4±0.8 |
| | | | 兰多维列统 | 特里奇阶 | ◁ | 438.5±1.1 |
| | | | | 埃隆阶 | ◁ | 440.8±1.2 |
| | | | | 鲁丹阶 | ◁ | 443.8±1.5 |
| | | 奥陶系 | 上奥陶统 | 赫南特阶 | ◁ | 445.2±1.4 |
| | | | | 凯迪阶 | ◁ | 453.0±0.7 |
| | | | | 桑比阶 | ◁ | 458.4±0.9 |
| | | | 中奥陶统 | 达瑞威尔阶 | ◁ | 467.3±1.1 |
| | | | | 大坪阶 | ◁ | 470.0±1.4 |
| | | | 下奥陶统 | 弗洛阶 | ◁ | 477.7±1.4 |
| | | | | 特马豆克阶 | ◁ | 485.4±1.9 |
| | | 寒武系 | 芙蓉统 | 第十阶 | ◁ | ~489.5 |
| | | | | 江山阶 | ◁ | ~494 |
| | | | | 排碧阶 | ◁ | ~497 |
| | | | 苗岭统 | 古丈阶 | ◁ | ~500.5 |
| | | | | 鼓山阶 | ◁ | ~504.5 |
| | | | | 乌溜阶 | ◁ | ~509 |
| | | | 第二统 | 第四阶 | | ~514 |
| | | | | 第三阶 | | ~521 |
| | | | 纽芬兰统 | 第二阶 | | ~529 |
| | | | | 幸运阶 | ◁ | 538.9±0.2 |

| 宇(宙) | 界(代) | 系(纪) | 统(世) | 阶(期) | GSSP | 年龄值 Ma |
|---|---|---|---|---|---|---|
| | | | | | | ~145.0 |
| 显生宇 | 中生界 | 侏罗系 | 上侏罗统 | 提塘阶 | | 149.2±0.7 |
| | | | | 钦莫利阶 | ◁ | 154.8±0.8 |
| | | | | 牛津阶 | | 161.5±1.0 |
| | | | 中侏罗统 | 卡洛夫阶 | | 165.3±1.1 |
| | | | | 巴通阶 | ◁ | 168.2±1.2 |
| | | | | 巴柔阶 | ◁ | 170.9±0.8 |
| | | | | 阿林阶 | ◁ | 174.7±0.8 |
| | | | 下侏罗统 | 托阿尔阶 | ◁ | 184.2±0.3 |
| | | | | 普林斯巴阶 | ◁ | 192.9±0.3 |
| | | | | 辛涅缪尔阶 | ◁ | 199.5±0.3 |
| | | | | 赫塘阶 | ◁ | 201.4±0.2 |
| | | 三叠系 | 上三叠统 | 瑞替阶 | | ~208.5 |
| | | | | 诺利阶 | | ~227 |
| | | | | 卡尼阶 | ◁ | ~237 |
| | | | 中三叠统 | 拉丁阶 | ◁ | ~242 |
| | | | | 安尼阶 | | 247.2 |
| | | | 下三叠统 | 奥伦尼克阶 | | 251.2 |
| | | | | 印度阶 | ◁ | 251.902±0.024 |
| | 古生界 | 二叠系 | 乐平统 | 长兴阶 | ◁ | 254.14±0.07 |
| | | | | 吴家坪阶 | ◁ | 259.51±0.21 |
| | | | 瓜德鲁普统 | 卡匹敦阶 | ◁ | 264.28±0.16 |
| | | | | 沃德阶 | ◁ | 266.9±0.4 |
| | | | | 罗德阶 | ◁ | 273.01±0.14 |
| | | | 乌拉尔统 | 空谷阶 | | 283.5±0.6 |
| | | | | 亚丁斯克阶 | | 290.1±0.26 |
| | | | | 萨克马尔阶 | | 293.52±0.17 |
| | | | | 阿瑟尔阶 | ◁ | 298.9±0.15 |
| | | 石炭系 | 宾夕法尼亚亚系 | 上 | 格舍尔阶 | | 303.7±0.1 |
| | | | | 中 | 卡西莫夫阶 | | 307.0±0.1 |
| | | | | 下 | 莫斯科阶 | | 315.2±0.2 |
| | | | | | 巴什基尔阶 | ◁ | 323.2±0.4 |
| | | | 密西西比亚系 | 上 | 谢尔普霍夫阶 | | 330.9±0.2 |
| | | | | 中 | 维宪阶 | ◁ | 346.7±0.4 |
| | | | | 下 | 杜内阶 | ◁ | 358.9±0.4 |

| 宇(宙) | 界(代) | 系(纪) | 统(世) | 阶(期) | GSSP | 年龄值 Ma |
|---|---|---|---|---|---|---|
| 显生宇 | 新生界 | 第四系 | 全新统 | 上阶 | ◁ | 现今 |
| | | | | 中阶 | ◁ | 0.0042 |
| | | | | 下阶 | ◁ | 0.0082 |
| | | | 更新统 | 上阶 | | 0.0117 |
| | | | | 中阶 | | 0.129 |
| | | | | 卡拉布里雅阶 | ◁ | 0.774 |
| | | | | 杰拉阶 | ◁ | 1.80 |
| | 新近系 | 上新统 | 皮亚琴察阶 | ◁ | 2.58 |
| | | | | 赞克勒阶 | ◁ | 3.600 |
| | | | 中新统 | 墨西拿阶 | ◁ | 5.333 |
| | | | | 托尔托纳阶 | ◁ | 7.246 |
| | | | | 塞拉瓦莱阶 | ◁ | 11.63 |
| | | | | 兰盖阶 | ◁ | 13.82 |
| | | | | 波尔多阶 | | 15.98 |
| | | | | 阿启坦阶 | ◁ | 20.44 |
| | 古近系 | 渐新统 | 夏特阶 | | 23.03 |
| | | | | 吕珀尔阶 | ◁ | 27.82 |
| | | | 始新统 | 普利亚本阶 | | 33.9 |
| | | | | 巴顿阶 | | 37.71 |
| | | | | 卢泰特阶 | | 41.2 |
| | | | | 伊普雷斯阶 | ◁ | 47.8 |
| | | | 古新统 | 坦尼特阶 | ◁ | 56.0 |
| | | | | 塞兰特阶 | ◁ | 59.2 |
| | | | | 丹麦阶 | ◁ | 61.6 |
| | 中生界 | 白垩系 | 上白垩统 | 马斯特里赫特阶 | ◁ | 66.0 |
| | | | | 坎潘阶 | | 72.1±0.2 |
| | | | | 圣通阶 | ◁ | 83.6±0.2 |
| | | | | 康尼亚克阶 | ◁ | 86.3±0.5 |
| | | | | 土伦阶 | ◁ | 89.8±0.3 |
| | | | | 塞诺曼阶 | ◁ | 93.9 |
| | | | 下白垩统 | 阿尔布阶 | ◁ | 100.5 |
| | | | | 阿普特阶 | | ~113.0 |
| | | | | 巴雷姆阶 | | ~121.4 |
| | | | | 欧特里夫阶 | | ~125.77 |
| | | | | 瓦兰今阶 | | ~132.6 |
| | | | | 贝里阿斯阶 | | ~139.8 |
| | | | | | | ~145.0 |

2) 全国和大区域性地层单位(年代地层单位)

阶:是一个"期"的时间内所形成的地层,是统的再分,往往大量含有某些属、种古生物化石,通常只有在古生物地层工作做得比较详细的地区才能进行阶的划分,因此,它只适用于某个生物地理区,有专用名。阶也是年代地层单位。

带:是最小的年代地层单位,以化石的种、属命名,如王氏克氏蛤带。带只适用于较小范围。

3) 地方性地层单位(岩石地层单位)

地方性地层单位是根据某一地区的岩性、岩相特征来确定的,而不是根据古生物化石特征划分的,故又称为"岩石地层单位"。同一岩石地层单位的地层可以是不同时期形成的。

群:是最大的地方性地层单位,包括一套厚度较大、岩性复杂,但沉积条件相似的岩系,其范围相当于一个统或更大。群的岩层厚度一般为几百米至几千米。群内不允许有不整合存在。

组:是地方性的最基本的地层单位,可以由一种岩石组成,也可由一种岩石为主而兼有夹层,或由两三种岩层的韵律层所组成,其岩性与上、下地层有明显的区别,通常小于统,组内分段,有专用地理名称。

段:小于组的地方性地层单位。

层:是最低级的岩石地层单位,是指组内或段内一个明显的特殊单位层。

## 二、构造

沉积地层形成后,由于受地壳运动(垂直或水平运动)的影响,岩层会受到各种内应力(张应力、压应力和剪应力)的作用而发生形变。岩层形变过程可分为三个阶段,即弹性变形阶段、塑性变形阶段和断裂变形阶段。当岩层受力作用而处于塑性变形阶段时,岩层将形成各种形态的弯曲;当岩层受力超过其破裂压力时,岩层将产生不同方向的破裂。我们称前者为褶皱,后者为断裂。它们是地壳上岩层受力产生形变后最常见的两种主要地质构造。

油气勘探和开发实践证明:地质构造是油气运移、聚集和保存的基本地质条件之一。

### (一) 地质构造的研究图件

地质上常用来表示地下地质构造特点的图件有构造等值线图和构造横剖面图。

#### 1. 构造等值线图

构造等值线图(简称构造图)是用构造等值线表示地下某一岩层层面的起伏状况的平面投影图,如图2-3(a)所示。其方向一般是上北(N)、下南(S)、左西(W)、右东(E)。相邻的两条等高线间的高程差称为等高距。等高线密集时陡,稀疏时缓。由外向内,等高线高程由小变大,表示岩层向上弯曲;反之,岩层向下弯曲。构造等值线图是通过钻井、物探资料绘制。

#### 2. 构造横剖面图

构造横剖面图(简称剖面图)是沿某一构造一定的方向上,用一定的地层符号表示地下若干个岩层及特征的剖面图,如图2-3(b)所示。横剖面图也可以由钻井、物探资料来绘出。

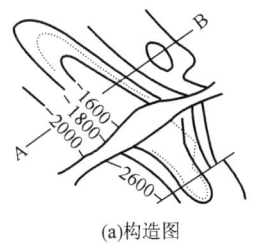
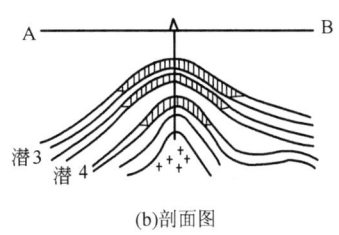

(a)构造图　　　　　　　　(b)剖面图

图 2-3　构造图与剖面图

## (二)褶皱构造

地壳的升降或水平挤压运动都可以使岩层发生向上或向下的连续弯曲,并永久地保留于地层中,这种弯曲的岩层称为褶皱(视频 2-4)。岩层的每一个弯曲(向上或向下)称为褶曲。褶曲有两种基本形式,如图 2-4 所示。

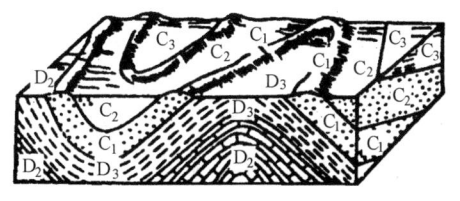

图 2-4　褶曲的基本类型
(左侧是向斜,右侧是背斜)

视频2-4 褶皱

视频2-5 背斜和向斜的形成

### 1. 背斜

背斜(anticline)是岩层向上的一个弯曲;核心处的地层较老,两翼地层新;两翼地层倾向相背(倒转背斜例外)。在地表露头表现为地层对称性的重复,且由核部向外地层时代变新;在构造图上表现为构造等高线闭合,且由外向内,构造等高线高程增大(视频 2-5)。

### 2. 向斜

向斜(syncline)是岩层向下的一个弯曲;其核部地层较新,翼部地层较老;两翼地层倾向相向。在地表露头和构造图上表现特征与背斜相反(视频 2-5)。

## (三)断裂构造

若岩层所受的应力超过了岩层的破裂强度,岩层便断开,即形成断裂构造。断开的面称为断裂面。据断裂面两侧岩层的位移情况,可将断裂构造分为裂缝(节理)和断层两种。

### 1. 裂缝(节理)

断裂面两侧岩层未发生明显相对位移的断裂构造,称为裂缝。裂缝常形成于脆性岩层(如碳酸盐岩)之中。定向排列及组合有规律的裂缝,称为节理,这种裂缝面称为节理面。节理常将岩层切割成形态规则的几何体。据力学性质可以将裂缝(节理)分为两种类型:

张裂缝(张节理)——由张应力(指大小相等、方向相反的一对拉伸应力)形成的裂缝。张裂缝(张节理)的特点为:裂缝面垂直于张应力;常张开(或开口),也可被其他矿物(如方解石)充填;裂缝面粗糙、锯齿状、无擦痕;裂缝面常绕岩层中颗粒(如砾石)而过。常形成于背斜构造的顶部和倾伏端。

剪裂缝(剪节理)——由剪切应力形成的裂缝。剪裂缝(剪节理)的特点为:裂缝面闭合,平直光滑,可有少量擦痕;裂缝面可切割岩层内颗粒;成对出现,呈共轭"X"形,其两组剪裂缝的较小交角(约60°)的平分线方向为最大压应力方向。剪裂缝在褶曲中常见,常是斜交褶曲轴线或平行褶曲轴线,成对出现。

2. 断层

断层是指断裂面两侧岩层有明显位移的断裂构造。岩层发生相对位移的破裂面称断层面。断层面与地面的交线称断层线(油田地下指某岩层层面与断面交线在水平面的投影线)。断层面两侧的岩块称断层的两盘。在断层倾斜时,位于断层面以上的一盘称为上盘,位于断层面以下的一盘称为下盘。相对上升的一盘称为上升盘,相对下降的一盘称为下降盘。两盘沿断层面相对移动的距离称为断距。

根据断层两盘相对移动性质可将其分为:

1) 正断层

正断层(normal fault)是上盘相对下降、下盘相对上升的断层。正断层是由张应力或重力作用形成的(视频2-6)。其组合形式有:

地堑和地垒——由两条以上的正断层组成,两条相邻的正断层倾向相对,中间共用盘相对下降,形成地堑;若两条相邻断层倾向相背,中间共用盘相对上升,形成地垒,如图2-5所示。

视频2-6 正断层的形成

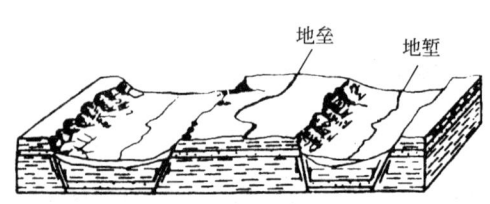

图2-5 地堑和地垒

阶梯状断层——由数条大致平行、倾向一致,呈阶梯状排列的正断层组成,如图2-6(a)所示。

2) 逆断层

逆断层(reverse fault)是上盘相对上升、下盘相对下降的断层。逆断层是由水平挤压应力形成的(视频2-7)。断面小于45°的逆断层称为逆掩断层;小于25°的逆断层称为碾掩断层;大于45°的逆断层称为冲断层。其组合形式主要有叠瓦状断层,如图2-6(b)所示。

视频2-7 逆断层的形成

(a)阶梯断层　　　　　　(b)叠瓦状断层

图2-6 阶梯状断层和叠瓦状断层

3) 平移(推)断层

平移(推)断层(translational fault)是两盘沿水平方向相对位移的断层。它是由剪切地应力作用形成。断裂构造,尤其是裂缝可以作为油气的储存空间。生油层中的微裂缝可以作为油气向储层中运移的通道。封闭性断层可以成为圈闭的遮挡条件,形成断块油气藏。但在油气藏形成之后,地壳运动形成的断层又可以破坏油气藏。

## 第三节 油气的生成、运移与聚集

**问题导入**

1. 地层中的流体的组成及物理化学性质是什么?
2. 油气是如何形成的?
3. 油气是如何运移成藏的?

### 一、地层中的流体

石油和天然气都是储藏在地下岩石孔隙中的的可燃矿产,它们与地下岩石孔隙中的水共存在一起,但它们的化学组成及物性却截然不同。

#### (一)石油的化学组成及物性

石油是一种成分十分复杂的天然有机化合物的混合物,主要成分为液态烃,含有数量不等的非烃化合物及多种微量元素。地下的液态石油中常溶有大量的天然气,并溶有固态烃及非烃。

**1. 石油的元素组成**

石油主要由 C、H、O、S、N 等元素组成,其中 C 含量为 84%~87%,H 含量为 11%~14%,O、S、N 及微量元素一般只占 1%~4%,个别情况下,S 含量可高达 7%。现已发现石油成分中存在 33 种微量元素,如 Fe、Ca、Mg、Al、V、Ni 等。虽然它们的质量仅占石油质量的万分之几,但有些元素(如 V、Ni)明显来自生物体,且在不同地区的石油中含量相差较大,被用来进行油源对比,并作为有机成因的证据。

**2. 石油的化合物组成**

石油的各种元素并不是呈游离状态存在,而是相互化合形成不同的化合物,以烃类化合物为主,还含有非烃类化合物。

1) 烃类化合物

烃类化合物由碳、氢元素组成。据结构可分为三类:

(1) 烷烃,又称脂肪烃,化学通式为 $C_nH_{2n+2}$,属饱和烃。在常温常压下 $C_1$~$C_4$ 的烷烃是气态;$C_5$~$C_{16}$ 是液态;$C_{17+}$ 是固态。石油中正构烷烃和异构烷烃均存在。

(2) 环烷烃,是碳和氢的环状化合物,也属于饱和烃,化学通式为 $C_nH_{2n}$。据环的数目,环烷烃分为单环、双环、三环和多环烷烃,其中以五元环、六元环化合物为主。

(3) 芳香烃,化学通式为 $C_nH_{2n-6}$。单环化合物中以苯、甲苯、二甲苯为主,出现于原油的低沸点馏分中,稠环芳香烃存在于重质馏分中。

以上三种烃类化合物在不同地区的原油中含量不同,主要由于生物的原始物质组成、演化程度及次生变化的差异造成。

2）非烃化合物

非烃化合物是指含有杂原子 O、S、N 的有机化合物。它们在石油中含量不多，但有时可达 30%。原油中含硫化合物主要以 $H_2S$、硫醇（RSH）、硫醚（RSR′）、环硫醚等形式存在，含量从万分之几到百分之几不等。硫是石油中的有害杂质，它易生成硫化氢（$H_2S$）、亚硫酸（$H_2SO_3$）或硫酸（$H_2SO_4$）等化合物，对金属设备造成严重的腐蚀。因此，含硫量是评价石油质量的一项重要指标。按含硫量将原油分为高硫原油（含硫量大于 2%）、低硫原油（含硫量小于 0.5%）、含硫原油（含硫量 0.5%~2%）。我国多为低硫原油和含硫原油。

原油中含氮化合物含量为万分之几，主要为杂环化合物（如吡啶、喹啉、卟啉、吡咯、吲哚等及同系物）。其中最富有意义的是卟啉类化合物，它是来自于动物的血红素和植物的叶绿素，且卟啉类化合物在 180~200℃ 下分解，而原油中却存在，这为石油有机成因提供了重要的证据。

原油中含氧量仅千分之几，个别地方原油可达 2%~3%，主要为环烷酸、脂肪酸及酚，统称为"石油酸"，还有一些醛、酮化合物。环烷酸在含氧化合物中的含量最高，其碱金属盐极易溶于水，在储集油气的地层水中常含有它，故环烷酸的存在可作为找油的一种直接标志。

石油中，除上述各种烃类、非烃类化合物外，还含有一些高分子量的非烃化合物，它们常构成原油的重质部分。其结构十分复杂，目前尚不太清楚，统称为胶质、沥青质。

### 3. 石油的馏分和组分

1）石油的馏分

石油的馏分是利用组成石油的化合物具有不同沸点的特性，加热蒸馏将其切割成不同沸点范围的若干部分，每一部分即为一个馏分。各馏分的含量（质量分数或体积分数）表示石油的组成，称为石油的馏分组成。石油中各馏分的名称及温度范围见表 2-3。

表 2-3 石油的馏分组成

| 馏分 | 轻馏分 | | 中馏分 | | | 重馏分 | |
|---|---|---|---|---|---|---|---|
| | 石油气 | 汽油 | 煤油 | 柴油 | 重瓦斯油 | 润滑油 | 渣油 |
| 温度，℃ | <35 | 35~190 | 190~260 | 260~320 | 320~360 | 360~500 | >500 |

2）石油的组分

石油的组分是利用石油中不同的化合物对有机溶剂和吸附剂（如硅胶）具有选择性的溶解和吸附的特性而将其分成若干部分，每一部分就是一个组分。石油的组分包括四个部分：

油质——石油中可溶解于石油醚而不被硅胶吸附的物质。主要是饱和烃和一部分低分子芳香烃，为色浅的黏性液体，是石油中主要组分。

胶质——石油中可溶解于石油醚（或苯、三氯甲烷、四氯化碳等有机溶剂）并可被硅胶吸附的物质，主要由芳香烃和非烃化合物组成，颜色较深（浅黄、红褐到黑色），呈黏稠状的液体或半固体状态。

沥青质——石油中不溶于石油醚，但溶于苯、三氯甲烷、二硫化碳等有机溶剂的物质，为黑色脆性的固体粉末，是稠环芳香烃和烷基侧链组成的复合结构的化合物。

炭质——不溶于任何有机溶剂的黑色固体颗粒，也称"残炭"，含量很少或无。

### 4. 石油的物性

认识石油的物性，对于认识石油，进行石油地质研究，评价石油的质量，勘探开发油气藏具有重要的意义。

(1)颜色。石油颜色多样,从无色、淡黄色、黄褐色、淡红色、黑绿色到黑色都有。我国四川黄瓜山油田石油近于无色,而玉门、大庆、胜利油田的石油均为黑色。石油中胶质、沥青质含量越高,颜色越深。

(2)密度。石油的密度是指单位体积石油的质量,单位为$g/cm^3$或$t/m^3$。通常用相对密度表示,它是指在标准条件下(20℃,0.101MP)原油密度与4℃下纯水的密度之比值。石油的相对密度一般介于0.75~1.0之间。现场上,常把相对密度大于0.90的石油称为重质石油;相对密度小于0.90的石油称为轻质石油。石油中胶质、沥青质含量高,密度大;油质含量高,密度小。

(3)黏度。石油的黏度可用动力黏度表示,单位:帕斯卡·秒($Pa·s$)。石油的黏度变化很大,如我国孤岛油田馆陶组的原油在50℃时的黏度为$(103~645)\times10^{-3}Pa·s$,大庆油田原油黏度在50℃时为$(9.3~21.8)\times10^{-3}Pa·s$。若石油的黏度大于$100\times10^{-3}Pa·s$为高黏原油,小于$100\times10^{-3}Pa·s$为低黏原油。高黏原油会给石油开采和集输带来困难。

石油的黏度取决于石油的化学组成、温度、压力及溶解气量。原油中轻烃组分含量高,地层温度高,溶解气量大,黏度降低。

(4)凝点。将液体石油冷却到失去流动性时的温度称凝点。石油凝点的高低,取决于石油中含蜡量及烷烃碳数高低。含蜡量及蜡分子的烷烃碳数高的石油,其凝点高。高凝点的原油易使井底结蜡,给采油工作带来困难。因此,油井的清蜡、防蜡是一项重要的工作。

(5)导电性。石油具有极高的电阻率($10^9~10^{16}\Omega·m$),相对于地层孔隙水(常含有电解质)的电阻率高得多。利用此特点,油田采用视电阻率测井法确定含油层。

(6)溶解性。石油难溶于水,易溶于有机溶剂(如苯、石油醚等)。因此,在油、水共存的油藏中,由于油的密度比水的密度小,油位于水的上方。

(7)荧光性。石油在紫外线的照射下产生荧光。钻井过程中用紫外线照射砂岩岩屑,以发现和确定含油气层。这种方法很敏感,即使岩屑中含有极少量的油砂,也可发现,称为"荧光录井"。

(8)旋光性。旋光性是指石油能使偏振光发生转动一定角度的特性。旋光性是生物成因的天然有机化合物的特性。因此,石油的旋光性是石油有机成因的证据。

(9)热值。石油的热值可达$(10000~11000)\times4.1866kJ/kg$,是优质燃料。

**(二)天然气的化学组成及物性**

从广义的角度说,自然界中一切天然因素形成的气体(包括可燃和不可燃气体、生物和非生物成因的气体),统称为天然气。但在石油及天然气地质学中所讲的天然气,是指与生物成因有关的油田和气田气,是可燃性气体。

**1.天然气的化学组成和类型**

1)天然气的化学组成

天然气中主要是甲烷(称轻烃气),其次是乙烷、丙烷、丁烷、戊烷、已烷等重烃气,另外还有一些非烃气体(如$CO_2$、$H_2S$、$N_2$、$CO$、$H_2$以及$He$、$Ar$等惰性气体)。

2)天然气的类型

据天然气中甲烷同系物的含量将天然气分为干气和湿气两种。

干气,也称为气田气,是指甲烷含量大于95%、乙烷以上的重烃气含量小于5%的气体。干气不与石油伴生,可单独形成纯气藏,如煤成气多属干气。干气燃烧火焰呈蓝色,通入带冰的水中,无油膜出现。

湿气,也称油田气,是指甲烷含量小于95%、重烃气含量大于5%的天然气。湿气常与油藏和油气藏有关,如气顶气、溶解气。湿气燃烧时火焰呈黄色,通入水中有油膜出现。

**2. 天然气的物理性质**

天然气是一种无色的,但可有汽油或 $H_2S$ 气味的气体。其主要物性包括以下5个方面。

1) 相对密度

在标准状况下单位体积天然气的质量与同体积空气的质量的比值称为天然气的相对密度,一般为0.6~0.7,随天然气中重烃含量的增大而增大。

2) 临界温度和压力

单组分气体都有一定的温度,高于此温度时不管加多大的压力都不能使该气体转化为液体,该特定的温度称为临界温度。在临界温度时气体液化所需的最低压力称为临界压力。如甲烷的临界温度为 $-82.5℃$,临界压力约为45.8MPa,因此甲烷在地下除溶于油和水之外,呈气态存在;但丁烷的临界温度为152.0℃,临界压力约为37.4 MPa,在地下是以液态存在。

在自然条件下,天然气通常是烃类气体及非烃类气体化合物的混合物,其临界温度及临界压力随组成成分不同而不同。

3) 蒸气压力

气体液化时所需施加的压力称为该气体的饱和蒸气压。蒸气压力随温度升高而升高,在同一温度、压力条件下,碳氢化合物的分子量越小,其蒸气压力越大。

4) 溶解性

天然气在油和水中的溶解能力可用溶解系数表示。溶解系数是指当温度一定时,每增加一个大气压(101325Pa)溶在单位体积石油中的气体量。在一定条件下,气体在单位体积石油(或水)中的溶解量称为溶解度,单位为 $m^3/m^3$。天然气在水中的溶解度比石油在水中的溶解度大,但天然气在油中的溶解度比水中大得多。如甲烷在标准状况下在油中的溶解度约等于在水中的9倍。天然气组成中重质组分越多,石油含轻质组分越多,天然气在油中溶解度越大。因此,国外有用天然气(尤其是用湿气)来混相驱油,提高原油采收率。

5) 热值

单位体积天然气燃烧时所发出的热量称为天然气的燃烧热值,简称热值。甲烷的热值为 $8870×4.19kJ/m^3$,而天然气的热值较高,可达 $20000×4.19kJ/m^3$,比煤和石油的热值高。

### (三) 油田水的化学组成及物性

广义上的油田水是指油气田区域内的地下水,包括油层水和非油层水。我们通常所说的油田水是狭义上的油田水,是指油田范围内储集有油气的地层中的地下水。在储层中,油田水以孔隙水的形式存在,是在沉积岩形成时遗留下来的,能反映沉积岩形成时的环境。

石油是在有地层水存在的状况下生成、运移、聚集和演化的,因此油层水具有与地表水不同的特性。研究油层水对油气勘探和开发具有重要的意义。

**1. 油田水的化学组成**

1) 常见的离子和种类

油田水含有约30种离子,但主要有以下六组离子:阳离子有 $Na^+$、$K^+$、$Ca^{2+}$、$Mg^{2+}$;阴离

子有 $Cl^-$、$SO_4^{2-}$、$HCO_3^- + CO_3^{2-}$。由这些离子化合而成的盐类中,以 NaCl 含量最丰富,硫酸盐含量最少。

2) 有机物质和气体

油层水除含有无机盐之外,还含有有机物质和气体。有机质中以酚、有机酸易溶于水,常作为找油的直接标志;烃类气体,尤其是重烃气一般与石油有关,也是找油的直接标志。油层水由于在生油的还原环境中生成,一般不含 $O_2$,但常含有 $H_2S$,数量不定。油层水中的稀有气体 He、Ar 含量甚微,在某些油气聚集周围的地下水中形成氦气正异常。

3) 微量元素

油层水中的微量元素有几十种,其中 I、Br、B、Sr、$NH_4^+$ 含量高时可作为找油的间接标志。它们的存在反映了一种封闭的还原性环境,有利于油气转化。

油田水中的各种离子(分子和化合物)的总含量称为总矿化度,可以用干涸残渣(将水加热至 105℃,水蒸发后所剩下的残渣重量)或离子总量来表示,单位为 mg/L。

**2. 油田水的物理性质**

油田水与纯水的性质差别较大。

(1) 密度:油田水中因溶有数量不等的盐类,矿化度一般较高,相对密度多大于1。例如酒泉盆地油田水的相对密度为 1.01~1.05,四川盆地三叠系气田水的相对密度为 1.001~1.010。

(2) 黏度:油田水的黏度一般比纯水高,且随矿化度的增加而增加。温度对黏度影响较大,随温度升高,黏度快速降低。

(3) 透明度:油田水由于含有各种胶体物质[如 $Fe(OH)_3$) 和 $H_2S$ 等],一般透明度较差,常呈混浊状。

(4) 颜色和气味:油田水通常是带有颜色的,颜色视其化学组成而定。例如,含 $Fe^{2+}$ 常呈淡红色,含 $H_2S$ 呈淡青色。油田水中常含有有机物质或气体,会带有某种气味,如混有石油时,含有汽油、煤油味;含有 $H_2S$ 时,具臭鸡蛋味。油田水带有苦涩味或咸味。

(5) 导电性:因为在油田水中常含有各种离子,所以油田水能够导电。油田水的导电性随含盐量的增加而增加,而电阻则随之减小。在电法测井中就是利用油水电导性的差异来区分油水层。

在采油过程中,油井通常采出的是油、气、水混合物,必须进行油气、油水分离。分离后的油输往炼油厂炼制。分离后的污水,因含有机械杂质、各种盐类和溶解氧,须进行絮凝、防垢、缓蚀处理,回注地层。

## 二、石油和天然气的生成

随着科学的发展,大量的证据表明,石油和天然气是由分散在沉积岩中的沉积有机质在成岩作用期间经微生物分解或热解作用而形成。

### (一) 油气生成的原始物质

石油和天然气来源于有机质。早在古生代以前,地球上就出现了生物,随着地史的发展,生物广泛地发育起来。地球上的动植物种类繁多,数量很大,化学成分又异常复杂。但就生成油气的主要原始物质而言,仍然是以沉积岩中分散有机质为主。

有机物质的哪些组分可以生成油气?

### 1. 类脂化合物

类脂化合物中,常见的是脂肪,脂肪水解后生成脂肪酸,在还原条件下,脂肪酸发生去羧基和加氢作用,可以生成类似石油的液态烃类,是生油最主要的物质。类脂化合物主要来自低等的生物和微生物体,如低等的藻类、细菌、低等水生物。

### 2. 蛋白质

蛋白质是生物体的基本组成之一。其性质不稳定,与酸、碱共热或遇酶水解可生成氨基酸的混合物。氨基酸去羧基和氨基可生成不同的低分子碳氢化合物。它主要来自低等的生物(细菌、藻类等)。

### 3. 碳水化合物

碳水化合物即糖类,是高等植物的主要组分,易被水解、氧化及生物化学分解。碳水化合物在碱性条件下,发生糖化作用生成脂肪酸,再向烃类转化。碳水化合物较稳定的部分(如几丁质、纤维素等)可以被降解形成腐殖类物质,向煤转化。同时纤维素经微生物分解也可生成天然气。

### 4. 木质素

木质素来自于高等植物。它是以对甲基烯丙基苯为基本结构单元的高分子化合物,是形成腐殖质的原始物质,故人们认为它可能是石油中芳香烃的母质之一,也是成煤生气的主要物质。

由以上可知,低等生物(如藻类和低等水生动物)和微生物是生成油气的主要物质。

## (二)油气生成的外界条件

有机质为石油和天然气的生成提供了物质基础,但要使有机质保存下来,并向油气转化,必须有适当的外界条件。

### 1. 古地理环境和大地构造条件

根据对现代沉积相和古代沉积岩的调查研究表明,浅海区、海湾、潟湖以及内陆湖泊的深湖—半深湖、前三角洲地区是有利的生油气地理环境。这些地方适宜生物生活和繁殖,有丰富的有机质;且水体宁静,含氧量少,具有生成油气的还原环境;沉积物来源充足,沉积速度快,有机物能迅速被掩埋起来,利于有机质的保存。

从大地构造角度来说,沉积盆地中各类坳陷具有长时期的沉降作用,且沉降的幅度不断被沉积物补偿,始终保持有利于生物繁殖的水深环境;保证沉积有机物不断被新的沉积物覆盖,保持还原环境,减少有机物被氧化消耗。随着有机物埋深加大,地层温度升高,有利于向油气转化。我国松辽盆地中、新生代沉积层厚约5500m,华北、四川、准噶尔盆地沉积岩厚达上万米,在这些盆地中都发现了丰富的油气藏。

### 2. 物理化学条件

有机质向油气转化的物理化学条件主要有细菌、温度、压力、催化剂。

细菌是地球上分布最广、繁殖最快的微生物。细菌能引起多种生物化学作用,尤其是厌氧细菌可以把沉积有机质分解成各种单体化合物和沥青物质。在成岩作用初期阶段,细菌分解作用是主导作用。

温度可以加速化学反应进行。沉积有机质在埋藏深度不断加大，地层温度不断上升的情况下，使有机质产生热解形成烃类。高温下，有机质变质作用增强，裂解成气态物质（甲烷）和石墨。在油气形成过程中，温度起主导作用。

压力可以促使加氢作用，使高分子烃变成低分子烃，使不饱和烃变为饱和烃，对形成石油的质量有影响。随着沉积有机质埋藏深度加大，压力升高。在中等温度（50℃）下，增加压力达30～70MPa时类脂化合物室内模拟试验时产生烃。

催化剂是指能够加速有机质向油气转化的物质，但它本身在反应前后并不发生变化。室内研究表明，在150～200℃时硅酸铝催化脂肪、氨基酸以及其他类脂化合物，生成烃类化合物；膨润土也有催化作用。

### (三) 油气生成阶段

有机质向油气转化，依据其作用因素和产物的不同，大致可以划分为四个阶段。

#### 1. 生物化学生气阶段

有机质自沉积埋藏开始至1500m深度，甚至更深范围，压力增大，温度小于60℃，细菌作用为主。有机质在细菌作用下发生分解，产生大量气态物质，如$CH_4$、$CO_2$、$N_2$等。同时，阶段后期有极少量的碳数较高的液态烃形成。因此，此阶段只能形成气藏，而不能形成像样的油藏。

#### 2. 热催化生油气阶段

随着有机质埋深加大，地层温度、压力不断升高，细菌作用逐渐减弱，地热及无机催化作用起着主导作用。此阶段深度大约在1500～2500m，直至4000～4500m，温度在60～180℃之间。其中在温度60～120℃、深度1500～3000m范围内，有机质发生催化降解、加氢作用，大量的液态烃和气态烃形成，称为"生油主带"。把有机质开始热解成为大量石油烃和气态烃的温度（约60℃）称为"石油门限温度"。

#### 3. 热裂解生湿气阶段

在埋深3500～4000m，直至6000m，温度在180～250℃时，温度的作用更为显著，有机质热解产生少量的气态物，先形成的液态烃部分裂解，形成湿气或凝析气。

#### 4. 深部高温生气阶段

当埋深超过6000～7000m、温度超过250℃时，有机质和已生成的石油发生降解，早期尚有少量的液态烃，但最终它们均裂解成为气态烃（$CH_4$）和石墨，称为"干气阶段"。

### (四) 生油(气)层

能够生成工业数量的石油和天然气的岩石，称为生油(气)岩，也称为生油(气)母岩。由生油(气)岩组成的岩层称为生油(气)层，它是自然界生成石油和天然气的场所。

生油(气)层是由颗粒较细的沉积岩层组成。常有两类岩石：一是黏土岩，包括泥岩和页岩；二是碳酸盐岩，如泥晶灰岩、介壳灰岩、白云岩、礁灰岩等。生油(气)层的共同特征是：颜色较深，多为灰褐色、黑色；颗粒较细；含有较多的分散状有机质（如微体古生物化石）和黄铁矿。

生油(气)层常形成于水体较为安静、有机质丰富的深湖相、半深湖相、前三角洲相、浅海相、潟湖相等相带。

生油岩的鉴别,目前已由定性判断向定量分析转变。定量地确定生油岩,主要是分析岩石中的各种地球化学指标,包括有机质丰度指标、有机质类型指标、有机质成熟度指标和有机质转化指标四类。鉴于本课程特点,在此不加赘述。

## 三、油气的运移与聚集

生油层中生成的油气,是高度分散状态,那么油气又是如何运移到储层中去?什么样的岩层能够作为储层?油气是流体,它在储层是否继续运移?现在已经找到的油气藏又具有什么样的特征?这些都是本节要研究的问题。

### (一)储层

最初开采油气时,人们看到油气从油井里源源不断地流出,以为地下一定存在着油河、油湖、油溪。后来随着勘探和开发的发展,人们才建立起科学的概念,即油气在地下是储存在一些岩石的孔隙、缝、洞中。它的储存就像水充满在海绵里一样。

凡是能够使流体储存并有渗滤能力的岩层统称为储层。若储层中含有一定数量的油气,则称为含油气层。已开采的含油气层称为生产层或产层。

**1. 储层的物性**

衡量某一岩层能否作为储层,最根本的条件在于它是否有供油气储存的孔隙性和允许油气在其中流动的渗透性。渗透性与油气在岩石中的饱和度有关。因此,孔隙性、渗透性和饱和度是储层的重要参数。

1) 孔隙性

严格地说,地壳上所有的岩石都具有一些孔隙。但不同的岩石其孔隙的大小、形状及发育程度极不相同,因而其储集油气的能力也显著不同。碎屑岩以粒间孔隙为主;碳酸盐岩胶结作用强,以后生(次生)的溶蚀孔隙为主,粒间、粒内孔隙也存在。它们都可成为储集油气的良好空间。

岩石中孔隙体积的多少用孔隙度来表示。孔隙度是指岩样中所有孔隙空间体积之和与该岩样总体积之比。由于它是指岩样中的全部孔隙的总体积,故称为总孔隙度或绝对孔隙度。

岩石中总孔隙度越大,说明岩石中孔隙空间越大。但岩石中不同大小的孔隙对流体储存和流动所起的作用并不相同。岩石中那些孤立的互不连通的孔隙和微毛细管孔隙,即使储存有油和气,在现代工艺技术条件下,也不能开采,实际上是没有意义的。因而在实践中又提出了有效孔隙度的概念。

有效孔隙度是指岩石中那些互相连通的,且在一般压力条件下,可以允许流体在其中流动的孔隙总体积与该岩样总体积之比(用百分数表示)。

显然,同一岩石的有效孔隙度小于绝对孔隙度。对胶结不甚致密的砂岩,二者差别不大;但对胶结致密的砂岩和碳酸盐岩,二者可有很大的差别。目前油田所用的都是有效孔隙度,所以习惯上将有效孔隙度简称为孔隙度。储层的孔隙度多在 5%~30% 之间,而最常见是在 10%~20%。孔隙度小于 5% 的储层,一般认为是没有开采价值的,除非地层中存在在岩心中不易发现或无法完整保存的其他孔洞或裂缝。

2) 渗透性

在有压差存在的条件下,岩石本身允许流体通过的性能称为岩石的渗透性。严格地说,自然界中所有的岩石只要压差足够大都具有渗透性,其渗透性的好坏用渗透率($K$)来表示。

最早进行渗透性实验的是法国的亨利·达西。他发现:一种流体通过孔隙介质时,其流量($Q$)与施加在孔隙介质两端的压差($\Delta p$)成正比,与横截面积($A$)成正比,而与流体的黏度($\mu$)及孔隙介质的长度($L$)成反比,即

$$Q \propto \Delta p A / \mu L \tag{2-1}$$

将上式引入系数 $K$,并写成等式,则有

$$Q = K(\Delta p A / \mu L) \tag{2-2}$$

$$K = Q\mu L / \Delta p A \tag{2-3}$$

式中　$K$——岩石的渗透率,$\mu m^2$;

$Q$——流体流量,$cm^3/s$;

$A$——孔隙介质(岩心)横截面积,$cm^2$;

$L$——孔隙介质(岩心)长度,$cm$;

$\Delta p$——通过岩心两端的压力差,$10^5 Pa$;

$\mu$——流体黏度,$mPa \cdot s$。

此式即为著名的"达西定律"或"达西直线渗滤定律"。$K$ 称为渗透率,它与岩石的孔隙结构(孔隙大小、半径等)有关,而与通过的流体性质无关。

气体会随压力降低而体积膨胀,取平均流量,式(2-3)可化为

$$K = Q_g \mu L / \Delta p A \tag{2-4}$$

式中　$Q_g$——气体平均流量。

以上讨论的是一种(即单相)流体存在于岩石孔隙中的渗透率。要求这种流体不与岩石发生任何物理化学反应,且流体运动过程中是层流状态。这种单相流体通过岩石的渗透率称为岩石的绝对渗透率。

在油层内,常常是油、气、水三相或两相共存。它们在岩石中同时流动时,存在着相互干扰、相互影响。因此,岩石对其中每一相流体的渗滤作用与单相流差别较大。为了与绝对渗透率相区别,把多相流体共存时,岩石对其中每一相流体的渗透率称为有效渗透率或相渗透率,分别用符号 $K_o$、$K_g$、$K_w$ 表示油、气、水的有效渗透率。岩石中,任何一相有效渗透率总是小于该岩石的绝对渗透率。

3)饱和度

饱和度是指岩石中某相流体的体积与岩石中孔隙体积之比。用符号 $S_o$、$S_g$、$S_w$ 分别表示岩石中含油饱和度、含气饱和度和含水饱和度,显然 $S_o + S_g + S_w = 1$。

4)孔隙度、渗透率和饱和度间的关系

储层的孔隙度与渗透率间通常没有严格的函数关系。因为影响它们的因素很多,如黏土岩的绝对孔隙度可达 30%~40%,但渗透率却很小,原因是孔道太小。有些致密灰岩储层虽孔隙度很低,但由于有裂缝的存在,其渗透率却相当高。但是,岩石的有效孔隙度与渗透率间关系较为密切,有效孔隙度高的储层,其渗透率也高。有效渗透率不仅与岩石的性质有关,而且与其中流体的性质和它们的饱和度有关。当岩石中某相流体的饱和度很小时,则不流动;随着该相流体饱和度的增大有效渗透率也增大,其关系如图 2-7 所示。

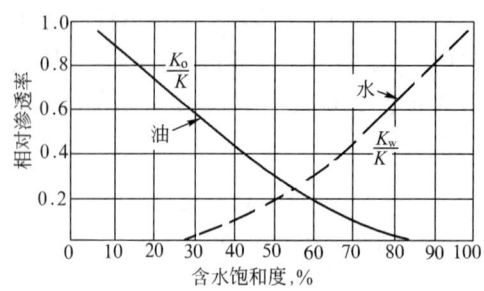

图 2-7 油、水饱和度与相对渗透率关系曲线

#### 2. 储层的类型

储层的岩石类型很多,但主要的有两类:碎屑岩储层和碳酸盐岩储层。

1) 碎屑岩储层

碎屑岩储层的岩石类型有砾岩、砂岩和粗粉砂岩,其中以中、细砂岩为主。它们以粒间孔隙为主,分布广泛,物性好。我国含油气盆地内,绝大多数是碎屑岩储层。

影响碎屑岩储层物性因素有许多。碎屑颗粒的分选性(均匀程度)越好,磨圆度越高,颗粒粒径越大的储层,其孔隙度和渗透率越高;碎屑岩储层颗粒间的胶结物成分、含量、胶结类型对其储油物性有较大的影响,一般来说,泥质、钙质胶结岩石比硅质、铁质胶结的岩石疏松,储油物性好;接触式胶结、孔隙—接触式胶结的岩石比基底式胶结、孔隙—基底式胶结的岩石物性好。

2) 碳酸盐岩储层

碳酸盐岩储层的岩石类型有各种石灰岩和白云岩。碳酸盐岩储层储空间极为复杂,但归结起来分为孔、缝、洞三类。值得提出的是,碳酸盐岩储层孔、缝、洞多是在成岩后生作用阶段由地下水的溶蚀和构造力的作用形成,其岩石物性变化较大,岩心样品测定其孔隙度、渗透率值往往并不能反映储层中的特性。

四川是我国碳酸盐岩气田的重要分布区,已有两千多年的历史;华北盆地古近系和震旦亚界至奥陶系地层中也是碳酸盐岩储层,其中冀中坳陷也打出了三口日产千吨石油井。

3) 其他岩类储层

其他岩类储层是指碎屑岩和碳酸盐岩储层以外的各种岩石构成的储层,如岩浆岩储层、变质岩储层、黏土岩储层等。这类储层虽然岩石类型多样,但占世界总油气储量的比例小(约0.2%)。在国内、国外都发现了这类储层的油气。如我国辽河油田下第三系沙河街组沙三段下部的凝灰岩、粗面岩中发现了工业性油气流;酒泉盆地鸭儿峡油田,是在变质岩(板岩、千枚岩,变质砂岩)基底上形成油藏;青海柴达木油泉子油田是在第三系钙质泥岩上形成的。其他岩类是否能储集油气,关键在于它们在其形成之后能否形成储集油气的空间。

### (二) 盖层

盖层是位于储层之上能够封隔储层以免油气向上逸散的保护层。盖层是油气藏形成的一个重要条件,其封隔性好坏,直接影响着油气能否在储层中聚集和保存。

盖层封隔油气是由于它岩性致密、无裂缝、渗透性差。

常见的盖层岩石类型有黏土岩(泥岩和页岩)、蒸发岩(盐岩、石膏)和碳酸盐岩。通常情况下,黏土岩盖层往往与碎屑岩储层相伴生;石膏和盐岩盖层常是碳酸盐岩储层的盖层;碳酸盐岩不仅能生油,而且可以作为自身的盖层,形成自生、自储、自盖式生储盖组合。

### (三)油气运移

石油和天然气都是流体,它们在生油层中生成,再运移到储层中,在储层内或储层间油气运移到合适的地方,聚集起来成为油气藏。因此,油气运移是油气藏形成的重要过程。我们把油气从生油层向储层中的运移称为初次运移;油气运移到储层之后的一切运移称为二次运移。

#### 1. 油气运移的方式

据目前研究认为,油气在地下运移的方式主要有两种:扩散和渗滤。

1）扩散

物质的分子运动,使其在各个方向上的浓度都趋于平衡的现象称为扩散。扩散是浓度差所引起的。在油气生成过程中,生油层中油气的浓度较相邻的储层高,因而向相邻的储层中扩散。油的扩散速度比气的扩散速度低,因此,扩散是天然气运移的主要方式。在地层中,油、气或气、水接触时,天然气在液体中扩散,随着时间的推移,气分子在油(或水)中各方向的浓度趋于平衡,进而使液体达到饱和。

2）渗滤

液体在孔隙介质中的流动称为渗滤。流体渗滤必须在有压差存在的条件下进行,它是油气在地层中运移的主要方式。油气在地层的孔隙孔道中渗滤服从达西直线渗滤定律。

#### 2. 促使油气运移的动力

地下的油气虽然是流体,但它们在地下运移时必须具有动力。研究表明,促使油气运移的动力主要有五种。

1）地静压力

地静压力是由上覆沉积物(岩)的重量所造成的负荷。地静压力大小随上覆地层的厚度和密度的增大而增大。在沉积盆地里,生油层往往在盆地中心,其颗粒细,厚度大,地静压力也大,地温高;而盆地边缘地带颗粒粗,孔隙发育,物性好,厚度薄,地静压力小,地温低,从而使盆地中心与边缘形成压差,中心部位地层中的水和生成的油气在此压差下向边缘地带运移。

2）水动力

当沉积物压实固结后,地静压力主要由岩石的颗粒骨架所承担。储层孔隙中的流体所承受的压力不是地静压力,而是主要由储层内流体本身的重量引起的压力。当储层无泄水区而静止不动时,此压力为静水压力。静水压力对油气聚集作用不大。

若储层在地表存在着供、泄水区,水在岩层中可流动,这种地下水流动而产生的动力,称动水压力。储层供、泄水区间的高程差产生的水压头越大,动水压力越大。水在储层中的运动速度与水压梯度(即沿着水流方向上单位距离的压力降)成正比。动水压力使水携带着油气一起运移。

3）构造运动力

构造运动力促使油气运移是间接的。一是构造运动力使地下岩层形成新的构造格局,打破原来的压力分布区的平衡,油气重新由压力高的地区向压力低的地区运移;二是构造运动力使地下岩层产生裂缝、断层,为油气的运移创立了通道。

4)浮力

当油气进入饱含水的储层之后,由于油、气、水的密度不同而发生重力分异作用,即气轻上浮,水重下沉,油居中间。这种促使油、气、水发生分异作用并使油气上浮的力,即为浮力。

5)毛细管力

在毛细管内(图2-8),使油面上升(或下降)的作用力称为毛细管力。其大小可用公式表示:

$$p_c = 2\sigma\cos\theta/r \tag{2-5}$$

式中  $p_c$——毛细管力,$N/cm^2$;

$\sigma$——油水界面张力,$N/cm^2$;

$\theta$——界面与孔壁间夹角;

$r$——毛细管半径。

沉积岩石为亲水岩石,即$\theta<90°$,毛细管力指向石油,水起排油作用。生油层毛细管半径($r$)小,毛细管力大;而储层毛细管半径($R$)大,毛细管力小,因此,生、储油层间产生压力差:

$$\Delta p_c = p_{c\text{生}} - p_{c\text{储}} = 2\sigma\cos\theta(1/r - 1/R) \tag{2-6}$$

在此压力差的作用下,油气由生油层进入储层中。同样,在同一储层中,油气也会由小孔隙进入到大孔隙中。

6)热力

岩石埋藏深度越大,温度越高。在温度作用下,岩石和岩石孔隙中流体发生膨胀,且随温度增高而增大。由于流体的膨胀系数比岩石颗粒的膨胀系数大得多,因此,孔隙中油气会由盆地中心(深处、高温)向盆地边缘(浅处、低温)运移。

除上述几种促使油气运动的力外,还有地球自转力、细菌作用等。

### 3. 油气初次运移

油气是由生油层中极其分散的原始有机质生成的。因此,刚生成的油气本身也是极其分散的,它们常以孔隙水为载体(油气溶于水或呈游离态),在地静压力的作用下由生油层运移到储层中来。事实上,初次运移的动力除了地静压力作用外,热力、毛细管力、黏土矿物脱水作用都极为重要。还有人认为生油层中的新生甲烷气对油气初次运移起着重要的作用,它可以使生油层内部形成异常高压,使岩层产生微裂隙,为油气运移开创了通道。同时,甲烷气对油有较大的溶解作用,作为油的运载体,而实现初次运移。

油气初次运移的主要时期是油气大规模生成时期(即生油主带形成时期)。

### 4. 油气二次运移

油气进入储层后,开始呈油滴或小气泡的分散游离状态。在充满水的储层内,由于密度不同产生浮力,油气会向储层的顶部运移并汇集成油珠或油柱。在水动力和构造运动力等的作用下,这些游离状的油珠或油柱会在储层的孔隙、裂缝、断层或沿不整合面由压力高的地区向压力低的地区运移。普遍认为,油气的二次运移是紧接着油气初次运移开始的,但油气二次运移的主要时期是主要生油期(初次运移时期)之后发生的第一次构造运动期。因为构造

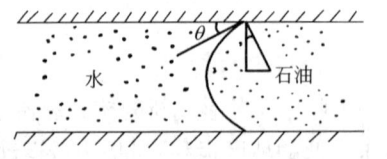

图2-8 毛细管孔隙中油水接触面示意图

运动不仅发生区域性地层倾斜、褶皱或断裂,而且形成了新的压力分布区,为油气运移创造了有利的地质条件。

二次运移的距离与储层的岩性—岩相特征有关。海相地层岩性稳定,油气二次运移的距离较长(可达上千千米),陆相地层岩性—岩相变化大,二次运移距离较小。

### (四)圈闭及油气藏

油气在储层中运移,只有当岩层的上倾方向有遮挡条件时,才能阻止此油气继续运移,并使油气聚集起来。这种能使油气聚集起来的地质场所称为圈闭。有油气的圈闭称为油气藏。

#### 1. 圈闭

1)圈闭(trap)的组成

任何一个圈闭都是由三部分组成:

(1)储层:能够储存并渗滤油气。

(2)盖层:位于储层之上,阻止油气向上逸散。

(3)遮挡物:能从各个方向阻止油气继续运移的封闭条件。它可以是盖层的本身弯曲(如背斜),也可以是由封闭性断层、地层超覆、地层不整合或岩性尖灭等遮挡条件所形成。

2)圈闭的类型

根据圈闭的成因,可将其分为构造圈闭、地层圈闭和岩性圈闭三种类型。

(1)构造圈闭:是由构造运动所形成的变形或变位圈闭。包括背斜圈闭和断层圈闭两类。

(2)地层圈闭:是由地壳升降运动所形成的地层超覆或不整合面覆盖圈闭。

(3)岩性圈闭:是盆地内由沉积条件差异而造成的储层在横向上发生岩性变化,并为不渗透性岩层遮挡时的圈闭,如砂岩尖灭和砂岩透镜体圈闭。

3)圈闭的度量

度量圈闭容积的大小,用到以下参数(图2-9)。

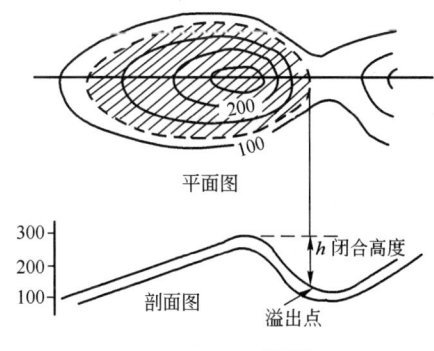

图2-9 圈闭容积有关参数示意图

(1)溢出点:流体充满圈闭以后,开始溢出的那一点。

(2)闭合高度($h$):圈闭中,储层的最高点与溢出点间的高程差,简称闭合度。

(3)闭合面积($S$):通过溢出点的构造等高线所圈闭的面积。

(4)储层的有效厚度($H$):储层中具有工业性产油能力的那一部分厚度(计算时,应扣除非渗透性夹层)。

(5)有效孔隙度($\phi$):前已述及。

圈闭的有效容积:$Q = S \cdot H \cdot \phi$。它是评价圈闭的重要参数之一。

#### 2. 油气藏

1)油气藏的概念

油气藏(oil and gas reservoir)是指油气在单一圈闭中具有同一压力系统的基本聚集。若圈闭中只有油聚集,称为油藏;只有气聚集,称为气藏;同时聚集了油和游离气则称油气藏。通常所说的"工业性油气藏",是指在目前的技术条件下,开采油、气藏的投资低于所采出油、气经济价值的油气藏。

2)油气藏内油、气、水的分布

在圈闭内,油、气、水是按密度大小呈有规律分布的。气轻聚集在圈闭的最高部位;水重位于圈闭的最下部;油在中间。由于储集油、气、水的孔隙空间是相互连通的,所以同一个油气藏内应具有统一的压力系统。在油气勘探和开发工作中,为了说明油气藏和油、气、水在平面上的分布,常用到以下参数(图2-10)。

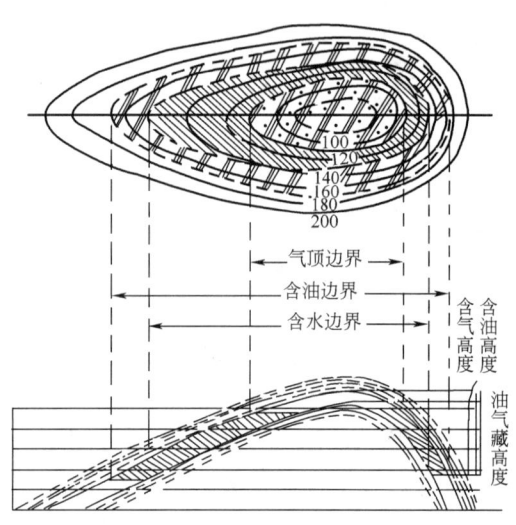

图2-10 背斜油气藏中油、气、水的分布示意图

(1)含油(气)高度:油水接触面与油(气)藏最高点的海拔高度差;有气顶时,含油高度为油水接触面与油气接触面的海拔高程差;油气接触面与油气藏最高点间的海拔高差为气顶高度。

(2)含油(气)边缘:含油边缘指油水接触面与含油层顶面的交线。在此线以外,只有水没有油。对气顶来说,油气接触面与含油层顶面的交线为气顶边缘。

(3)含水边缘:指油水接触面与含油层底面的交线。在此线以内只有油没有水。

(4)含油(气)面积:含油边缘所圈定的面积为含油面积。对气顶来说,含气边缘所圈闭的面积为含气面积。

(5)底水和边水:在含油边缘内的下部支托着油藏的水称为底水;在含油边缘以外衬托着油藏的水称为边水。

3)油气藏形成条件

油气藏的形成,要有一系列基本条件:

(1)要有充足的油气来源。充足的油气来源是形成油气藏的基本前提,它不仅取决于沉积盆地的面积和生油凹陷下沉的持续时间的长短,即生油岩体积的大小,而且还取决于生油岩的岩性—岩相特征和地化指标,即生油岩生油量的多少。

(2)要有有利的生储盖组合。对形成油气藏来说,生、储、盖层缺一不可。在生油层和储层间互出现的正常式生储盖组合中,上一生储盖组合中的生油层又是下一生储盖组合的盖层,生油层和储层间接触面积大,排烃距离短、及时,可形成油气丰富的油气藏。

(3)要形成有效的圈闭。并非地层中所有的圈闭都能形成油气藏。只有那些离油源区近,在油气大规模运移之前形成的以及水动力作用不太强烈的圈闭才能形成油气藏。而那些远离油源区且油气来源不充足、形成于油气大规模运移之后的、水动力冲刷作用强烈的圈闭往往是"空"的。

(4) 要有良好的保存条件。油气藏形成之后,如果没有经历过强烈的地壳运动(形成断裂)、岩浆活动、水动力强烈冲刷作用破坏油气藏的话,它可以保存至今。

在满足上述条件的情况下,一个圈闭是形成油藏、气藏还是油气藏,这与地层压力及油气饱和压力(即当压力降低时,气从石油中分离出第一个气泡时的压力)有关。当地层压力大于油气饱和压力时,气溶解于原油中而形成无气顶的纯油藏。但当地层压力小于油气饱和压力时,气从石油中分离出来,初期圈闭中油、气、水进行重力分异,形成具有油水、油气界面的油气藏;随着油气的不断供给,油、气、水进行重力分异,油气界面和油水界面都会逐渐下降。当油水界面达溢出点后,则圈闭的有效容积中只有油气存在,仍为油气藏。此时若再供给油气,圈闭中油从溢出点溢出,而运移到更高处的圈闭中进行聚集,油气界面继续下降。若油气界面降到溢出点时,圈闭中只有气存在而形成纯气藏(图2-11)。依据此形成原理,在一系列溢出点依次升高的若干圈闭之中,低处的圈闭会形成气藏,向上会依次为油气藏、油藏,这种分布人们称为"油气差异聚集原理",如图2-12所示。

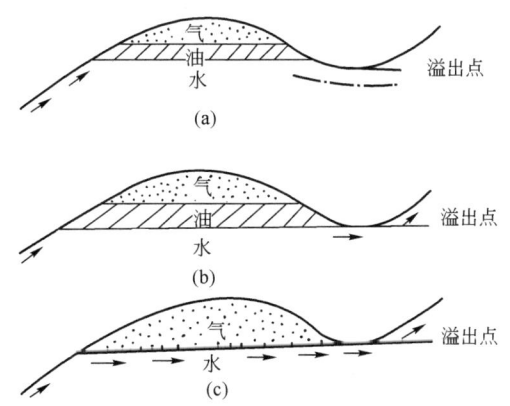 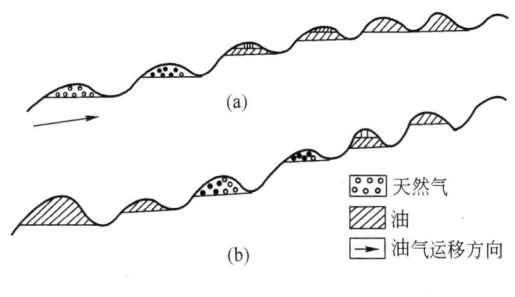

图2-11 在单个圈闭中油气分异聚集示意图　　图2-12 在系列背斜圈闭中油气分异聚集示意图

4) 油气藏的类型

油气藏分类方法很多,但目前我国常用的是根据圈闭成因来划分,包括构造油气藏、地层油气藏和岩性油气藏。

(1) 构造油气藏。

构造油气藏是油气在构造圈闭中的聚集,包括背斜油气藏和断层油气藏两类。

①背斜油气藏:在构造运动作用下,地层发生弯曲变形,形成向周围倾伏的背斜,称背斜圈闭。油气在背斜圈闭中聚集形成的油气藏称为背斜油气藏。在世界石油及天然气的产量和储量中,背斜油气藏居于首位。其形态较简单,主要是储层顶面拱起,上方被非渗透性盖层封闭。我国酒泉盆地老君庙油田是典型的背斜油气藏,如图2-13所示。

②断层油气藏:断层油气藏是断层圈闭中的油气聚集。形成断层圈闭的基本条件是储层的上倾方向被断层切割。储层与断层另一侧的不渗透层直接接触,即"砂岩不见面",而形成断层遮挡圈闭,如图2-14、图2-15所示。断层油气藏的特点是断层附近储集物性好;油、气、水分布复杂。

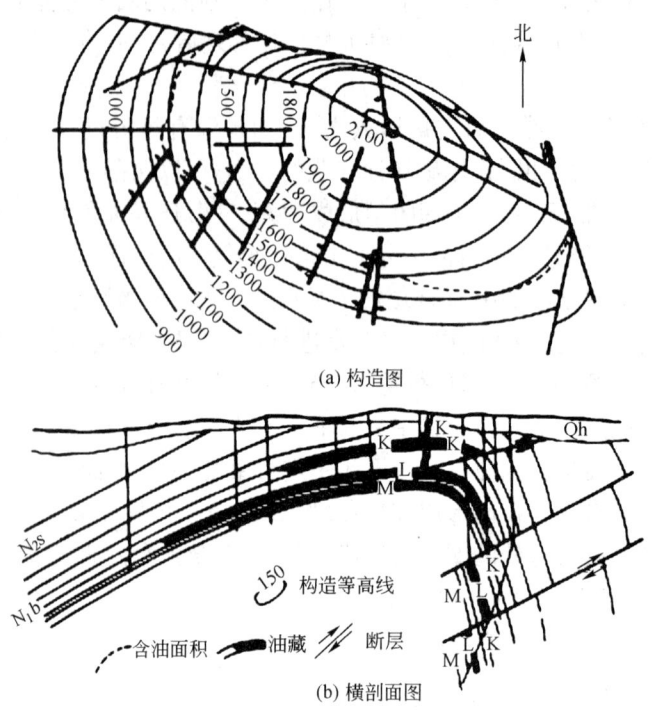

图 2-13 老君庙油田构造图及横剖面图

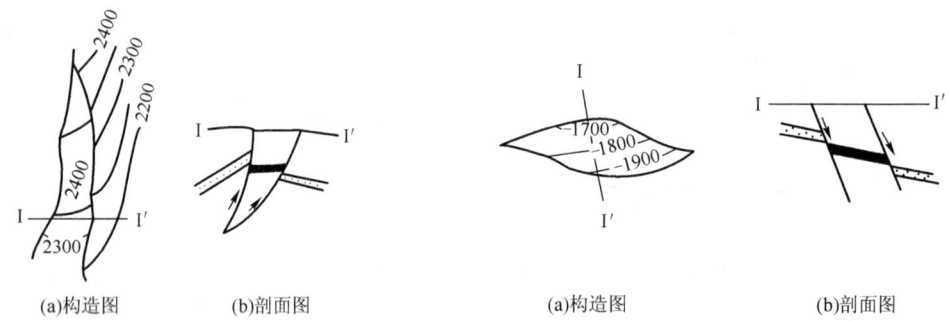

图 2-14 弯曲断层与倾斜地层组成的油气藏　　图 2-15 交叉断层与倾斜地层结合组成的油气藏

(2) 地层油气藏。

由于地层沉积的连续性中断所形成的不整合覆盖和地层超覆圈闭中的油气聚集,为地层油气藏。根据储层与不整合面的关系,大体分为以下两类。

①不整合油气藏(也称"古潜山油气藏"):油气位于不整合面之下较古老的岩层中,新生古储,储层物性好,单井产量高。如我国任丘油田,如图 2-16 所示。

②地层超覆油气藏:当沉积盆地下降,沉积范围扩大(水进),新沉积的沉积物覆盖了较老的地层并与盆地边缘基底相接触,形成地层超覆。超覆圈闭中的油气聚集即为地层超覆油气藏。如青海马海气田,见图 2-17。

(3) 岩性油气藏。

由于沉积条件的变化导致储层岩性发生横向变化而形成岩性尖灭和砂岩透镜体圈闭中的油气聚集,称岩性油气藏。下面是几种比较典型的岩性油气藏。

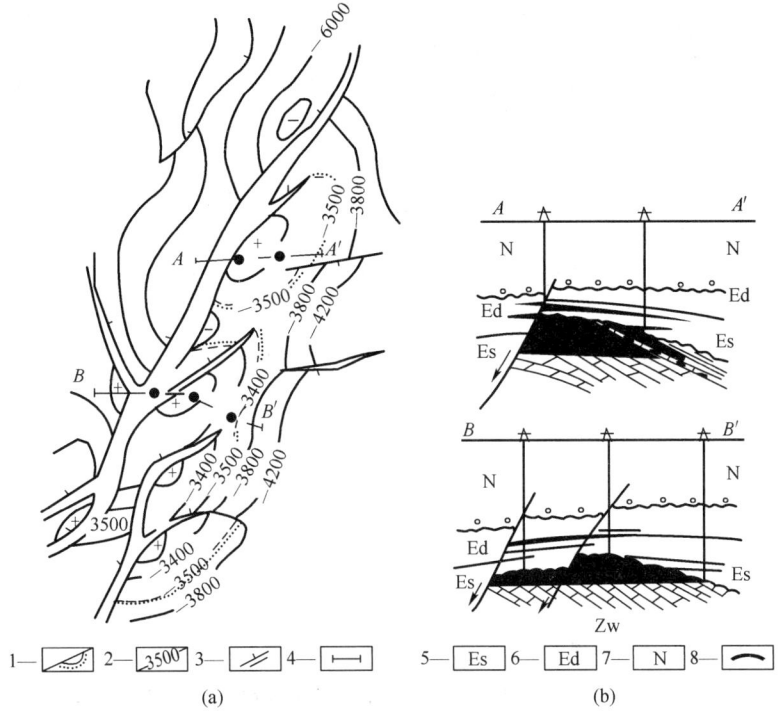

图 2-16 任丘油田构造及剖面图

1—含油面积；2—塔山侵蚀面等高线；3—断层；4—剖面线；5—古近系沙河街组；
6—古近系东营组；7—新近系；8—油藏

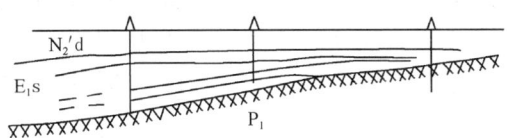

图 2-17 马海气田剖面示意图

①岩性尖灭油气藏：在斜坡地带，沿上倾方向渐变为不渗透泥岩，并成楔形尖灭于泥岩之中的砂岩体，称岩性尖灭圈闭，油气聚集于其中而形成。如老君庙油田的西部围翼古近—新近系"L"油层中的 $L_5$、$L_6$ 层，如图 2-18 所示。

②透镜体油气藏：顶、底向四周合并的砂岩体，四周被泥岩所限，构成砂岩透镜体圈闭，其中的油气聚集即为砂岩透镜体油气藏，如我国独山子油田（图 2-19）。

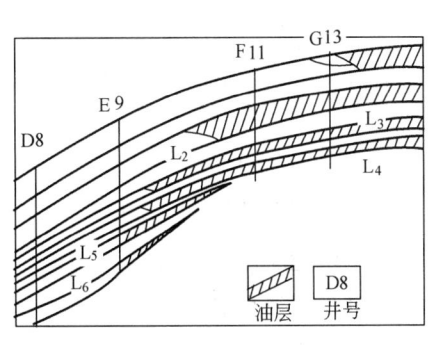

图 2-18 老君庙油田的西部围翼剖面图

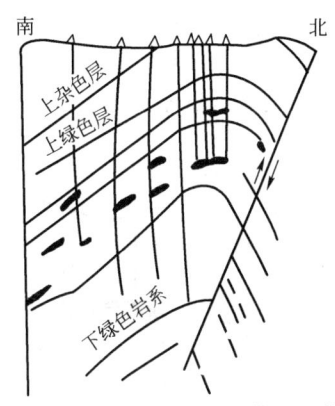

图 2-19 独山子油田砂岩透镜体油气藏剖面图

③生物礁块油气藏:是浅海碳酸盐岩台地上生物礁中的油气聚集,由于油源丰富,储集物性好,圈闭形成早,常形成储量大、产量高的油气藏,且成群成带分布。除了上述油气藏类型外,还有一些隐蔽性油气藏,如水合气藏、水动力圈闭油气藏、向斜油气藏等,在此不再详述。

### 3. 油气田

油气田(oil and gas field)是指在同一局部构造面积内,受同一构造运动所控制的、上、下叠置的若干个油气藏的总和。如果在这个局部构造范围内只有油藏,则称为油田;只有气藏,则称为气田;如果既有油藏,又有气藏,则称为油气田。

# 第四节 油藏天然能量及驱动方式

 问题导入

1. 油藏中流体运动受哪些能量的驱动?
2. 油藏的驱动方式有哪些?
3. 油藏不同驱动方式的开采特征是什么?

在油气田开发过程中,开发井完井之后需要对目的层进行试油试气,在这个过程中油气能够从地层运移到井底,甚至自喷到地表,表明地层具有能量。地层能量可以是天然的,也可以是人工补充的。在没有任何人工补充能量的情况下,地层所具有的能量称为天然地层能量。地层能量的大小表现为地层压力的高低,它是油气在油层中流动的动力来源。地层压力高的油井,油气可以自喷到地表。但在自喷开采过程中,如地层得不到能量补充,其能量必然逐步衰减,最终油井不能自喷,必须转为其他方法开采。因此,油层能量的大小决定了油气田的开采方法,同时也决定了油气田的开采特征。

## 一、油层中的天然驱油能量

油层中油、气、水构成一个统一的水动力系统。油层未被打开时,油、气、水处于平衡状态,油层内部承受着较大的压力而具有潜在能量,即天然能量。油气藏的天然能量主要包括以下几种类型。

### (一) 静水柱压力

静水柱压力通常是油气流动的主要动力。如果岩层有露头,水源供给充足,而且供水区和含油区连通性好,边水或底水的水柱压头便有能力驱动油流(图2-20)。油藏的水压能量以压力表示:

$$p_e = \rho_w g H \quad (2-7)$$

式中 $p_e$——原始地层压力,Pa;
$\rho_w$——地层水密度,$kg/m^3$;
$g$——重力加速度,$g/m^3$;
$H$——边水或底水的静水柱高度,m。

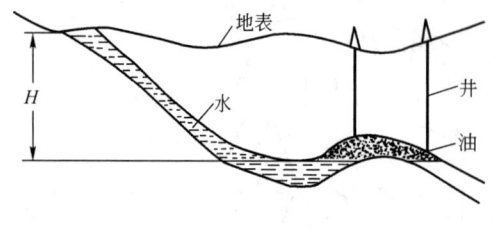

图2-20 驱油的水压力

露头静水柱压能的大小和露头与油藏埋藏的深度有关,与露头距离及供水区的渗透率有关。

### (二)流体和岩石的弹性能

弹性能是指由于物体的形变而释放(或储存)的能量。对一个油藏来说,油层岩石承受着上覆所有岩层的压力和孔隙中的液体压力,岩石和流体处在压缩状态。当油层被钻开,井底附近油层压力下降时,压力降落要向外传播。在压力下降的这部分油层内,原来处于压缩状态的岩石和流体的体积就要膨胀。岩石膨胀的结果则是使孔隙空间变小。于是,在流体体积增大与孔隙空间变小这两者同时作用下,孔隙中容纳不下原有的流体,就把多余的一部分流体挤入油井。

弹性能量的大小与综合压缩系数、油层的超压程度(油层压力高于饱和压力的大小)、压降的大小及油层体积有关。当采用这种驱动方式时,油层含流体饱和度一般不变化。

### (三)溶解气的弹性膨胀能

当油层压力高于饱和压力时,弹性能是驱油的主要能量。但是,当油层压力降落到低于饱和压力时,弹性能仍然起作用,只不过居于次要地位。因为此时溶解在油中的天然气会不断分离出来,并分散在油中。在压力不断下降的过程中,气泡不断发生膨胀,气体膨胀释放出来的能量将油推向井底。油层压力降低得越多,分离出来的气体量也越多,气体的弹性膨胀能也越大。此时油层中含油饱和度不断下降,含气饱和度不断增加。由于气体的压缩系数比综合压缩系数高一个数量级,所以溶解气的弹性膨胀能成为驱油的主要能量。

溶解气的弹性膨胀能大小与地层油的原始气油比、溶解系数、气体及油的组成有关,也与油层的温度和压力有关。

### (四)气顶压缩气的膨胀能

当油层中的原油溶解气量达到饱和后,多余的天然气就聚集在油藏顶部形成气顶。气顶气处于高压的压缩状态。当油井生产后,油层压力降低,井底地区呈现出溶解气驱特征。当压力降传递到气顶,且气顶的体积足够大时,气顶就开始膨胀,并推动原油流向井内。对于气顶较大的含油气层,这种能量也可以是采油的重要能量来源。

### (五)地层油本身的重力

油层中的流体始终受着重力的作用。在采油过程中,其他能量充足时,重力虽不足以作为驱油的主导因素,但也有一定影响。在其他能量趋于枯竭时,重力就成为驱动原油向井底流动的主要能量。特别是地层倾角较大、渗透性较好的油藏,重力驱油效果更加显著。

对于一个具体的油藏来说,只要条件具备,可同时具有几种驱油能量。在实际的采油过程中,往往是几种能量均有一定程度的表现,有的起着主导的、决定的作用,有的起着次要的作用,有的则微而不显。

## 二、油藏驱动方式

油藏的能量类型决定于油藏的地质条件,如油藏的埋藏深度、有无边水、气顶及其大小以及连通性等,从而使油藏可能建立某种天然驱动条件。依据起主导作用的驱油能量不同,人们把油藏划分成不同的驱动类型(或驱动方式)。不同的驱动类型又有着不同的开采特征,从而在油藏的压力、产量和气油比等生产特征曲线上也有不同表现。

**(一)水压驱动方式**

水压驱动是靠油藏的边水、底水或注入水的压力作用把石油推向井底的,分为刚性水压驱动和弹性水压驱动(图2-21、图2-22)。

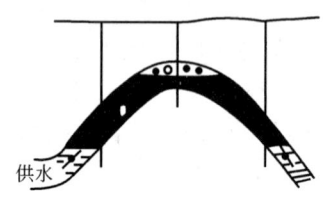 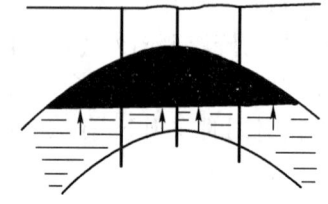

图2-21 边水驱动示意图　　　　图2-22 底水驱动示意图

刚性水压驱动,即依靠水柱压能的驱动方式。刚性水压驱动又可分为天然水压驱动和人工水压驱动(人工注水开发)。

弹性水压驱动,是油藏一方面依靠水区和油区的弹性能,另一方面又依靠边、底水或露头水的压能。原因是虽有露头水,但水量供应充足,或是有断层遮挡,或是供水区的渗透率比较低,要保证一定的采油速度必须有一定的压降释放弹性能才行。

在水压驱动作用下,当采出量不超过注入量时,油层的压力、气油比比较稳定,油井的生产能力旺盛,如图2-23所示。

**(二)弹性驱动方式**

油藏在未开发之前,处于平衡受压状态。当钻开油层之后,井底压力下降,地层与井底之间建立起压差,平衡被打破,岩石、孔隙中的液体都要发生弹性膨胀。在岩石孔隙缩小及液体体积膨胀的共同影响下,把油从油层推向井底。由于压力不断下降,压降漏斗不断向油层纵深发展,油层内部不断释放出弹性能量。当压力降落影响到含水区时,含水区的岩石及水的弹性能也不断释放出来,将水推向油区,驱赶油流向井底,使含油区逐渐减小。

如果驱油流向井内的动力主要依靠液体(油和水)及岩石的弹性能,则这种驱动方式称为弹性驱动方式。

弹性驱动方式的特点是:油层原始压力高,饱和压力低,有广大的含水区,开采时产量、气油比呈平缓的变化。保持一定日采油量开采时,油层压力逐渐下降,当油层压力低于饱和压力时,就转为其他驱动方式。其生产特征曲线如图2-24所示。

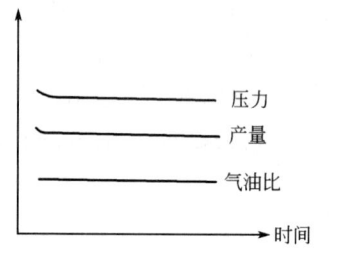 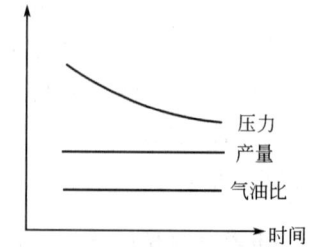

图2-23 刚性水压驱动生产特征曲线　　　　图2-24 弹性驱动生产特征曲线

**(三)溶解气驱动方式**

依靠原油中溶解气分离后所产生的膨胀能量推动原油流向井底,称为溶解气驱动。

溶解气驱动方式的开采特点是:油层压力不断下降,油层中气饱和度不断增加,相对渗透率不断增加,产气量急剧增高,气油比不断上升,产油量不断下降。当气体耗尽时,气油比又急剧下降,在油层中剩下大量不含溶解气的石油。这些油的流动性差,难以采出,常称为"死油"。这种驱动方式是纯消耗能量的开采方式,油层的采收率很低,一般只有5%~20%。溶解气驱动生产特征曲线如图2-25所示。

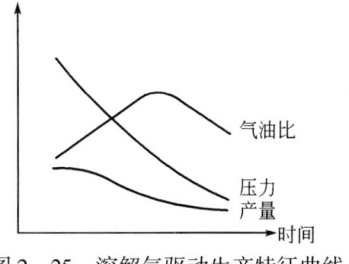

图2-25 溶解气驱动生产特征曲线

### (四)气压驱动方式

依靠油藏气顶压缩气体的膨胀力推动原油流入井底,称为气压驱动,如图2-26(a)所示。气驱采油的机理是利用气体前缘的推进而驱油,为了避免因为油藏压力下降而使溶解气析出,所以气驱油藏压力一般要保持在饱和压力之上,因此采用气驱的油田一般会建立气体回注系统,以保证气顶压力,并且限制采油速度。

气压驱动的开采特点是地层压力逐渐下降,气油比逐渐上升,产量逐渐下降。当含气边界突入油井井底时,气油比急剧上升,如图2-26(b)所示。

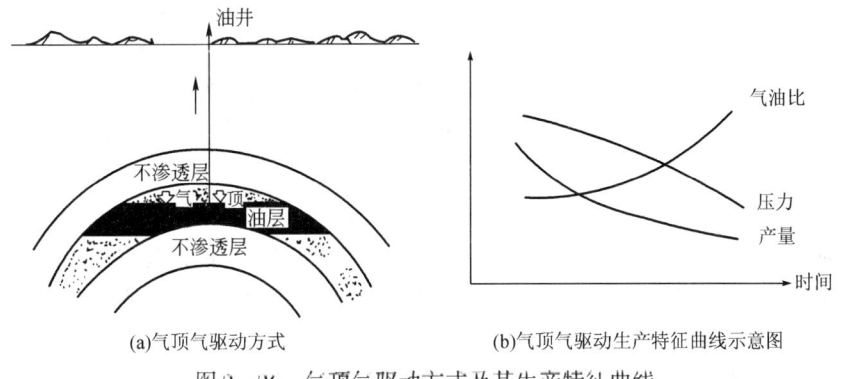

(a)气顶气驱动方式　　　　(b)气顶气驱动生产特征曲线示意图

图2-26 气顶气驱动方式及其生产特征曲线

### (五)重力驱动方式

石油依靠本身的重力由油层流向油井,称为重力驱动。对于一个无原始气顶和边底水的饱和或未饱和油藏,当其油藏储层的向上倾斜度比较大时,就能存在并形成重力驱的机理,如图2-27(a)所示。

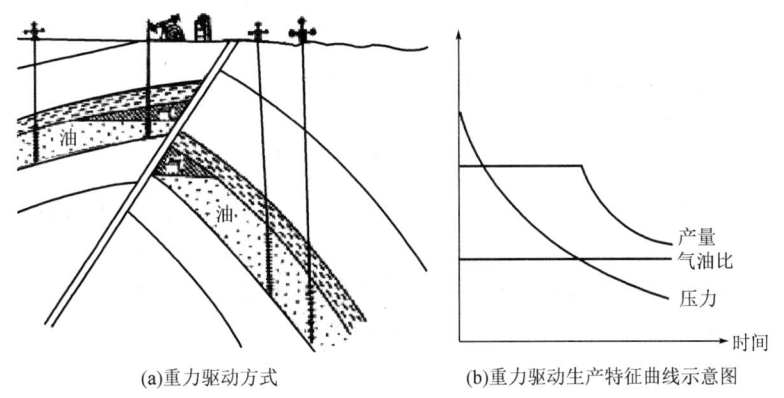

(a)重力驱动方式　　　　(b)重力驱动生产特征曲线示意图

图2-27 重力驱动方式及其生产特征曲线

重力驱油藏一般具备倾角大、厚度大及渗透性好等条件。一般在油田处于开发后期或其他能量枯竭时使用重力驱。其开发特点主要表现为地层压力随时间而减少,生产开始时产量不变,当含油边缘到达油井后变小,生产过程中生产气油比保持不变,如图2-27(b)所示。

### 三、驱动方式的转换

油层的驱动方式是随着开发进程及开发措施的实施与调整而变化的。在油田开发的某个阶段,驱动方式(即驱动能量类型)可以从一种形式过渡到另一种形式。比如,对于地层压力高于饱和压力的油田(即未饱和油田),在开采初期没有注水,一般为弹性驱动;如有含水区,开采一段时间后,压力降落扩展含水区后,呈现天然水压驱动;若边水不充足,或油水接触区域的渗透率很低,即供水不足,采油速度较高,则可能出现弹性水压驱动;如果这个油藏是封闭的,则在弹性驱动后即压力降至饱和压力以下时,便出现了溶解气驱动。一个油藏在开发的每个阶段上,发挥作用的驱油能量可同时有几种,但其中必有一种起主导作用,其他的则处于次要地位。

由于油藏的驱动方式不同,其驱动能量大小不同,因此油藏油气采收率也不同。一般水压驱动方式的采收率最高,弹性驱动方式及气压驱动方式的采收率次之,而溶解气驱动方式及重力驱动方式的采收率最低。与气比较,水易润湿岩石,能渗入微细孔隙将油驱入孔道;而气驱油时,气体不能润湿岩石,气流首先窜入大孔道将油排出,易留下残余油。再者气体的黏度远小于水的黏度,因此窜流与混流很严重,故而水驱采收率高于气驱采收率。溶解气驱的采收率更低,且产量递减得很快。

认识和识别驱油能量及驱动方式,不仅是为了了解油层,更重要的是为了改造油层。对于一个具体油藏来说,可根据需要创造条件,为油层提供新的能量,使油层驱动方式向有利的方面转化。如有的油田,由于缺少边水或没有气顶,通过人工注水或注气,就可以抑制和延缓溶解气驱动的过早出现,而使油藏长期处于人工水(气)压驱动方式下进行开发,以达到提高采收率、合理开发油田的目的。

### 思政案例

## 不老人生
### ——石油地质大师李德生

"石油"也被称为工业血液,是工业生产的源头活水。从新中国建立到改革开放,回顾过去这段峥嵘岁月,千千万万的石油人、地质人为之付出汗水和心血。其中,有一个名字在历史长河中熠熠生辉,他就是我国石油地质学家、中国科学院院士李德生。

李德生(1922年10月17日至今)毕业于南京大学,石油地质学家,中国科学院院士,第三世界科学院院士。长期从事石油勘探开发和地质研究工作,曾任石油工业部玉门油矿总地质师、四川石油管理局川中矿务总地质师等职务,是大庆油田的发现人之一。从业以来,曾获"国家自然科学奖一等奖""国家科学技术进步奖特等奖""陈嘉庚地球科学奖"等荣誉。

李德生是公认的石油地质大师,是亚洲地区唯一AAPG石油地质学"杰出成就国际奖"获得者。

富媒体2-1 不老人生
——石油地质大师李德生

作为新中国首任总地质师,李德生亲历了新中国石油地质学的开创与发展。他曾说:"60多年来,我目睹了我国石油工业由小到大,由弱变强,发展到现在跃居世界石油生产大国的过程,我们这辈人总算对国家和人民有了一个交代!"

60多年的石油生涯,他走遍全国大大小小的油田,用智慧和汗水助力我国石油业的繁荣昌盛。

**一、戈壁开启石油路**

在上海弄堂长大的李德生年少时期饱受社会动乱之苦。1937年七七事变,日军大举侵华,全国军民奋起抗战,一·二八战火蔓延到上海。15岁的李德生刚刚初中毕业,辗转进入丽水碧湖浙江联合高中读书。1941年5月,日军侵占浙东温州,联高被迫迁址,李德生和一部分高中毕业班同学只得前往内地参加高考。

1941年8月,中央大学、浙江大学、武汉大学和西南联合大学四校统一招生考试,李德生在湖南衡阳报名参加统考。考试期间,日本敌机经常轰炸衡阳。他白天在防空洞里复习功课,晚上到考场应试。当年11月,在广西桂林打工的李德生收到了重庆中央大学地质系的录取通知书。

大学期间,李德生靠战区学生贷学金维持生活。在校期间,他选择了经济地质专业,对石油地质、煤田地质和金属矿产地质加大了学习力度。当时日本侵略军占领我国东部和中部半壁江山。我国西北和西南抗日后方地区汽油、柴油等燃料奇缺。学校通往重庆市区的校车有些用木炭炉产生的煤气作燃气,有些用桐油、植物油炼制的柴油作燃料,极度困难。1939年,在甘肃玉门发现了老君庙油田,油田的发现给抗战军民带来了极大信心。

1945年,李德生大学毕业后,接受了甘肃玉门油矿局的矿长严爽的邀请,前往玉门油田进行地质考察和勘探开发。从重庆到玉门,2500多公里的路程花了李德生两个月时间。雪峰连绵的祁连山下荒凉的戈壁滩成为李德生石油地质生涯的起点。

在玉门油田地质室报到后,李德生被分配到由我国著名地球物理学家翁文波领导的第一支重力队,在河西走廊东起武威西至敦煌从事1:50000比例尺的重力、磁力测图工作,并进行路线地质调查。由于物资供应不足,就连酱油等生活必需品也要骑着马或骆驼到70千米外的酒泉县城采购,通常一次就要备足几个月的生活用品。在野外勘探期间,李德生和同事们借住在蒙古包和帐篷里,周围是漫无边际的戈壁,没有树、没有草,几乎见不到绿色,只有些许生命力极强的骆驼刺。交通工具也是驴车和马匹。在这样的环境中,李德生和同事们执着前行,为了得到祁连山重力降的数值和地壳均衡补偿校正值,三次穿越祁连山脉分水岭。

1946年,李德生参加了由著名石油地质学家孙健初领导的地质详查队,每天步行穿越于丘陵山地之间，住在蒙古包中，完成了1∶10000祁连山前大红圈背斜带地质构造图。

在玉门工作期间，李德生潜心钻研，把在大学里的所学知识运用到找矿的实践中加以丰富、发展。这一时期，李德生和同事们勘探开发了石油沟、鸭儿峡、白杨河等多个油田。玉门油矿的原油年产量也由1945年的3万吨，上升到1958年的100万吨。

## 二、攻克延长油田技术关

1949年新中国成立后，出于对老区经济发展的关注，燃料工业部石油管理总局调集了全国的地质、地球物理、钻井、采油工程技术人员，成立了陕北勘探大队，全方位支援延长油矿和陕北地区的石油勘探开发工作。

1951年5月，年轻的李德生怀着振兴中国石油工业的满腔热情，和张更、王尚文、田在艺等一批优秀地质工作者主动申请来到延长油矿，并被任命为延长油矿总地质师兼地质室主任，负责陕北地区石油地质普查和三延地区石油地质详查。

延长油田属于特定渗透油田，井井见油，井井不流，如何提高布井成功率，成为延长油矿提高产量的关键。为了攻克这一难关，李德生做了认真的研究。

1953年12月，石油部邀请苏联专家来延长油矿会诊，李德生做了充分准备，将所有资料进行了归类整理。为了便于苏联专家观察岩心，他和工友们一起将几吨重的数百米岩心一箱箱排列在窑洞外的平地上，等待专家们的指导。在油矿新盖的会议室里，李德生向中苏专家做了全面汇报，然后陪同专家对所有资料进行验收。此时的陕北已是滴水成冰，寒风裹着雪粒撕裂着黄土高原上的天空，大家很快冻得鼻子、耳朵通红，却仍然坚持着把一箱箱岩心全部看完。专家们边看边询问每一层孔隙度是多少、渗透率是多少，李德生一一作了回答。在座谈交流中，李德生提出延长油田是裂缝储油，砂岩非常致密，只有在岩石裂缝的地方才能出油，对此观点康世恩和苏联专家都表示赞同。

在勘探的过程中，李德生等一行人用几头小毛驴当交通工具，小毛驴驮着他们驻扎用的帐篷、厨具和测量仪器等简单的测量设备，包括测量标杆、木桩等。调查的过程都是步行前往，中午吃点干粮喝点河水，晚上借老乡的窑洞住宿，在煤油灯下整理当天的资料和绘制图件。依靠当时苏联专家所提供的建议进行摸索和推广，逐个地质点进行勘测，每一公里左右定一个"地质点"，每天可完成20~30个地质点。就这样踏遍延长2000多条山沟，对延长张家滩页岩、董家河天然裂缝、安沟油苗油砂露头处等地进行地质构造调查。

就在这样的艰苦环境下，李德生分析了延长石油的发展趋势，撰写了《陕北三延地区石油地质详查报告》和《陕北地区南—北地层对比报告》，总结了超特低渗"裂缝油田"规律。

在全面分析地质及钻井资料后，李德生总结出"找油苗，顺节理，保持适当井距；封淡水，抽咸水，自上而下开采"的布井原则，1954年，延长油矿原油产量达到3526吨，为1953年产量的2.6倍，钻探油藏的成功率大大提高，李德生也为此倍感振奋。当年6月，李德生的女儿诞生，他给自己的女儿取名李延，以纪念女儿在延长油矿出生。

## 三、大庆会战取得胜利

"一五"计划之后，国家逐渐重视工业发展，而这离不开石油的支持。石油是工业的血液，工业发展的奠基石。

1958年2月，分管石油的邓小平副总理作出了新的战略决策——石油勘探战略东移，接着地质、石油两部确定松辽盆地作为主战场之一，开展大规模地质勘探，决定"三年攻下松辽"。

1959年4月11日，松辽石油勘探局32118钻井队开钻"松基三井"，很快在国庆前夕得到喜讯。9月26日上午水尽油涌,达到日产13.02吨工业油流——"大庆油田"在这天诞生了!

作为川中矿务局总地质师的李德生跟在地质部勘探人员之后抵达大庆。彼时,时任"川中会战"的总指挥、石油部长余秋里已经在会战指挥所等待李德生。

就在"松基三井"出油后不久,余秋里提出在北边三个构造的高点上各定一口井。作为川中矿务局总地质师的李德生接下任务,便马不停蹄地带着四人组成的测量队从大同镇出发,奔赴北方一望无际的松辽草原。

不久,李德生便勘探出第一口萨尔图高台子上的探井,定名为萨一井(后改为"萨66井")。之后,李德生、邓礼让等人先后勘探确定了三口井的最终方位。

三口井不负众望,获得了高产油。在大庆期间,李德生的努力保证了大庆油田首个"长期高产稳产"十年。1960年2月20日,第一口"萨66号"井开钻,3月13日完井,初试日产量达148吨。据李德生后来回忆,从1976年到2002年的27年里,大庆一直保持着年产5000万吨以上的产量,在世界大油田中也十分罕见。

对陆相生油理论和二级长垣构造带整体含油的认识,探明和成功开发了大庆油田,证实了陆相地层能生油,而且能形成巨型油田。1982年"大庆油田发现过程中的地球科学工作"项目获国家自然科学一等奖,李德生等23位地球科学工作者共同分享了荣誉。1985年"大庆油田高产稳产的注水开发技术"项目,获得国家科技进步特等奖,李德生是主要完成者之一。

**四、渤海湾盆地结硕果**

1964年,胜利油田会战打响。时任胜利油田地质指挥所副指挥兼地层对比室主任的李德生和同事们日夜攻坚,确定了济阳坳陷第三系分层对比标志、弄清了油田内部断层系统,为会战胜利打下坚实基础。同年年底,随着探井坨9井和坨11井测试获高产油流,胜坨油田横空出世,成为胜利油田第一个主力油田。

1973—1978年他在天津大港油田和华北油田工作,参与总结出渤海湾盆地复式油气聚集(区)带的六种主要复式油气藏模式及滚动勘探开发的做法,据此,1986年起,渤海湾盆地原油年产量达到5000万吨至6000万吨,建成我国东部第二个重要的石油产区。1985年该项目获得国家科学技术进步特等奖,李德生是主要完成者之一。

以李德生为首的科研工作者对裂谷盆地复式油气聚集(区)带的地质理论和滚动勘探开发的实践,使渤海湾盆地断块油田群建设成我国第二个重要的石油产区。

**五、含油气盆地构造学研究**

1978年8月起,李德生担任中国石油天然气总公司北京石油勘探开发研究院总地质师、教授级高级工程师、博士生导师。自1980年以来,李德生院士先后去英国、美国、印度等14国参加国际学术会议23次,宣读论文17篇。1994年8月美国石油地质家协会(AAPG)在国际年会上授予他"杰出成就奖",并当选AAPG荣誉会员。

李德生十分重视含油气盆地构造学研究。1982年,他提出我国含油气盆地三种基本类型的分类方案:东部拉张型盆地、中部过渡型盆地、西部挤压型盆地;在渤海湾盆地研究中,提出了"渤海地幔柱"的概念,并全面论述了该盆地的沉积史、构造格局和油气分布规律。2010年李德生主导的"中国含油气盆地构造学"项目获得陈嘉庚地球科学奖。

**【世纪寄语】** 贯穿半个多世纪的中国石油工业史,见证者有之,亲历者寥若晨星,李德生无愧其一,他在石油地质领域的不懈耕耘,离不开石油科学家问鼎地宫的石油抱负、上下求索的石油精神,更离不开入心、入脑、入行的石油科学家精神,是石油精神和大庆精神铁人精神的传承实践与创新发展。

一百年栉风沐雨。无论是在石油工业所达到的学术高度,还是在推动科学交流、扶持年轻后辈方面,李德生老先生都堪称楷模。谈及对青年的寄语,李德生表示:"青年人首先要立志,要有志向;第二,要敬业;第三,要勤奋;最重要的,要真言,求真务实。石油的形成与油田的存在,是不以人们意志为转移的,是客观存在的,要真实、老实,讲真话。"

(资料来源:《小康》2022年11月上旬刊,由李慧君综合整理;中国科协:2022最美科技工作者:中国石油学会推荐候选人——李德生;石油商报:百岁院士的石油情缘;有修改)

## 复习题

1. 什么是矿物?它有哪些性质?
2. 什么是岩石?地壳中岩浆岩、变质岩和沉积岩是如何形成的?它们各与油气关系如何?
3. 沉积岩有哪些特征?与油气关系重大的沉积岩有哪几类?它们各由什么物质组成?
4. 碎屑岩的杂基和胶结物有何区别?碎屑岩与油气的关系如何?
5. 什么是黏土岩?根据层理构造可将黏土岩分为几类?黏土岩与油气的关系如何?
6. 什么是碳酸盐岩?如何用最简便的方法将其与碎屑岩、黏土岩相区别?碳酸盐岩与油气的关系如何?
7. 何谓地层、地层层序律?地层单位与地质时代单位各有哪些?
8. 古生代、中生代、新生代形成的地层有哪些?
9. 何谓化石、化石层序律?
10. 地层有几种接触关系?地层不整合接触与古风化壳有何关系?
11. 什么是地质构造?主要有哪些类型?它们是如何形成的?
12. 如何区分背斜、向斜?
13. 正断层、逆断层、平移断层各有何特点?
14. 什么是石油?它由哪些化合物组成?
15. 什么是石油的馏分、石油的组分?它们各包括哪些内容?
16. 石油的物性有哪些?哪些物性与油气勘探有关?
17. 说明下列各组概念的联系与区别:天然气与可燃气;干气与湿气;溶解系数与溶解度。
18. 简述广义油田水与狭义油田水的概念。油田水有何特点?
19. 有机质中哪些组分主要生油?哪些组分主要生气?生成油气的外界条件有哪些?
20. 有机质向油气转化分为几个阶段?各阶段的深度、温度、作用因素和产物是什么?
21. 生油岩有哪些类型?生油岩有哪些特点?
22. 储集岩物性是指什么?区分绝对孔隙度与有效孔隙度、绝对渗透率与有效渗透率。储层有哪些类型?
23. 何谓盖层?盖层有什么特点?盖层有哪些类型?
24. 简述油气运移的方式和动力,初次运移与二次运移的区别。
25. 什么是圈闭、圈闭的溢出点、闭合度、闭合面积?圈闭由哪几部分组成?圈闭有哪些类型?
26. 简述油气藏概念、油气藏形成条件、油气藏形成类型。根据剖面图如何判断油气藏类型?
27. 油藏天然驱动能量和驱动方式各有哪些?不同驱动方式油藏的开采特征有何不同?

# 第三章 油气勘探

## 学习目标

【知识目标】
- 熟悉油气田勘探的阶段划分和任务。
- 了解地质勘探、地球物理勘探、地球化学勘探和钻井勘探等基本概念和基本方法。
- 掌握地震勘探方法原理及应用。

【能力目标】
- 提高石油物探专业技术人员分析问题、解决问题的能力。
- 提升石油物探专业技术人员创新能力、技术水平与竞争力。

## 思维导图

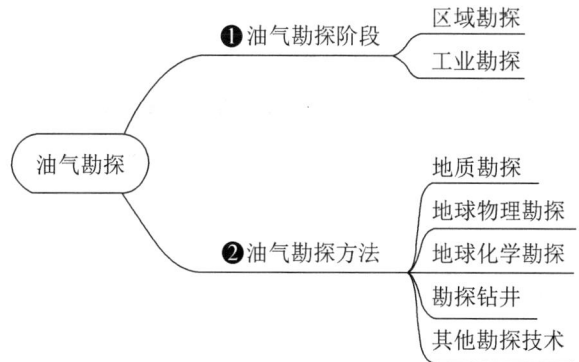

## 油气勘探

油气勘探是指为了识别勘探区域或探明油气储量而进行的地质调查、地球物理勘探、钻探活动以及其他相关活动。油气勘探是油气开采的第一个关键环节，它是油气开采工程的基础，其目的是寻找和查明油气资源，利用各种勘探手段了解地下的地质状况，认识生油、储油、油气运移、聚集、保存等条件，综合评价含油气远景，确定油气聚集的有利地区，找到储油气的圈闭，并探明油气田面积，搞清油气层情况和产出能力的过程。油气勘探有多种方式，可以分为地震勘探、重力勘探、磁力勘探、电法勘探、地球化学勘探、地球物理测井。中国的油气勘探技术堪称世界一流，在发达国家视为畏途的地方，找到了很多大型油气田。

富媒体3-1 数字勘探——大数据时代

歌曲3-1 山地物探铁军之歌

# 第一节　油气勘探阶段

## 问题导入

新中国成立以来，中国石油工业经历了20世纪50年代的恢复与探索、60—70年代的高速发展、80年代的稳定增长和90年代以来的平缓增长4大发展阶段。在每一个阶段中，油气勘探的任务和目标发生了哪些变化？为什么会发生这样的变化？

完整的油气田勘探过程，根据主要任务的不同，可分为区域勘探（普查、详查）和工业勘探（构造预探、油气田详探）两个大阶段、四个小阶段。不同阶段在工作范围、工作方法、研究对象等方面各不相同（表3-1）。

表3-1　油气田勘探不同阶段的研究对象

| 油气田勘探阶段 | | 研究对象 |
| --- | --- | --- |
| 区域勘探 | 普查阶段 | 含油气盆地、坳陷、凹陷 |
| | 详查阶段 | 可能是油气聚集带的二级构造带；或是可能聚集油气的局部构造 |
| 工业勘探 | 预探阶段 | 局部构造，二级构造带 |
| | 详探阶段 | 圈闭 |

## 一、区域勘探

区域勘探是在一个地区开展油气勘探工作的最初阶段。其主要任务是从区域（盆地、坳陷、凹陷）出发，进行整体调查，了解区域地质和石油地质概况，查明生、储油条件，指出油气聚集的有利地带，评价含油气远景，进行油气资源量估算，准备好油气钻探的有利构造。

区域勘探大阶段内部还可以划分为普查和详查两个阶段。普查是战略性的，是区域勘探的主体；详查是战术性的，是在普查指出的含油气有利地带上，准备出钻探的构造。普查的比例尺为1∶1000000～1∶100000；详查则为1∶100000～1∶25000。

## 二、工业勘探

工业勘探的主要任务是发现油气田、查明油气田。这一阶段又可分为构造预探和油气田详探两个阶段。

### (一)构造预探

构造预探的主要任务是在详查准备出的构造上,部署预探井,寻找油气田,或者对该构造进行否定评价。发现油气田后,应查明含油气层位及工业价值,控制部分含油气面积,计算三级概算油气储量。

### (二)油气田详探

通过油气田详探,进一步查清构造预探阶段在该构造所发现的油气藏特性,控制含油气边界,提交二级探明油气储量,为编制油气田开发方案提供所需要的各项地质参数。

上述四个小阶段是客观事物发展的反映,不是主观随意确定的。它们之间也不是相互孤立、相互分割的,而是由大区到小区、由面到点有机联系着的,前阶段为后阶段做准备,后阶段又是前阶段的继续深入和验证。

因此,在一个盆地内的各个地区,勘探阶段必然是交叉并举的,最有远景的地方可能已进入预探阶段,而另一些地方则还没有进行详查。这样,可以把力量集中到最有希望的地方,争取早日见油。但目前国内外对勘探程序的划分或名称上尚不完全一致,反映了认识上的差别。

# 第二节 油气勘探方法

问题导入

1. 石油、天然气运聚在地层岩石中,通过哪些技术手段能够探测到它们呢?
2. 石油和天然气属于流体矿产,对比固体矿产的勘探方法,存在哪些不同?

石油和天然气主要生成并聚集于地下沉积岩层中,因此要寻找和发现油气田,必须运用各种勘探方法在地表进行勘探,寻找古沉积盆地,研究地下沉积盆地岩层的生油气条件,寻找可能的储油气构造,确定含油气层,确定油气藏类型。目前,勘探油气田的方法有地质勘探、地球物理勘探、地球化学勘探和勘探钻井四类。

## 一、地质勘探——初次"问诊"

地质勘探(geological prospecting)是油气田勘探工作中贯彻始终的基本工作方法。主要包括通过观察、研究出露在地面的古地层、岩石及油气显示,获取相关地质资料并进行分析、解释,判断一个地区有无生成油气和储存油气的地质条件,对该地区的地下含油气远景进行评价,确定有利的含油气区。在岩石出露的地区,该方法有可能直接发现地下油气藏,地质工作者携带专业工具,通常包括地形图、指南针(罗盘)、小铁锤、经纬仪等,在事先选定的区域内,按规定路线和要求在野外以徒步"旅行"的方式来进行找油找气的实地考察和测量。这项工作是找油找气的开端,也是为实施其他技术奠定基础的工作。野外地质调查的主要任务和工作方法是:搞清一个地区的地层状况,发现地质圈闭和调查其他地质构造状况,发现和调查油气苗状况,采集样品,提出有利的找油地区及可供钻探的地质圈闭。

地质勘探还包括通过钻井获取地下岩心、岩屑等资料进行的地质录井工作以及实验室分析工作,以及对地球化学、地球物理等各种方法提供的大量间接资料进行地质解释。

地质勘探除了要研究地下岩石、地层、地质构造及发展史等基础地质问题外,还着重研究地下区域和局部的油气藏形成条件,如生油条件、储油条件、运移条件、圈闭及保存条件,以确定油气藏是否存在及含油气远景评价。

## 二、地球物理勘探——深入探测地球

地球物理勘探(geophysical prospecting)是根据地质学和物理学的原理,利用电子学和信息论等领域的新技术建立起来的一种间接寻找油气的方法。它利用各种物理仪器在地面或空中观测地壳表面上的各种物理现象,根据物理现象的变化推断地下的地质构造特点,寻找可能的储油、储气构造。

地球物理勘探法主要用于近代沉积发育的覆盖地区、海湖地区。这些地区没有地层和岩石出露,地质勘探法受到很大限制,用大量钻井取岩心的办法了解地下地质情况,不仅成本高,效率也低。

地球物理勘探法主要包括重力勘探、电法勘探、磁法勘探和地震勘探等方法。目前应用最广泛、最有效的是地震勘探方法。

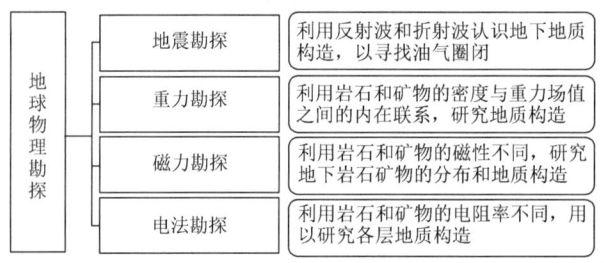

图3-1　主要的地球物理勘探方法

### (一)地震勘探——给地球做"彩超"

地震勘探(seismic exploration)是油气勘探中一种应用广泛的重要方法。地震勘探是通过人工方法激发地震波,研究地震波在地层中的传播情况,以查明地下的地质结构,为寻找油气田或其他勘探目的服务的一种物探方法。地震勘探技术分为反射波法、折射波法和透射波法。数据采集方法可分为一维、二维、三维和四维。工作内容包括地震数据采集、地震数据处理和地震成果解释三个方面。

它的原理是由人工震源(如钻眼放炮等)所引起的地震波,在地面或井下接收和观察地震波在地层中传播的信息,以查明地质构造、地层等,为寻找油气田(藏)或其他勘探目的服务的勘探方法。它是勘探工程中最重要的勘探方法之一,其优点是精度高、分辨率高、探测尝试大、勘探效率高。

在地表以人工方法激发地震波,在向地下传播时,遇有介质性质不同的岩层分界面,地震波将发生反射与透射,在地表或井中用检波器接收这种地震波,收到的地震波信号与震源特性、检波点的位置、地震波经过的地下岩层的性质与结构有关。通过对地震波信号进行处理和解释,可以推断地下岩层的性质和形态。地震勘探在分层的详细程度和勘查的精度上,都优于其他地球物理勘探方法。地震勘探的深度一般从数十米到数十千米不等(图3-2~图3-5)。

图3-2 可控震源车振动

图3-3 海上石油研究和勘探地震船或船舶

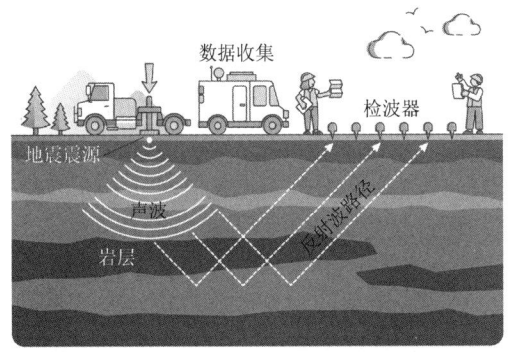
图3-4 利用检波器和声波轮廓图采集地震资料

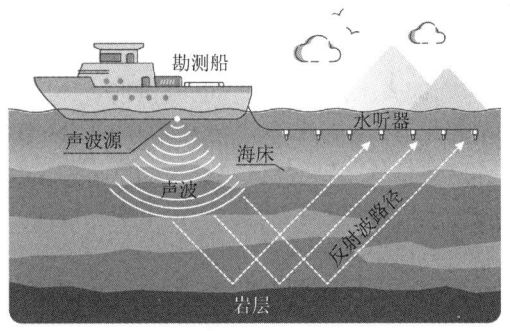
图3-5 海洋地震调查数据采集和声波研究

地震勘探震源基本上分为两大类：一类是炸药震源；另一类是非炸药震源。炸药震源分为普通炸药震源和爆炸索两种，目前陆地勘探主要震源为炸药震源。陆上非炸药震源分为撞击型（如重锤和气动震源）和振动型（如可控震源）；海上勘探震源主要有电火花震源、空气枪震源、充气泡蒸汽枪震源等。

地震勘探是钻探前勘测石油与天然气资源的重要手段。在煤田和工程地质勘察、区域地质研究和地壳研究等方面，地震勘探也得到广泛应用。自20世纪80年代以来，对某些类型金属矿的勘查也有选择地采用了地震勘探方法。

### (二)重力勘探——重拳出击找情报

以地下不同岩石的密度差异为依据，在地面测量由密度差异引起的重力变化，进而推断地下地质构造和矿藏的方法称为重力勘探（gravity prospecting）。它通过野外重力测量、室内资料整理获得重力勘探资料，对资料进行解释可以研究地壳深部地层和区域地质情况。有条件的地区可以研究局部地质构造。

重力勘探包括野外采集和室内资料整理。野外资料采集是根据地质要求布置重力测线，按要求测量的网点在野外测取各个网点的重力值，记录到数据表上。重力测量得到的重力变化值是很微小的，我们称为重力异常，其仅占重力全值的二百万分之一，因此测量精度要求很高。由于重力仪中的弹簧有永久变形，仪器不可避免地产生零点变化，为此野外重力测量时要进行重复观测，回到室内对测取的重力值进行必要的校正，去掉因非地质因素造成的重力变化值，消除与地下岩石密度变化无关的干扰因素的影响，这被称为"重力异常校正"。经过校正而得出的重力值，就是与地下岩石密度变化有关的地质信息。经过校正后的重力异常值主要反映地下岩石密度变化引起的地表重力变化,可以绘成重力异常平面图和剖面图,用于分析和判断地下的地质构造和矿产情况。

重力勘探可以解决以下几个方面的问题:一是研究地壳深部构造包括康氏面(地壳内硅铝与硅镁分界面)和莫霍面(地壳与地幔的分界面)的起伏;二是划分盆地区域构造单元,诸如凹陷、凸起、斜坡、大的火成岩侵入体;三是确定区域性深大断裂,布格重力异常图上的重力线密集带,通常是深大断裂的位置;四是研究油气聚集的构造圈闭。这需要重力测线十分密集,网点众多的高精度重力测量。

### (三)电法勘探——电流在地球中的妙用

由于地下不同岩石存在着导电性、导磁性、介电性的差异,在地面测量由这些差异引起的电场的变化,进而推断地下地质构造和矿藏的方法称为电法勘探(electrical prospecting)。电法勘探根据不同岩层具有不同的导电性的特点,来研究地下构造形态的方法。主要有两种方法:一是大地电流法,通过测定地球内部的天然电流大小来研究地下构造;二是较常用的垂向探测法,即人工向地下通入电流(即人工电场),再在地面上测定人工电场的电位变化。这些电位变化与岩层的性质、岩层的构造有关,因而可以用来研究地质构造。大地电流法可为研究盆地区域结构、基底起伏状况等提供一定信息。垂向探测法能大致确定地下构造的形态和埋藏深度,供勘探家研究参考。按电场的成因,电法勘探可以分为天然场法和人工场法两类。天然场法包括大地电磁法、声频电磁法。人工场法包括电阻率法、人工电磁法、激发激化法。

电法勘探在金属勘探领域应用最广泛,其次在工程地质和水文地质勘探方面也有较多的应用。对石油勘探来说,主要用电阻率法、大地电磁法、人工电磁法来测量地下地层界面深度,它可以研究区域地质情况和局部地质构造。

### (四)磁法勘探——给地球做"磁共振"

由于组成地壳的岩石有着不同的磁性,可以产生各不相同的磁场,它使地球磁场在局部地区发生变化形成磁异常。在地面测量由地下磁性差异引起的地面磁场的变化(磁异常),进而推断地下地质构造和矿藏的方法称为磁法勘探(magnetic prospecting)或磁力勘探。

利用仪器测定这些磁异常,研究它与地质构造的关系,根据磁异常特征作出关于地质构造及矿产分布的预测,这就是磁力勘探的实质和主要任务。它可以研究大地构造单元、基底构造和沉积盖层等。该方法可以在地面和空中进行,分别称为地面磁力测量和航空磁力测量。

磁力勘探包括地面磁测、航空磁测、海洋磁测和井中磁测等。磁力勘探也要根据地质要求部署测线,测量测线上各点的磁力值,并据此编制磁力异常图。勘探家对地质、地震、重力、磁力、电法等各种图件进行综合性分析,得出必要的结论,以指导勘探。磁力共振在确定火成岩分布和区域地质结构上有较好的效果。精度磁力勘探可以确定地质构造,与地震勘探寻找圈闭有异曲同工之处。

磁异常值是用磁力仪来完成观测的。磁力仪分为垂直磁力仪和水平磁力仪两种。测量方法有相对测量和绝对测量两种。绝对测量主要用于正常磁场的测量,油气勘探中主要采用相对测量。

磁异常解释方法包括三个方面:一是正问题研究,即已知地下地质体的形态,分析其在地面形成的磁异常特征,找出磁异常和地下地质体产状之间的关系,以指导磁异常的地质解释。二是对实测磁异常进行加工处理,消除干扰磁异常,突出地下地质因素引起的磁异常。三是反问题研究,即对实测磁异常进行地质分析,找出对应的地下地质特征和矿产。

## (五)地球化学勘探——给地球做化验

地球化学勘探(geochemical prospecting)是利用化学分析方法对岩石、土壤、气体和水样本中的各种成分进行分析,测定地下油气的扩散所引起的各种化学、物理化学和生物化学的变化,分析地下油气存在与分布情况。这类地球化学法称为地球化学勘探法,它主要包括气测法、沥青法、水化学法、细菌法等。

### 1. 气测法

气测法是利用灵敏的气体分析仪测定土壤、表层岩石或水中的碳氢化合物气体的含量。其原理是:当地下油气藏存在时,油气就会向地表扩散、使其上部的地表出现气体异常,碳氢化合物气体含量较其他地区高。

目前气测法还处于发展阶段,无论在理论上还是实践上都不够完善,效果不理想。但地球物理测井的气测法却是在钻井中判断油气层位的一种有效方法。

### 2. 沥青法

沥青法包括测定发光沥青、氯仿沥青"A"、发光沥青测井等方法。各种方法在地面和井下测得发光沥青、氯仿沥青"A"等异常时,说明本地区有着油气生成、运移、扩散和氧化的过程存在,用来评价该区、该层的含油气远景。

### 3. 水化学法

水化学法主要是研究水中所含盐类、微量元素、水型以及它们在地表的分布情况,用以进行含油气可能性的判断。

### 4. 细菌法

细菌法是一种间接的地球化学方法。由地下运移、扩散至地表的某些烃类(如甲烷、乙烷、丙烷)在油藏上方形成相对富集带,而某些细菌对某种烃类有特殊嗜好,则在这些地区常大量繁殖。通过采样进行细菌培养,可反映烃类异常区,用作寻找油气藏及评价含油气远景的重要指标。

## (六)勘探钻井——"井下诊断"

野外地质调查、地震、重力、磁力、电法、遥感等勘探技术的运用,都是为了寻找可能含有石油、天然气的地质圈闭,也就是通常说的勘探目标。但是,地质圈闭是否含有石油、天然气,还需要通过钻井来解决。在探井钻探过程中,为了及时捕捉住油气层,要小心谨慎地进行地质录井,包括岩屑录井、钻时录井、钻井液录井、气测录井、岩心录井等。地质录井有两项任务:一是了解地层岩性,了解钻探地区有无生油层、储层、盖层等;二是了解含油气情况,包括油气性质、油气压力、含油气丰度等。

钻井是油气田勘探工作中不可缺少的手段。无论是地面地质法、地球物理勘探法、地球化学法,对确定地下有利的含油气构造或油气藏,都属间接方法。通过钻井手段才能最后确定油气藏是否存在,以及是否具有工业油气流。但与其他方法比较,钻井法却是速度最慢、投资最多的一种方法。它必须在地质、地球物理、地球化学等方法综合勘探的基础上进行。

## (七)其他勘探技术

随着油气勘探技术的发展,其他科技领域的先进技术逐步融入油气勘探领域,并发挥了重要作用。如遥感技术能够从远距离、高空或外层空间平台上,利用可见光、红外、微波等探测器,通过摄影、扫描,对电辐射(包括发射、反射、吸收和透射)能量的感应、传输和处理,从而识别目标物的性质和运动状态的系统技术,从而判认地球环境和资源。它是 20 世纪 60 年代,在航空摄影和判读基础上随航天技术和电子计算机技术的发展,而逐渐形成的综合性感测技术。尤其是地球资源卫星给地面拍摄的相片,能够把地形和各种岩石分布、地质形象、构造现象等一览无余地记录下来。这些照片经过地质解释和绘制工作,就成为勘探人员所需要的"地质图"。因此,遥感技术成为险恶地形、高寒缺氧地带等生命禁区地质勘探的良好技术手段。

地球物理测井技术以地质学、物理学、数学为基础,采用计算机信息技术、电子技术及传感器技术,设计出专门的测井仪器,沿着井身进行测量,得出地层的各种物理化学性质、地层结构及井身几何特性等各种信息,为石油天然气勘探、油田开发提供重要的数据和资料。为了研究各类岩石的物理性质及井下地层是否含有石油天然气和其他有用矿产,建立了一门实用性质很强的边缘学科——测井学,简称"测井"。测井的井场作业由测井地面仪器、绞车和电缆组成,通过电缆把下井仪器放到井底,在提升电缆过程中进行测量。地球物理测井包括电测井、电磁波传播测井、地层倾角测井、全井眼地层微电阻率扫描成像测井、声波测井、核测井、核磁共振测井和热测井等。其中,成像测井采集信息多、精度高,不受干扰,能准确确定地层的真正电阻率,是解决复杂储层测井评价的有力手段。

地质综合研究技术可以被称作石油地质研究的"集成电路",石油地质综合研究水平,关系石油、天然气勘探开发的速度和效益。现代油气勘探是从石油地质综合研究开始,应用新技术、新理论和创新思维,对有勘探前景的沉积盆地进行综合评价,计算油气资源量,研究盆地、凹陷油气藏成藏条件,指出富油气凹陷的有利区带和勘探目标,制订钻探计划,力争用较小的投入、较短的时间取得勘探突破。石油地质综合研究,包括板块构造研究、地震地层学和层序学研究、生油岩与生油条件研究、地球物理勘探技术方法研究、含油气体系和成藏动力学研究、盆地分析与资源评价研究、油气勘探规划部署研究、油气勘探经验研究等。

## 思政案例

### 永远在路上
#### ——石油勘探专家翟光明

六十多年前,因为缺油,北京的公交车只能背着煤气包行驶。然而在 1963 年,周恩来总理代表中国政府宣布,中国的石油实现自给自足。短短几年内,新中国从"贫油国"到能够自给自足,实现这一惊人变化,靠的正是广大石油勘探开发工作者们在极其艰苦条件下的不懈努力!其中一个人的名字,闪烁着无法忽视的光辉。他就是近七十年来,伴随着新中国的油气勘探事业一起成长的著名油气勘探家、石油地质学家——翟光明院士。

富媒体3-2 永远在路上——石油勘探专家翟光明

翟光明,1926 年 10 月出生,祖籍安徽泾县。1950 年毕业于北京大学地质系。1995 年当选为中国工程院院士。历任玉门油矿采油厂总地质师,石油工业部地质勘探司总地质师、司长,中国石油天然气总公司石油勘探开发科学研究院院长,中国石油天然气集团公司咨询中心勘探部主任,中国石油天然气集团公司咨询中心专家委员会副主任。曾任《石油学报》主编、中国石油学会副理事长和常务理事、中国石油学会石油地质学会主任、中国地质学会名誉理事、环太平洋矿产与能源理事会理事、世界石油大会执行局成员、世界石油大会中国国家委员会委员、第十五届世界石油大会秘书长、中国地质学会第三十三届副理事长,中国石油学会第一届常务理事、第二届理事,中国科学技术协会第三届常委。曾参加编制老君庙油田注水开发方案,并组织和参加了大庆、胜利、长庆、华北、辽河等大油气区的勘探规划编制,并组织实施。参与了历次石油大会战,提出含油气盆地"三史"综合分析、含油气盆地形成等油气地质理论,提出并实施了科学探索井规划,创立了CSI油气勘探工作法,为我国石油天然气勘探作出了不可磨灭的贡献。

他是首批参加新中国在大西北开展石油地质调查工作人员之一,是玉门油田最早设计和执行注水方案者。曾在石油部党组领导下参与制定了中国八大沉积盆地的油气勘探规划和部署,是大庆、胜利、四川、大港、辽河、河南和陕甘宁等油田会战的组织者和参加者,还参加了华北、江汉等石油会战,是渤海湾复式油气区地质规律研究及应用成果的主要完成者之一。曾组织实施了两次全国油气资源评价研究,提出并实施全国油气科学探索井工程,创新运用盆地"三史"、油气运移和聚集的综合分析理论,取得吐哈、靖边、酒东、高尚堡等地区一些重大发现。他经过区域构造和板块演化研究,提出和阐述了我国前陆盆地和古隆起两大领域具有较大油气勘探前景,后经勘探实践证实。近期主要从事我国油气勘探战略和新区新领域探索研究工作,完成"能源发展战略及'十一五'的重点咨询研究报告""中国可持续发展油气资源战略""中国油气勘探新区新领域及突破方向研究"等中国工程院重要咨询项目,提出了前瞻性的油气勘探战略建议。

他曾获全国科学大会奖、国家科学技术进步特等奖、二等奖等,获国务院颁发的对工程技术事业做出突出贡献奖,1991年获得全国五一劳动奖章。所编撰的《中国石油地质志》共16卷20册,获中华人民共和国新闻出版署"全国优秀科技图书一等奖",并撰有《中国沉积盆地的特点及油气资源分布》《渤海湾油气聚集规律》等论文。

(资料来源:中国科学家博物馆)

### 复习题

1. 地质勘探法的原理是什么?
2. 地球物理勘探方法的原理是什么?
3. 简述重力、磁力勘探方法的异同。
4. 简述地震勘探方法的基本原理。
5. 简述二维地震与三维地震的区别。
6. 地震勘探程序有哪些?
7. 油气化探法有哪些?
8. 钻井勘探法有哪些?
9. 我国的油气勘探一般分为哪几个阶段?
10. 油气勘探开发包括哪几个阶段?

# 第四章　钻井与完井

## 学习目标

**【知识目标】**
- 了解钻井的分类；
- 熟悉常用钻进工具；
- 熟悉钻井过程中要预防的事故；
- 理解固井和完井的概念及方法；
- 掌握钻机八大件。

**【能力目标】**
- 能够识别主要钻井设备与工具；
- 能够描述钻井施工流程中的主要环节；
- 具备自我学习和根据具体问题查阅工具书的能力。

## 思维导图

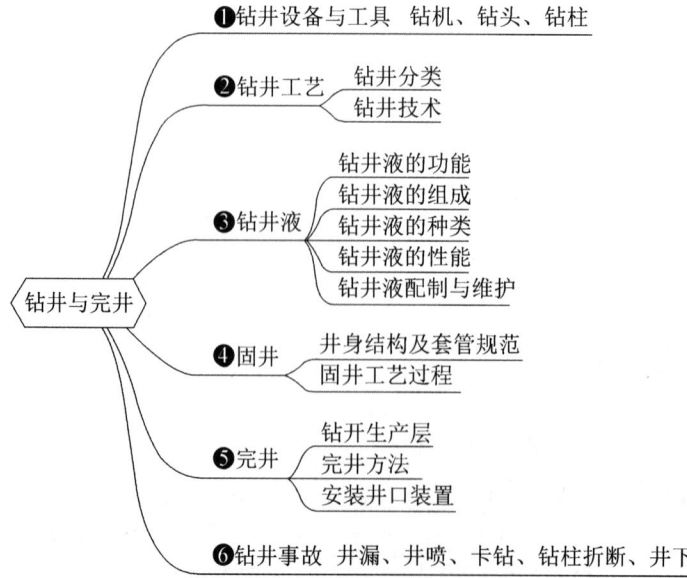

## 初识钻井

要了解地下地质情况,证实已探明的构造是否有油、含油面积和油气储量,并把石油、天然气从地下开采出来,就需要钻井。因此,钻井是寻找和开发石油的主要手段。

钻井(well drilling)的基本含义就是为了勘探和开发地下石油和天然气,通过一定的设备、工具和工艺技术手段形成一个从地表到地下某一深度处具有不同轨迹形状的孔道(视频4-1)。我国是世界上最早进行钻井采油的国家之一。远在四百多年以前(1521年),在四川嘉州一带钻成的井中采出了油。这口井比美国所谓的"世界第一口井"(1859年)要早三百多年;比俄罗斯自称"世界第一口采油井"(1848年)也要早很多年。

视频4-1 钻井的故事

本章主要介绍钻井设备与工具、钻井工艺、钻井液、固井、完井和钻井事故的预防与处理。

# 第一节 钻井设备与工具

## 问题导入

1. 钻井需要用到哪些设备和工具?
2. 钻机是如何工作的?

钻井设备主要指的是钻机。钻井工具主要包括钻头、钻柱、井口工具和定向井工具等。本节主要介绍钻机、钻头和钻柱(视频4-2)。

视频4-2 钻井的工具

## 一、钻机

现代石油钻机(drilling rig)是一套联合的工作机组。它是由动力机、传动箱、绞车、天车、游动滑车、大钩、水龙头、转盘、钻井泵以及钻井液净化设备等组成,还有井架、底座等结构,以及电力、液压和空气动力等辅助设备。当前,我国乃至世界广泛使用的是旋转钻井法,其相应的钻井设备称为转盘旋转钻机,如图4-1所示。

### (一)钻机的工作系统

根据钻井工艺各工序的不同要求,一套钻机必须具备下列系统和设备。

#### 1. 钻具起升系统

起升系统(hoisting system)主要包括主绞车、辅助绞车(或猫头)、辅助刹车(水刹车、电磁刹车等)、游动系统(包括钢丝绳、天车、游动滑车和大钩)以及悬挂游动系统的井架等。另外还有起下钻具操作使用的工具及设备(吊环、吊卡、卡瓦、大钳、立根移运机构等)(视频4-3)。绞车是该系统的核心部件。

视频4-3 液压大钳的使用

#### 2. 旋转钻进系统

钻机的旋转系统(rotary system)主要由转盘、水龙头、方钻杆(square kelly)、钻杆(drill pipe)、钻铤(drill collar)、配合接头(joint)、钻头(drill bit)等组成,转盘驱动方钻杆、钻杆、钻头破碎岩石,钻出井眼,所以转盘是该系统的核心设备。另外,丛式井或定向井还需配备井下动力钻具。

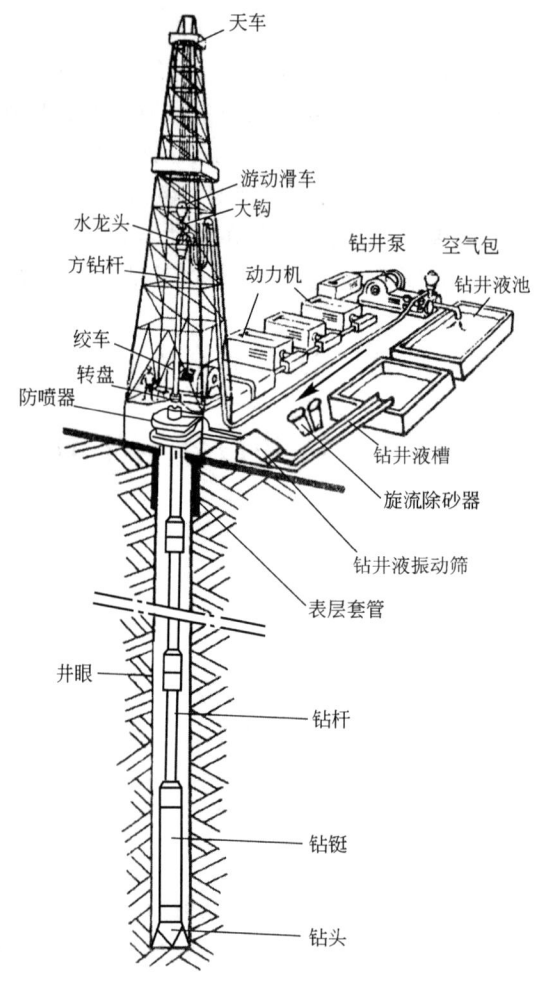

图4-1 典型旋转钻井设备图

**3. 钻井液循环系统**

钻井液循环系统(fluid-circulating system)设备主要由钻井泵(mud pump)、振动筛(vibrating screens)、除砂器、除泥器、离心机、钻井液罐、钻井液枪、钻井液搅拌器、混合漏斗等组成。钻井泵是该系统的核心设备。

**4. 动力系统**

动力系统(power system)为钻机提供动力。不同的钻机配备的动力不一样。机械钻机主要以柴油机为动力;电动钻机主要以发动机为动力。目前国内外主要以柴油机和柴油发动机作为钻机的动力源。

**5. 传动系统**

传统系统的主要任务是把动力设备的机械能传递和分配给绞车、钻井泵和转盘等工作机。传动系统在传递和分配动力的同时具有减速、并车、倒车等特种功能。石油钻机的传动方式有机械传动(包括万向轴、减速箱、离合器、链传动和三角带传动等)、机械—涡轮传动(液力传动)、电传动、液压传动。

**6. 控制系统**

为了使钻机各个系统协调地工作,钻机上配有气控制、液压控制、机械控制和电控制等各种控制设备,以及集中控制台和显示仪表等。

**7. 钻机底座**

钻机底座是钻机的重要组成部分之一,包括钻台底座、机房底座和钻井泵底座等。车装钻机的底座就是汽车或拖拉机的底盘。钻机底座主要用来安装钻井设备、方便钻井设备的移运等。

**8. 辅助设备**

成套钻机除具有上述的主要设备外,还必须配备有供气设备、井口防喷设备、钻鼠洞设备、辅助发电及起重设备,在寒冷地区钻井时还应配备保温设备,以保证钻机能安全、可靠、正常地运行。

## (二)钻机的主要部件

钻机主要由井架、天车、游车、大钩、水龙头、转盘、绞车和钻井泵等组成,这些部件也称为钻井八大件。

**1. 井架**

井架(derrick)是钻机起升系统的重要组成部分之一。井架是一种具有一定高度和空间的金属桁架结构,用于安装和悬挂游动系统、吊环和吊卡等,并承受井中钻柱重量,在起下钻作业时存放钻杆或套管。因此,井架必须具有足够的承载能力、足够的强度、刚度和整体稳定性。

**2. 天车**

天车(crown block)主要由天车架、滑轮组和辅助滑轮等零部件组成。

**3. 游车**

游车(traveling block)主要由横梁、侧板组、滑轮、滑轮轴、销座、下提环和护罩等零部件组成。

**4. 大钩**

钻井大钩(hook)分为独立大钩和游车大钩两种。

**5. 水龙头**

水龙头是钻机的旋转系统设备,又起着循环钻井液的作用。它悬挂在大钩上,通过上部的鹅颈管与水龙带相连,下部与方钻杆连接。它不但要导输来自钻井泵的钻井液,还要在旋转的情况下承受井中钻具的重量。因此,水龙头是旋转钻机中起升、旋转、循环三大系统中相交汇的关键设备。

**6. 转盘**

转盘(rotary table)是一个大功率的圆锥齿轮减速器,主要作用是把发动机的动力通过方瓦传递给方钻杆、钻杆、钻铤和钻头,驱动钻头旋转,钻出井眼。转盘是旋转钻机的关键设备,也是钻机的三大工作机之一。

#### 7. 钻井绞车

钻井绞车,是钻机三大工作机之一。它不仅是起升系统设备,也是整个钻机的核心部件。

1) 钻井绞车应具备的功能

根据钻井工艺的特点,所配备的绞车应具有以下功能:

(1) 具有足够大的功率。有提升最重钻柱和解卡能力,在最低转速下钢丝绳能产生足够大的拉力,保证游动系统安全可靠。

(2) 各提升部件具有足够的强度和刚度。滚筒、滚筒轴、轴承以及各机构、易损件具有足够长的寿命。

(3) 绞车滚筒具有足够的尺寸和容绳量,保证缠绳状态良好以延长钢丝绳寿命。

(4) 能适应起重量的变化,具有足够的起升挡数,以提高功率利用率,节约起升时间。

(5) 具有灵敏而可靠的刹车机构及强有力的辅助刹车,能准确地调节钻压,均匀地送进钻具,在下钻过程中能随意控制下放速度以及能在较省力的状态下将最重钻柱载荷刹住。

(6) 具有一个或两个猫头。紧扣猫头与卸扣猫头,以满足用大钳紧扣和卸扣及其他辅助起重的需要。有的还应有死猫头。

(7) 具有稳定的支架和底座,整个绞车不应超重、超宽、超长、超高,以免给运输带来困难,传动部分应有严密的保护罩,以保证能充分润滑。易损件要拆卸、更换方便。

(8) 采用集中控制,使控制手柄、刹把、指重表等集中在司钻控制台上,便于司钻的操作。

2) 绞车的结构类型

绞车种类繁多,习惯上有多种分类方法。如按轴数分,有单轴、双轴、三轴及多轴绞车;按滚筒数目分,有单滚筒和双滚筒绞车;按提升速度分,可分为二速、三速、四速、六速、八速绞车。常用的是三轴绞车。

#### 8. 钻井泵

钻井泵是钻井液循环系统中的关键设备,现场习惯称为泥浆泵。一般用于在高压下向井底输送高黏度、大相对密度和固相含量较高的钻井液,以便冷却钻头和携带岩屑等,同时为井底动力钻具提供动力源。

1) 钻井泵的分类

钻井泵的种类较多,石油矿场上常用的是三缸单作用卧式往复泵,这种泵活塞在液缸中往复一次完成一次吸液和一次排液。

我国用于石油和天然气钻井的国产钻井泵已逐步系列标准化,如3NB－1000、3NB－1300、3NB－1600等。其中NB表示"钻井泵"、NB前面的数字表示泵的液缸数,无数字则为双缸泵;NB的下标表示设计序号,后面的数据表示泵的额定输入功率(马力)。

2) 钻井泵的基本参数

钻井泵工作能力的大小可以用其基本参数来表示,分别是流量、压头、功率、效率、冲次和泵压。

(1) 流量。流量是指在单位时间内泵通过排出管输出的液体量。流量通常以体积单位表示,又称为体积流量,单位为"L/s或$m^3/s$"。钻井泵中的流量又分为平均流量和瞬时流量,现场上所说的流量一般是指平均流量。石油矿场上又习惯把流量称作排量。

(2)压头。压头指的是单位质量的液体经泵压所增加的能量,也称为扬程,单位为"m液柱"。

(3)功率和效率。功率是指泵在单位时间内所做的功。一般把在单位时间内发动机传到泵轴上的能量称为输入功率或主轴功率。把在单位时间内液体经过泵后增加的能量称作泵的有效功率。功率的单位为"kW"。泵的效率是指有效功率与输入功率之比。

(4)冲次。泵的冲次是指在单位时间内活塞的往复次数,单位为"次/min"。

(5)泵压。泵压是指泵排出口处的液体压力,单位为"MPa"。

### (三)钻机类型

#### 1. 按钻井深度划分

(1)浅井钻机:指钻井深度不大于1500m的钻机,主要用于钻地质调查井的钻机、岩心钻机、水井钻机、地震及炮眼钻机等;

(2)中深井钻机:指钻井深度在1500～3000m之间的钻机;

(3)深井钻机:指钻井深度在3000～5000m之间的钻机;

(4)超深井钻机:指钻井深度超过5000m的钻机。

上述的中深井钻机、深井钻机、超深井钻机主要用于钻生产井、注水井及勘探井等深井。

#### 2. 按驱动设备类型划分

(1)机械驱动钻机:包括柴油机直接驱动或柴油机—液力驱动的钻机;采用三角胶带、链条、齿轮等主传动副进行统一、分组或单独驱动的钻机。

(2)电驱动钻机:包括交流电驱动钻机、直流电驱动钻机等。目前主要采用 AC-AC 交流电驱动、AC-SCR-DC 可控硅整流直流电驱动及 AC-DC-AC 交流变频电驱动。

(3)液压钻机:通过液压动力和传动方式驱动的钻机。

### (四)钻机标准

石油钻机标准主要包括钻机参数标准、钻机最大井深标准、钻机等级标准及钻机型号标准。

#### 1. 钻机参数标准

(1)名义钻深范围:钻机在规定的钻井用绳下,使用规定的钻柱时钻机的经济钻井深度范围。

(2)最大钩载:钻机在规定的最多绳数下进行作业时,大钩上所允许的最大载荷。

(3)钻井绳数:用于正常钻进、起下钻柱时的游动系统有效绳数。

(4)游动系统最多绳数:钻机配备的天车、游车轮系所能提供的最多有效绳数。

#### 2. 钻井等级标准

我国对石油钻机等级规定了九个级别,即 ZJ10/585、ZJ15/900、ZJ20/1350、ZJ40/2250、ZJ50/3150、ZJ70/4500、ZJ90/6750、ZJ90/5850、ZJ120/9000。

其中"ZJ"为钻机汉语拼音字头;"10、15、20、40、50、70、90、120"为最大钻井深度的1/100;"585、900、1350、2250、3150、4500、6750、5850、9000"为钻机最大钩载。

#### 3. 石油钻机型号标准

下面举例说明钻机型号标准:

ZJ15/900DBZ-2,表示交流变频自走式车载钻机,最大钻深1500m,最大钩载900kN,第二代产品。

ZJ40/2250L:表示链条为主驱动原型模块式机械钻机,最大钻深 4000m,最大钩载 2250kN。

ZJ50/3150DB-1:表示模块式交流变频电驱动钻机,最大钻深 5000m,最大钩载 3150kN,第二代产品。

ZJ70/4500DZ:表示模块式 DC-SCR-DC 驱动的可控硅整流电驱动钻机,最大钻深 7000m,最大钩载 4500kN。

## 二、钻头

钻头(drill bit)质量的优劣及它与岩性和其他钻井工艺是否适应,将直接影响钻井速度、钻井质量和钻井成本。

### (一)钻头破碎岩石的工作原理

钻头破碎岩石的工作原理与方式有以下三种:

(1)切削:利用轴向压力使破碎工具吃入岩石,随着钻头的旋转,岩石在挤压下破碎,而进行切削,其方式类似金属切削。

(2)冲压:利用轴向载荷使岩石在冲击和挤压作用下达到破碎。

(3)研磨:利用抗磨性高的材料,在一定压力和适当的转速下,对岩石进行研磨破碎。

上述三种方式中,钻头对岩石的作用形式主要是压挤和切削。实际上钻头在井内破碎岩石钻进时,这三种破岩方式兼有,只是根据岩石的强度和钻头类型以某种破碎方式为主而已。塑性岩石一般强度较小,钻头以切削破碎为主;塑脆性和脆性岩石一般强度较高,以冲击和压挤破碎为主;对强度和硬度都很大的岩石,则以研磨破碎为主。

### (二)钻头的类型

目前常用的钻头按其破碎岩石的方式和作用原理分为刮刀钻头(切削型)、牙轮钻头(冲压型)及研磨型钻头(金刚石钻头)三大类,如图 4-2 所示。其中牙轮钻头使用较多,而刮刀钻头使用量最小。钻头尺寸以其钻出的井眼内径为公称尺寸,国际上已形成基本统一的系列。常见钻头尺寸为 26in、20in、17½in、14¾in、12¼in、10⅝in、9½in、8½in、7⅞in、6½in、5⅞in、4¾in(1in=25.4mm)。

(a)刮刀钻头

(b)牙轮钻头

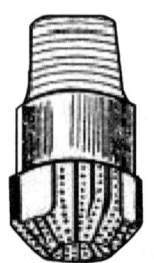
(c)研磨型钻头

图 4-2 典型钻头结构图

#### 1. 刮刀钻头

刮刀钻头(drag bit)为切削型钻头,适用于软塑性岩层。这种钻头体上镶焊有几个刮刀片,在刮刀翼上加焊上耐磨的硬质合金材料,根据塑性岩石软硬的特点,刮刀钻头有两翼的

(称鱼尾钻头)、三翼的和四翼的,最常用的为三翼刮刀钻头。

#### 2. 牙轮钻头

牙轮钻头(roller bit)在石油钻井中使用最多、适应性最广。它主要用于钻中硬至硬度较大的塑脆及脆性地层。牙轮钻头是在钻头体上安装几个能随钻头公转,又能绕着牙轮轴自转的牙轮。牙轮钻头有两牙轮的、三牙轮的及四牙轮的,用得最多的是三牙轮钻头。根据岩石破碎规律,牙轮钻头结构设计应满足在旋转动力及钻压作用下,牙轮在公转和自转运动中,具有滚动产生冲击和挤压作用,又有滑动产生刮削的作用,使岩石得到有效的破碎。选用牙齿长、齿排少、刮削功能强、冲击力小的牙轮钻头钻硬度不大的地层;用牙齿短、齿排多、冲击力大、刮削功能弱的钻头钻硬地层。

#### 3. 研磨型钻头

研磨型钻头用于钻坚硬的地层。它选用硬度大于岩石而耐磨性强的材料,(如金刚石、特种硬质合金)镶焊在钻头体上,在钻头旋转和钻压作用下研磨岩层,如同用砂轮打磨铁器一样。

### (三)钻井工艺对钻头的要求

钻井工艺对钻头有两个基本要求:一是钻进速度要快,能直接缩短钻井时间;二是使用寿命要长,更换钻头次数要少,单个钻头钻进的总进尺要多。这两项分别称为钻头的机械钻速和钻头的总进尺,是钻头的两个主要技术指标。为了降低钻井成本,提高上述两项技术指标,石油科技人员一直致力于改善钻头结构,提高钻头破碎效率,延长钻头使用寿命的研究工作。自20世纪70年代末,开始采用高硬度、高耐磨性的聚晶金刚石钻头,将聚晶金刚石材料镶焊在牙轮上,因而成倍地提高了钻井效率。

## 三、钻柱

钻柱(drill string)是钻头以上、水龙头以下部分钻具总称。钻具的连接如图4-3所示。

### (一)钻柱的作用

#### 1. 钻柱的主要作用

(1)为钻井液由井口流向钻头提供通道;
(2)给钻头施加适当的压力(钻压),使钻头的工作刃不断吃入岩石;
(3)把地面动力(扭矩等)传递给钻头,使钻头不断旋转破碎岩石;
(4)起下钻头;
(5)根据钻柱的长度计算井深。

#### 2. 钻柱的特殊作用

(1)通过钻柱可以观察和了解钻头的工作情况、井眼状况及地层情况等;
(2)进行取心、挤水泥、打捞井下落物、处理井下事故等特殊作业;
(3)对地层流体及压力状况进行测试与评价,即钻杆测试,又称中途测试。

### (二)钻柱的组成

钻柱由方钻杆(square kelly)、钻杆(drill pipe)段和下部钻具组合三大部分组成。钻杆段包

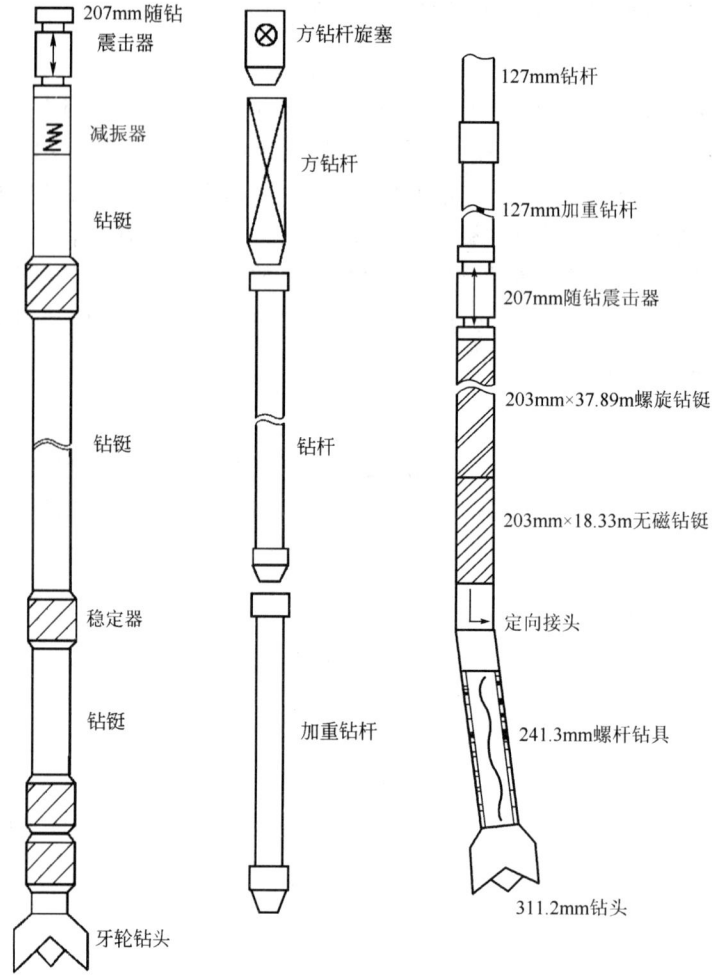

图 4-3 钻具连接图

括钻杆和接头,有时也装有扩眼器。下部钻具组合主要是钻铤,也可能安装稳定器(stabilizer)、减震器、震击器、扩眼器及其他特殊工具。钻柱的具体组成随不同的目的、要求而不同。

### 1. 钻杆

钻杆是钻柱的基本组成部分,位于方钻杆和钻铤之间。它是用无缝钢管制成,壁厚一般为 9~11mm。其主要作用是传递扭矩和输送钻井液,并靠钻杆的逐渐加长使井眼不断加深。

1) 钻杆结构与规范

钻杆由钻杆管体与钻杆接头两部分组成,如图 4-4 所示。钻杆管体与接头的连接有两种方式:一种是用细螺纹连接,即管体两端都车有外(内)螺纹,与接头一端的内(外)螺纹相连接;另一种是管体与接头用摩擦焊对焊在一起,称这种钻杆为对焊钻杆。我国现在生产或进口的钻杆全部为对焊钻杆。

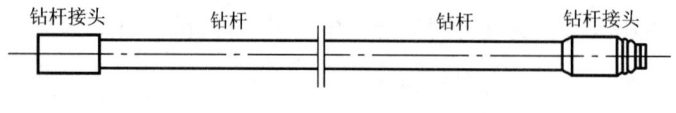

图 4-4 钻杆结构示意图

为了增强管体与接头的连接强度,管体两端加厚。常用的加厚形式有内加厚、外加厚、内外加厚三种。

最常用的钻杆长度 8.230~9.144m(27~30ft),钻杆尺寸(直径)有 88.9mm、114.3mm、127.0mm(3.5in、4.5in、5in)三种。

2)钻杆的钢级与强度

钻杆的钢级是指钻杆钢材的等级,它由钻杆钢材的最小屈服强度决定。API 规定钻杆的刚级有 D、E、95(X)、105(G)、135(S)级共五种,其中,X、G、S 级为高强度钻杆。

3)钻杆接头及螺纹

钻杆接头是钻杆的组成部分,分内螺纹和外螺纹,连接在钻杆管体的两端。螺纹的连接必须满足三个条件,即尺寸相等,螺纹类型相同,内外螺纹相匹配。不同尺寸钻杆的接头尺寸不同。同一尺寸钻杆的丝扣类型也不尽相同。主要有内平(IF)型、贯眼(FH)型、正规(REG)型和 NC 型(数字型)。

**2. 加重钻杆**

加重钻杆是一种和钻杆类似的中等重量钻具,其管壁比钻杆的厚,比钻铤的薄。管体连接有特别加长的钻杆接头。在钻具组合中一般加在钻杆与钻铤之间,防止钻柱界面的突然变化,减少钻杆的疲劳。加重钻杆的总长度一般为9.30m,也有特殊长度为2m、3m、13m 的。国产的有 JZ-5Ⅰ型和 JZ-5Ⅱ型两种加重钻杆。加重钻杆除两端有超长的外加后接头外,中部还有一外加厚部分,在其两端接头和中部加厚部分都有表面耐磨带,用以保护管体使不受磨损。长度为13m 的加重钻杆还有2个中间加厚。

**3. 钻铤**

钻铤(drilling rate)处在钻柱的最下部,是下部钻具组合的主要组成部分。其主要特点是壁厚大(一般为38~53mm,相当于钻杆壁厚的4~6倍),具有较大的重力和刚度,如图4-5所示。它在钻井过程中主要起以下几方面的作用:

(1)给钻头施加钻压;
(2)保证压缩条件下的必要强度;
(3)减轻钻头的振动、摆动和跳动等,使钻头工作平稳;
(4)控制井斜。

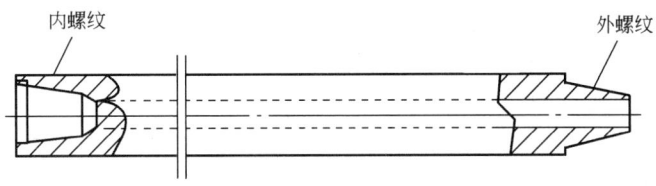

图 4-5 钻铤结构示意图

钻铤有许多不同的形状,如圆的、方的、三角形和螺旋形的。最常用的是圆形(平滑的)钻铤和螺旋形钻铤两种。

**4. 方钻杆**

方钻杆(square kelly)位于钻柱的最上端,有四方形(图4-6)和六方形两种。在转盘钻井中,钻进时,方钻杆与方补心、转盘补心配合,将地面转盘扭矩传递给钻杆,以带动钻头旋转,并承受钻柱悬重重量。在涡轮和螺杆钻具的钻井中,承受钻柱悬重重量和反扭矩。一般大型钻机使用四方形钻杆,小型钻机都用六方形方钻杆。标准方钻杆全长 12.19m 和 16.46m 两种,驱动部分长分别为 11.25m 和 15.54m。为了配合钻柱,方钻杆也有多种尺寸和接头类型。方杆的壁厚一般比钻杆大 3 倍左右,并用高强度合金钢制造,故具有较大的抗拉强度及抗扭强度,可以承受整个钻柱的重量和旋转钻柱及钻头所需要的扭矩。

图 4-6　四方形方钻杆结构示意图

方钻杆旋转时,上端始终处于转盘面以上,下部则处在转盘面以下。方钻杆上端至水龙头的连接部位的螺纹均为左旋螺纹(反扣),以防止方钻杆转动时松动。方钻杆下端至钻头的所有连接螺纹均为右旋螺纹(正扣),在方钻杆带动钻柱旋转时,螺纹越上越紧。为减轻方钻杆下部接头螺纹(经常拆卸部位)的磨损,常在该部位装一保护接头。

### (三)钻具的组合

钻具的合理组合是确保优质快速钻井的重要条件。钻具尺寸的选择,首先取决于钻头尺寸和钻机的提升能力,还要考虑井身结构及防斜措施。通常钻具组合考虑的原则是:在供应可能条件下选用大尺寸方钻杆;在钻机提升能力及钻杆下入深度允许的条件下选用大尺寸的钻杆;钻铤长度根据钻压及防斜措施来选择,一般情况下钻铤总重量应大于最大钻压的 20%~30%,以保证钻杆在不受压条件下正常工作。

常见的钻具组合有:正常钻进时,钻头+钻铤+钻杆+方钻杆+水龙头;用涡轮(螺杆)钻具钻井时,钻头+涡轮(螺杆)钻具+钻铤+钻杆+方钻杆+水龙头。

## 第二节　钻井工艺

问题导入

1. 根据钻井目的、井身结构和井眼深度,钻井分为哪些类型?
2. 为了满足不同条件的钻井需要,优质、安全、快速钻进,需要哪些钻井技术?

一口井的钻井过程从确定井位到最后试油、投产,要完成许多作业(图 4-7)。钻井的三个阶段包括钻前准备、钻进、固井和完井。

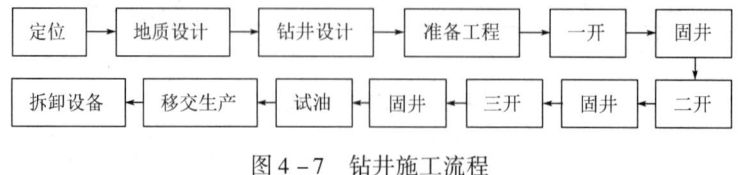

图 4-7　钻井施工流程

## 一、钻井分类

石油钻井按钻井的目的分为勘探井和生产井;按井身轴向角度分为垂直井和定向井,定向

井包括斜直井和水平井;按钻井的环境条件分为陆地钻井和海洋钻井,海洋钻井又按钻井装置分固定钻井和浮式钻井;按井眼深度分为浅井、深井、超深井等。

### (一)勘探井和生产井

#### 1. 勘探井

勘探井(exploratory well)是以获取地质资料为目的而钻的井,包括地质井、预探井、详探井、评价井等。勘探井一般都打垂直井。

(1)预探井:是指经地震详查和地质综合研究所确定的有利圈闭上,为发现油气藏而钻的井;包括在已知的油田上,为发现新的油气藏所钻的井。

(2)详探井:是指已发现的油气圈闭上,为探明含油气边界和储量,了解油气层构造与产油能力而钻的井。

(3)评价井:是指在预探井发现含油气储层后,为探明这个圈闭含油气面积和地质储量所钻的井。

由于地层情况不明,又要取岩心、测井取地质资料,所以钻勘探井所需时间长、费用高。海上一般用活动式钻井装置钻勘探井。

#### 2. 生产井

生产井(development well)又称开发井。它是在油田开发阶段为油气生产而钻的井,包括油(气)井、注水井、调整井等。钻生产井一般不取岩心,地层情况清楚,钻井速度快、费用低。

(1)油(气)井:在进行油田开发时,为开采石油和天然气所钻的井。又可分为产油井和产气井。

(2)注水(气)井:为了提高采收率,而对油田进行注水注气以补充和合理利用地层能量所钻的井,又可分为正注井(从油管向地层注水的井)和反注井(从套管向地层注水的井)。

(3)调整井:在原有井网基础上,为改善油田开发效果,而补充钻的一些零散井或成批成排的加密井。

### (二)定向井

石油钻井中除垂直井外,按照一定的目的与要求,沿着设计轨迹打的井都称为定向井,包括水平井和斜度井(也称定向井)。随着钻井技术的发展和完善,为满足油气田开采的需要,20世纪90年代以来大斜度井、大水平位移和水平井是发展的方向。

#### 1. 水平井

水平井是指设计最大井斜角在86°~120°之间,并沿(近)水平方向钻进一定长度的井。由于水平井能增加开发油层的裸露面积,提高油层的产油量和油田的采收率,所以水平井技术从20世纪90年代开始发展起来。水平井可分为长、中、中短、短四种曲率半径的水平井。水平井钻井相对较难,多数需要特殊设备、钻具、工具、仪器以及特殊工艺。

#### 2. 斜度井

斜度井是指设计的最大井斜角不超过85°的井,可分为低斜度、中斜度、大斜度定向井等。其中中斜度井使用较多。

#### 3. 丛式井

油田在开发时,由于耕地条件的限制和合理利用土地资源的要求,往往要在一个井场或平台上有计划地钻几口或几十口定向井和一口直井,这些井统称丛式井。井口间距离(井距)一般为 2~3m。丛式井可以减少井场或平台的建设费用,又便于油井的生产管理。广泛用于海上油田开发。

### (三)深井和超深井

油井按井深($H$)分为浅井($H \leqslant 2500$m)、中深井($2500 < H \leqslant 4500$)、深井($4500 < H \leqslant 6000$)、超深井($6000$m$< H \leqslant 9000$m)和特超深井($H > 9000$m)。

## 二、钻井技术

为满足不同条件的钻井需要,优质、安全、快速钻进,钻井工作者几十年来研究了各种钻井技术,现已发展成为以喷射钻井及优化参数钻井为核心的钻井综合配套技术。下面重点介绍喷射钻井技术、优选参数钻井技术、防斜打直井技术、定向井技术、取心钻井技术等。

### (一)喷射钻井技术

喷射钻井(jet drilling)技术在我国是从 1978 年开始试验并在生产上逐渐推广的。喷射钻井的实质就是钻井水力参数的优化。喷射钻井的一个显著特点是从钻头喷射出来的钻井液射流具有很高的喷射速度,井底得到较大的冲击力和水功率,从而及时清除井底岩屑,破碎井底岩石,提高钻井速度。

#### 1. 射流对井底的水力作用

1)射流特性

射流是指通过管嘴或孔口,过水断面周界不与固体壁接触的液流,如图 4-8 所示。射流出喷嘴后,由于摩擦作用,射流流体与周围流体产生动量交换,带动周围流体一起运动,使射流的周界直径不断扩大。射流纵剖面上周界母线的夹角称为射流扩散角($\alpha$)。$\alpha$ 越小,则射流的密集性越高,能量就越集中。在射流中心,各点的流速等于出口流速($v_{jo}$)部分称等速核。在射流的任一横截面上,从等速核向外速度很快降低,到射流边界上速度为零。超过等速核以后,射流轴线上的速度迅速降低。当射流撞击井底后,形成井底冲击压力波和井底漫流。$L_o$ 为射流轴线上某点距出口的距离。

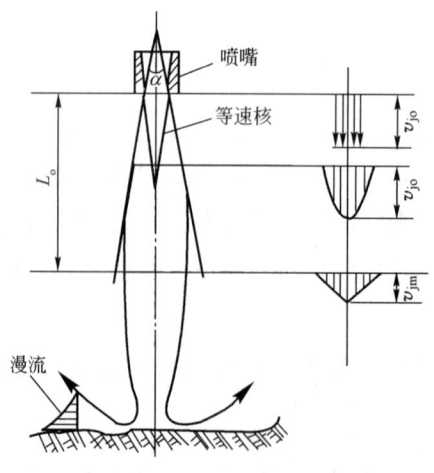

图 4-8 射流结构

2)射流对井底的清洗作用

射流撞击井底后形成的井底冲击压力波和井底漫流是射流对井底清洗的两个主要作用形式。

(1)射流的冲击压力作用。射流撞击井底后形成的冲击压力波并不是作用在整个井底,而是作用在如图4-9所示的小圆面积上。作用在井底岩屑上的冲击压力极不均匀,如图极不均匀的冲击压力使岩屑产生一个翻转力矩,从而离开井底,如图4-10所示。这就是射流对井底岩屑的冲击翻转作用。

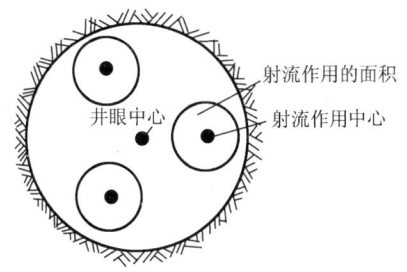

图4-9 射流作用　　　　图4-10 岩屑翻转

(2)漫流的横推作用。射流撞击井底后形成的漫流是一层很薄的高速液流层,具有附面射流的性质。这层具有很高速度的井底漫流,对井底岩屑产生一个横向推力,使其离开原来的位置。因此,井底漫流对井底清洗有非常重要的作用。

(3)射流对井底的破岩作用。当射流的水功率足够大时,射流不但有清洗井底的作用,而且还有直接或辅助破碎岩石的作用。

### 2. 射流水力参数和钻头水力参数

射流水力参数包括射流的喷射速度、射流冲击力和射流水功率。钻头喷嘴出口处的射流速度称为射流喷射速度,习惯上称为喷速。射流冲击力是指射流在其作用的面积上的总作用力的大小。单位时间内射流所具有的做功能量,就是射流水功率。钻头水力参数包括钻头压力降和钻头水功率。钻头压力降是指钻井液流过钻头喷嘴以后钻井液压力降低的值。钻头水功率是指钻井液流过钻头时所消耗的水力功率。

## (二)最优化钻井技术

钻进过程中的机械破岩参数主要包括钻压和转速。为寻求一定的钻压、转速参数配合,使钻进过程达到最佳的技术经济效果,首先需要确定一个衡量钻进技术经济效果的标准,并将各参数对钻进过程影响的基本规律与这一标准结合起来,建立钻进目标函数。然后,运用最优化数学理论,在各种约束条件下,寻求目标函数的极值点。满足极值点条件的参数组合,即为钻进过程的最优机械破岩参数。利用这个最优参数实施的钻井方法称为最优化钻井。因此,最优化钻井的实质是对影响钻进速度的主要因素以及钻进过程中的基本规律进行分析,并建立相应的数学模型。

### 1. 影响钻速的主要因素

除了前面已经介绍的岩石特性和钻头类型对钻速有重要影响外,钻进过程中的钻压、转速、水力因素、钻井液性能以及钻头的牙齿磨损等也是影响钻速的主要因素。

(1) 钻压对钻速的影响。在钻进过程中,钻头牙齿在钻压的作用下吃入地层、破碎岩石。钻压的大小决定了牙齿吃入岩石的深度和岩石破碎体积的大小。因此,钻压是影响钻速的最直接和最显著的因素之一。钻进实践表明,在其他钻进条件保持不变的情况下,钻压与钻速的典型关系是近似于线性关系。

(2) 转速对钻速的影响。转速对钻速的影响是人们早就认识到,并已研究解决了的问题。在钻压和其他钻井参数保持不变的条件下,随着转速的提高,钻速是以指数关系变化的,但指数一般都小于1。

(3) 牙齿磨损对钻速的影响。钻进过程中钻头在破碎地层岩石的同时,其牙齿也受到地层的磨损。随着钻头牙齿的磨损,钻头工作效率将明显下降,钻进速度也将随之降低。

(4) 水力因素对钻速的影响。表征钻头及射流水力特性的参数统称为水力因素,其总体指标通常用井底单位面积上的平均水功率(称为比水功率)来表示。水力因素对钻速的影响表现为两个方面:一是水功率大,钻头喷嘴所产生的钻井液射流对井底岩屑的冲洗作用大。但当实际水功率大于净化所需的水功率时,井底达到完全净化后,水功率的提高,不会再由于净化的原因而进一步提高钻速。二是水力能量的破岩作用。当水力功率超过井底净化所需的水功率后,机械钻速仍有可能增加。

(5) 钻井液性能对钻速的影响。钻井液性能对钻速的影响规律比较复杂,其复杂性不仅在于表征钻井液性能的各参数对钻速都有不同程度的影响,而且几乎不可能在改变钻井液某一性能参数时不影响其他性能参数的变化。因此要单独评价钻井液的某一性能对钻速的影响相当困难。试验研究表明,钻井液的密度、黏度、失水量和固相含量及其分散性等,都对钻速有不同程度的影响。

**2. 目标函数的建立**

衡量钻井整体技术经济效果的标准有多种类型。目前,一般都以钻头单位进尺成本作为标准,其表达式为:

$$C_{pm} = \frac{C_b + C_r(t + t_t)}{H} \tag{4-1}$$

式中　$C_{pm}$——单位进尺成本,元/m;

　　　$C_b$——钻头成本,元;

　　　$C_r$——钻机作业费,元/h;

　　　$t$——钻头钻进时间,h;

　　　$t_t$——起下钻及接单根时间,h;

　　　$H$——钻头进尺,m。

式中的钻头进尺和钻头工作时间与钻进过程中所采用的各参数有关。建立各参数与$H$和$t$的关系,并代入进尺成本表达式,即形成以每米钻井成本表示的钻进目标函数。并对目标函数的极值条件和约束条件进行确定。各种条件确定后,就可以通过最优化数学方法,求解出在约束条件限定范围内使钻井成本最低的一组最优钻压、最优转速和最优钻头磨损量组合。

**(三) 直井防斜技术**

直井就是设计轨道是一条铅垂线的井。直井防斜技术,也称直井的轨迹控制,就是要防止实钻轨迹偏离设计的铅垂直线。一般来说,实钻轨迹总是要偏离设计轨道的,所以实钻的直井总是发生井斜的。要想控制直井井眼绝对不斜,是不可能的。问题在于能否控制井斜的度数或井眼的曲率在一定范围之内。

**1. 井斜的原因分析**

影响井斜的因素很多,但概括起来可分为两大类:一类是地质因素,另一类是钻具因素。找到井斜的原因,就可以提出防斜的措施。

1) 地质因素

地质因素导致井斜的原因最本质的是地层可钻性的不均匀性(由地层层理、岩层硬度不同引起)和地层的倾斜两个因素。

(1) 地层层理的影响:沉积岩具有层理,在垂直层面方向上可钻性高,平行层面方向的可钻性低,如图4-11所示。钻头总是有向着容易钻进的方向前进的趋势。在地层倾斜且地层倾角小于45°时,钻头前进方向偏向垂直地层层面的方向,于是偏离铅垂线。在地层倾角超过60°以后,钻头前进方向则是沿着平行地层层面方向下滑,也要偏离铅垂线。当地层倾角在45°~60°之间时,井斜方向属不稳定状态。

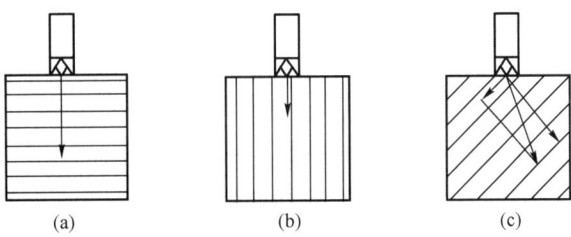

图4-11 地层可钻性的各向异性导致井斜

(2) 地层硬度的影响:在沉积过程中,由于沉积环境的不同,造成不同地层的硬度不同。如图4-12所示,由于地层倾斜,钻头底面遇到"软"地层的一侧容易钻,该侧的钻速高;而另一侧遇到"硬"地层则钻速低。于是井沿轴线偏离,发生井斜。如图4-13所示,在钻头的一侧下面钻遇溶洞或较疏松的地层,而另一侧则遇较致密的地层。于是钻头前进方向发生偏离,偏向难以钻进的一侧。

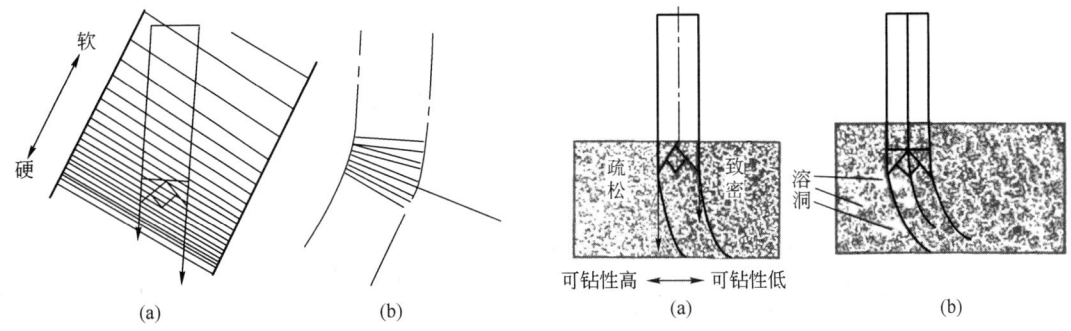

图4-12 地层可钻性纵向变化引起井斜　　图4-13 地层可钻性的横向变化引起井斜

从以上分析可知,地层可钻性的各种不均匀性和地层倾斜引起井斜的机理,最终体现在钻头对井底的不对称切削,使钻头轴线相对于井眼轴线发生倾斜,从而使新钻的井眼偏离原井眼。

2) 钻具因素

钻具,尤其是靠近钻头的那部分钻具(称作"底部钻具组合")的倾斜和弯曲是导致井斜的主要因素。钻具的倾斜和弯曲将产生两个后果:一是引起钻头倾斜,在井底形成不对称切削(图4-14),新钻的井眼不断地偏离原井眼方向;二是使钻头受到侧向力的作用,迫使钻头进行侧向切削(图4-15),也使新钻的井眼不断地偏离原井眼方向。

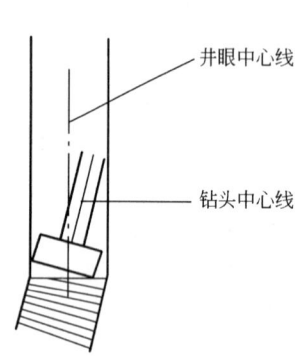

图4-14 钻头不对称切削导致井斜

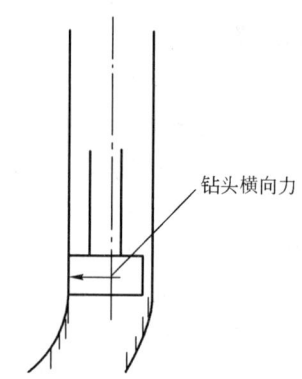

图4-15 钻头倾向切削导致井斜

导致钻具的倾斜和弯曲原因有:(1)入井钻具本身弯曲。(2)由于钻具直径小于井眼直径,钻具和井眼之间有一定的间隙,所以钻具在井眼内活动余地很大,这就给钻具的倾斜和弯曲创造了空间条件。这在井眼扩大的井中尤其如此。(3)钻压的作用。下部钻具受压后必将靠向井壁一侧而倾斜。当压力超过一定值后,钻柱将发生弯曲。弯曲钻柱将使靠近钻头的钻具倾斜更大。(4)安装误差。在安装设备时,天车、游车和转盘三点不在一条铅垂线上;或转盘安装不平而引起钻具一开始就倾斜。

**2. 防斜技术**

上述井斜原因中,地质原因是客观存在的,无法改变;井眼扩大总是有个过程,不会刚一钻成就马上扩大,所以可以利用这个过程防斜;钻具原因则可以人为地控制。在这方面人们进行了大量的研究,设计了许多种防斜钻具组合。最常见的两种是满眼钻具组合和钟摆钻具组合。

1) 满眼钻具组合

从上述对井斜原因的分析可知,井斜的原因可归结为:(1)钻头对井底的不对称切削;(2)钻头轴线相对于井眼轴线发生倾斜;(3)钻头上倾向力导致对井底的倾向切削。防斜的措施就是想办法克服这三个原因,满眼钻具组合就是这样设计的。

假设钻具的直径与钻头的直径完全相等,上述三个井斜原因就都会被克服。但这样做将无法循环钻井液,而且会引起一系列其他问题,在工程上是行不通的。实际上是采用扶正器组合的办法来解决。

满眼钻具组合的结构是,在靠近钻头大约20cm长的钻铤上适当安置扶正器,以此来达到防斜的目的。所谓"适当安置",包括扶正器的数量、位置和直径。一般包括四个扶正器,如图4-16所示,从下而上分别为:

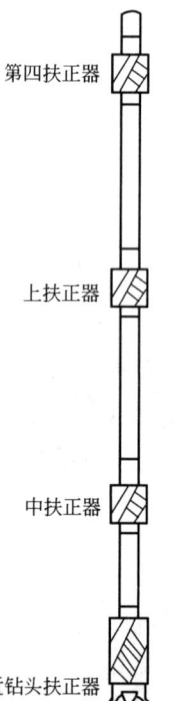

图4-16 满眼钻具组合

(1)近钻头扶正器:紧安装在钻头之上,简称近扶。近扶直径较大,与钻头直径仅差1~2mm。在易斜地区,近扶的长度可加长;在特别易斜的地层,可将两个扶正器串联起来,作为近扶。近扶的主要作用是依靠其支撑在尚未扩大的井壁上,抵抗钻头所受的则向力,有效地防止钻头侧向切削。同时,近扶由于直径大、长度大、刚性大,也可有效地防止钻头倾斜,从而阻止钻头的不对称切削。

(2)中扶正器:简称中扶或二扶。中扶的位置,需要经过严格计算。中扶的直径与近扶相同。中扶的主要作用是保证中扶与钻头之间的钻柱不发生弯曲,使这段钻柱不发生倾斜,从而防止钻头对井底的不对称切削。

(3)上扶正器:简称上扶或三扶。上扶的安置位置在中扶之上一个钻铤单根处。上扶的直径一般与近扶和中扶相同,但要求可以稍松。

(4)第四扶正器:简称四扶,一般情况下可不安装,仅在特别易斜的地层才装。四扶的安置位置在上扶之上一个钻铤单根处。直径要求与上扶相同。上扶与四扶的作用在于增大下部钻柱的刚度,协助中扶防止下部钻柱轴线发生倾斜。

2)钟摆钻具组合

钟摆钻具原理如图4-17所示。当钟摆摆过一定角度时,在钟摆上会产生一个向回摆的力$G_C$,简称钟摆力,$G_C = G \cdot \sin\alpha$。显然,钟摆摆过的角度越大,钟摆力就越大。如果在钻柱的下部适当位置加一个扶正器,该扶正器支撑在井壁上,使下部钻柱悬空,则该扶正器以下的钻柱就好像一个钟摆,也要产生一个钟摆力。此钟摆力的作用是使钻头切削井壁的下侧,从而使新钻的井眼不断下斜。

钟摆钻具组合设计的关键在于计算扶正器至钻头的距离$L_Z$,此距离太小则钟摆力小;此距离太大则扶正器和钻头间的钻柱与井壁会产生新的接触点,所以$L_Z$称为最优距离。考虑到扶正器的磨损和井径的扩大,在实际使用时,扶正器至钻头的距离可比计算的$L_Z$降低5%~10%。

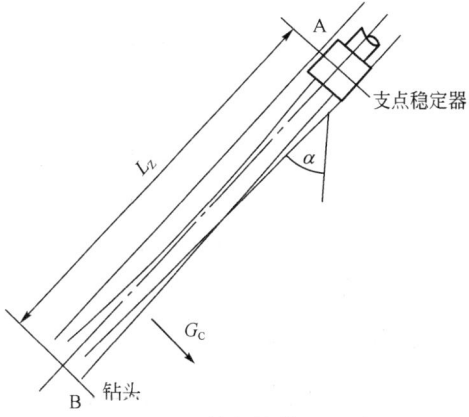

图4-17 钟摆钻井原理图

### (四)定向井技术

使井眼轴线沿着预计轨迹钻达目的层的钻井方法称为定向钻井。其应用领域大体有以下三种情况。

(1)地面环境条件的限制:当地面上是高山、湖泊、沼泽、河流、沟壑、海洋、农田或重要的建筑物等,难以安装钻机,进行钻井作业时,或者安装钻机和钻井作业费用很高时,为了勘探和开发它们下面的油田,最好是钻定向井。

(2)地下地质条件的要求:对于断层遮挡油藏,定向井比直井可发现和钻穿更多的油层;对于薄油层,定向井和水平井的动层裸露面积比直井的油层裸露面积要大得多。另外,侧钻井、多底井、分支井、大位移井、侧钻水平井、径向水平井等定向井的新种类,显著地扩大了勘探效果,增加了原油产量,提高了油藏的采收率。

(3)处理井下事故的特殊手段:当井下落物或断钻事故最终无法捞出时,可从上部井段侧钻打定向井;特别是遇到井喷着火,用常规方法难以处理时,在事故井附近打定向井(称作救援井），与事故井贯通，进行引流或压井，从而可处理井喷着火事故。

目前，定向钻井已成为油田勘探开发的极为重要的手段，井眼轨道设计和井眼轨迹控制乃是定向钻井技术的基本内容。事实上，直井可以看作是定向井的特例，其设计的轨道为一条铅垂线。直井防斜和定向井井眼轨迹控制，在技术原理上是一致的，只是应用方向不同而已。

### 1. 定向井的基本参数

所谓井眼轨迹，实质是井眼轴线。一口实钻井的井眼轴线乃是一条空间曲线。为了进行轨迹控制，就要了解这条空间曲线的形状，就要进行轨迹测量。这就是"测斜"。目前常用的测斜方法并不是连续测斜，而是每隔一定长度的井段测一个点。这些井段称为"测段"，这些点被称为"测点"。测斜仪器在每个点上测得的参数有三个，即井深、井斜角和井斜方位角。这三个参数就是轨迹的基本参数。

井深指井口（通常以转盘面为基准）至测点的井眼长度，也称为斜深，国外称为测量井深。井深是以钻柱或电缆的长度来量测。井深既是测点的基本参数之一，又是表明测点位置的标志。

过井眼轴线上某测点作井眼轴线的切线，该切线向井眼前进方向延伸的部分称为井眼方向线。井眼方向线与重力线之间的夹角就是井斜角。井斜角表示了井眼轨迹在该测点处倾斜的大小。

某测点处的井眼方向投影到水平面上，称为井眼方位线或井斜方位线。以地理正北方位线为始边，顺时针方向旋转到井眼方位线上所转过的角度，即井眼方位角。

需要注意的是，目前广泛使用的磁性测斜仪是以地球磁北方位为基准的。磁北方位与地理正北方位并不重合而是有个夹角，称为磁偏角。用磁性测斜仪测得的井斜方位角称为磁方位角，并不是真方位角，需要经过换算求得真方位角。

### 2. 定向井轨道分类

根据设计轨道（而不是根据实钻轨迹）的不同，定向井可分为二维定向井和三维定向井两大类。所谓二维定向井，是指设计的轨道都在一个铅垂线平面上变化，即设计轨道只有井斜角的变化而无井斜方位角的变化。三维定向井则既有井斜角的变化又有井斜方位角的变化。二维定向井又可分为常规二维定向井和非常规二维定向井。常规二维定向井段形状都是由直线和圆弧曲线组。非常规二维定向井的井段形状除了直线和圆弧曲线外，还有某种特殊曲线，例如悬链线、二次抛物线等。三维定向井可分为纠偏三维定向井和绕障三维定向井。

在实际工程中，最常见的是常规二维定向井。

### 3. 定向控制技术

在定向井、水平井及大位移井等特殊工艺钻井中，不仅需要对垂直井段防斜打直，而且更需要定向造斜、定向增斜或降斜及定向稳斜等作业。在这些定向钻进过程中，井眼轨迹的定向控制技术是不可缺少的关键性技术。在井眼轨迹的定向控制中，井下动力钻具组合和转盘钻具组合均获得了成功的应用。

1）井下动力钻具组合

在定向井和水平井钻井中，广泛采用了导向钻井系统。导向钻井系统包括井下动力钻具组合、长寿命的高效钻头、随钻测量及计算机应用技术等，其中井下动力钻具组合是核心部分，它主要由带弯接头或具有弯外壳或具有偏心稳定器的井下动力钻具及普通稳定器构成。采用井下动力钻具组合滑动钻进,可以有效地控制井眼轨迹。井下动力钻具组合具有多种不同的组合形成,比较典型的是带弯接头的井下动力钻具组合、涡轮钻具组合、螺杆钻具组合。

2) 转盘钻具组合

对于这种钻具组合,扶正器的安装位置和个数是至关重要的。通过合理的扶正器安放组合,便可得到所需要的增斜钻具组合、稳斜钻具组合或降斜钻具组合,如图4-18所示。

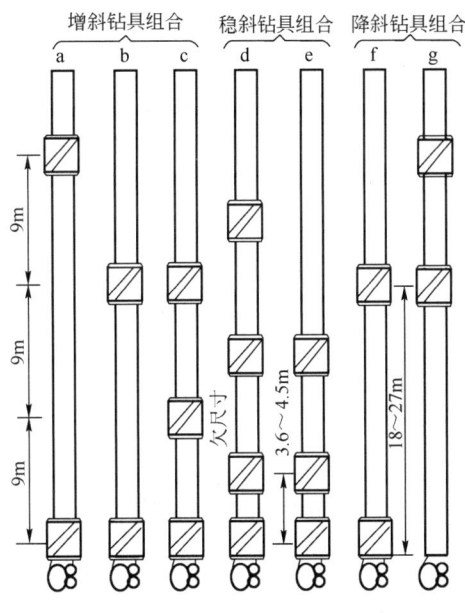

图 4-18 转盘钻具组合

(1) 增斜钻具组合:在定向井中,用造斜工具初始造斜后,通常使用这种组合。紧接在钻头上方的单稳定器因支点效应可使井斜角增加。为了达到所要求的井眼轨迹,可通过增加稳定器来改变增斜组合的造斜率。

(2) 稳斜钻具组合:一旦井斜角增至所需的角度,就要用稳斜钻具组合来钻稳斜井段。现在的问题是要减小钻具组合的增斜或降斜趋势。实际上这一点很难做到,因为地层效应和重力会改变井斜角。为了消除增斜和降斜趋势,稳定器安装间隔要小,必要时可采用短钻铤。一般稳斜组合只装三个稳定器。钻压变化基本上不影响这种组合的定向特性。

(3) 降斜钻具组合:在定向井中,只有S形(五段制)的剖面设计要求降斜。降斜钻具组合的另一个应用是当井斜角增加到超出设计要求时,必须降斜,以把井眼纠回到原定的轨道。最好是在较软的地层中降斜,因为在硬地层钟摆钻具组合降斜很慢。

### (五) 其他钻机技术

#### 1. 欠平衡钻井技术

欠平衡钻井是指在钻井过程中钻井液循环体系在井底的压力低于地层孔隙压力,使产层的流体有控制地进入井筒并将其循环到地面的钻井。根据钻井液类型的不同,可分为气相欠平衡钻井技术、气液混相欠平衡钻井技术和液相欠平衡钻井技术。

欠平衡钻井技术的优点是:(1)减少对产层的伤害,有效保护油气层,从而提高油气井的产量;(2)大幅度提高机械钻速,延长钻头使用寿命,从而缩短钻井周期,减少作业及相关费用;(3)有利于及时发现和评价低压、低渗油气层,为勘探开发整体方案设计提供准确依据;

(4)有效控制地层漏失,并减少和避免压差卡钻等井下复杂情况的发生;(5)可以在钻井过程中生产油气。

欠平衡钻井技术的缺点是:(1)钻井成本高;(2)存在井喷、井塌等安全隐患;(3)在钻井和完井作业期间,若不能保持连续的欠平衡状态,无滤饼的井壁无法阻止液相和固相对地层的侵入,可能造成更大的污染。

### 2. 套管钻井技术

传统的旋转钻井技术中需要使用钻柱,而套管钻井技术则是在一定条件下使用套管代替钻柱来进行钻井,用套管代替钻杆对钻头施加扭矩和钻压,实现钻头旋转与钻进。整个钻井过程不再使用钻杆、钻铤等,不需要起下钻作业,钻达目的井深的同时,也完成了套管下入。在复杂地层,套管钻井能有效预防井喷、井漏、卡钻等意外事故,提高了钻井时效和安全性,降低了钻井成本。

套管钻井技术的特点是:(1)作业时间缩短;(2)减少井下事故;(3)井控状况得到改善;(4)事故复杂情况减少;(5)水力参数、环空携岩得到改善;(6)套管钻井简化。

套管钻井技术的局限性是:(1)需要井口套管专用加持工具、专用井下工具和钻头;(2)套管连接有特殊要求。

### 3. 连续油管钻井技术

连续油管(coiled tubing)是一种缠绕在专用滚筒上的无接头连续油管,下井前需要从滚筒上回放出来并校直,从井内起出后再缠绕在滚筒上。

连续油管钻井(coiled tubing drilling, CTD)技术的优点是:(1)钻机快速搬迁和就位;(2)占地少,环境影响小;(3)仅需要少量的人员;(4)更安全和有效的井控;(5)起下钻快速。

连续油管钻井技术的缺点是:(1)连续油管直径较小,限制了井眼尺寸和钻井液流量;(2)连续油管无法旋转,钻头的旋转动力只能来自井下马达。

### 4. 钻井取心技术

岩心是提供地层剖面原始标本的唯一途径,从岩心标本可以得到其他方法无法得到的资料。在油气田勘探、开发各阶段,为查明储油、储气层的性质或从大区域的地层对比到检查油气田开发效果,评价和改进开发方案,任一研究步骤都离不开对岩心的观察和研究。

常规钻进取心工具的基本组成都包括三个部分:取心钻头、岩心筒及其悬挂装置、岩心爪,如图4-19所示。

取心钻头是钻井地层、形成岩心的关键工具。取芯钻头可分为刮刀式取心钻头、牙轮取心钻头、金刚石取心钻头三种。

岩心筒是取心工具的重要部分之一。它包括内岩心筒、外岩心筒、扶正器、回压阀及悬挂总成等部件。外岩心筒为优质无缝钢管制成,上接钻柱,下接取心钻头。内岩心筒的作用是在取心钻进时接受、储存和保护岩心。悬挂总

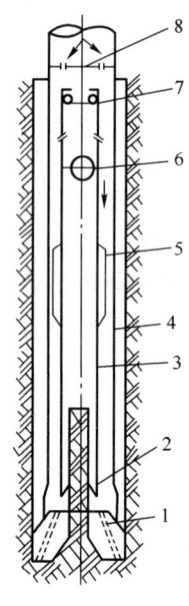

图4-19 取心工具组成示意图
1—取心钻头;2—岩心爪;3—内岩心筒;
4—外岩心筒;5—扶正器;6—回压阀;
7—悬挂轴承;8—悬挂装置

成包括悬挂轴承组和悬挂装置。

岩心爪的作用是在取心钻进结束后用以割断岩心,并在起钻时承托已割取的岩心以防脱落。

# 第三节 钻 井 液

**问题导入**

1. 井底的岩屑是如何搬运到地面上来的?
2. 钻井液具有哪些性质和功能?

在钻井过程中,以多种功能满足钻井工作需要的各种循环流体都称为钻井液。因早期的钻井液是由黏土加水配制而成,故人们常将其称为"泥浆"。钻井液是石油钻井的"血液",其循环过程如图 4-20、视频 4-4 所示。

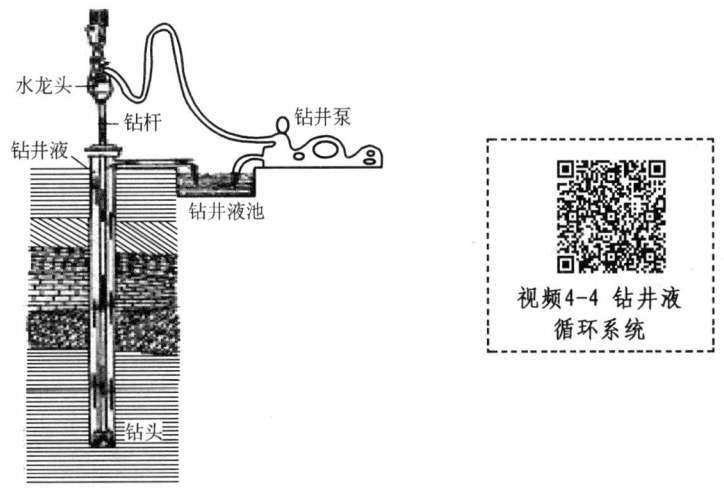

图 4-20 钻井液循环示意图

## 一、钻井液的功用

在钻井过程中,钻井液的主要功用有:清洗井底,携带和悬浮岩屑;冷却和润滑钻头、钻具;形成滤饼,保护井壁;控制和平衡地层压力;悬浮加重剂等有用固相;提供所钻地层的有关资料;将水功率传给钻头。因此,钻井液性能的好坏直接关系到钻井质量、速度和钻井成本。

## 二、钻井液的组成

多数钻井液是黏土以小颗粒状态分散在水中所形成的悬浮体。黏土颗粒大小不一,多数在悬浮体的范围内(0.1μm 以上),属多级分散体系。为使钻井液具有钻井工艺所要求的各种性能,常需加入各种化学处理剂。根据所钻地层压力的大小,常需要向钻井液中加入重晶石粉等加重剂调整钻井液密度以平衡地层压力。此外,还有以油(原油和柴油)为分散介质的油基钻井液。所以钻井液是由固体、液体及化学处理剂组成的混合物质。

## 三、钻井液的种类

随着钻井工艺技术的发展,许多钻井液公司积极研究和发展了一些新型钻井液和钻井液添加剂,使钻井液更能满足钻井优质、快速和低成本的需要。按照 API 标准,钻井液按分散介质类型不同可分为水基钻井液、油基钻井液、气体钻井流体和合成基钻井液四大类型。

### (一)水基钻井液

水基钻井液以水为分散介质,其基本组分是黏土、水和化学处理剂。这类钻井液使用最广泛,可分为以下几类。

#### 1. 淡水钻井液

淡水钻井液也称为细分散钻井液,含盐量(NaCl)小于1%,含钙量($Ca^{2+}$)小于120mg/L。这是最早使用的钻井液,目前主要用于浅井钻井,随着复杂地层的日益增多,已逐渐被粗分散钻井液和不分散低固相钻井液所代替。

#### 2. 盐水钻井液

盐水钻井液中含盐量大于1%。它分为盐水钻井液、饱和盐水钻井液和海水钻井液,主要用于盐膏层、泥页岩等复杂地层钻井或海上钻井。

#### 3. 钙处理钻井液

含钙量大于120mg/L的钻井液为钙处理钻井液(钙基钻井液),它分为石灰钻井液(低钙)、石膏钻井液(中钙)和氯化钙钻井液(高钙)。其主要特点是防塌性能好,抗可溶盐侵蚀的能力强,性能稳定。

#### 4. 低固相钻井液

一般的低固相钻井液黏土含量小于7%(体积分数)。近几年发展起来的不分散低固相钻井液的含量小于4%,密度小,流动性能好,可以提高钻速,降低钻井成本。

#### 5. 混油钻井液

根据需要在钻井液中混加若干数量的原油或柴油,使油呈分散的乳化状态。其主要特点是润滑性、流动性能好,失水量低,滤饼摩擦系数低,常用于钻定向井和水平井。

#### 6. 聚合物钻井液

目前,聚合物钻井液是我国使用最为广泛的钻井液类型。钻井液中使用聚合物类处理剂所配制的钻井液体系称为聚合物钻井液,聚合物钻井液可用于浅井、中深井和高温深井等情况钻井。

### (二)油基钻井液

油基钻井液包括以下两种。

#### 1. 油包水乳化钻井液

以柴油(或白油)作分散介质,水及有机黏土或其他的亲油粉末状物质作分散相,加乳化剂等处理剂配制而成。其主要特点是热稳定性高,有较好的防塌效果,对油气层的伤害小,常用于超深井的高温井段、易塌地层和低压油气层。

### 2. 油基钻井液

由柴油（或白油）、沥青（或有机黏土）及有关处理剂配成，主要特点是对油气层的伤害小，抗可溶盐侵蚀的能力强，但这种钻井液排放对生物有毒。

### (三) 气体钻井液

气体钻井液是以空气或天然气作为钻井循环流体。气体钻井液的优点为：低密度对地层的回压小，能大大提高机械钻速，延长钻头寿命；减少对敏感性油气藏的伤害，可有效地保护低压油气层；不漏失，可在溶洞性和严重漏失地层钻进；钻井用水量很少，特别使用于水源缺乏的地区。

### (四) 合成基钻井完井液

合成基钻井完井液是以人工合成或改性的化学品（如酯类、醚类、合成烃类等）为基液的一类钻井完井液。合成基钻井完井液的优点为：合成基液易于降解，利于环境保护，多用于海洋钻井、完井；其凝点比矿物油低，低温可泵送性好，可在寒冷地区使用；液相黏度比矿物油高，利于悬浮和携带钻屑；有较强的抑制性和井眼稳定性，以及较好的润滑性和携屑性能，特别适合于水平井、大斜度井、大位移井和分支井的钻进。

## 四、钻井液的性能

钻井液的性能指标主要有密度、黏度、切力、失水量等。钻进过程中，可根据钻遇岩层情况配制或在钻井液中加处理剂，调节成具有所需性能的钻井液。

### (一) 密度

钻井液单位体积的质量称为钻井液的密度，单位为 $g/cm^3$。钻井液的密度主要用来调节钻井液静液柱压力，以平衡地层孔隙流体压力，防止发生井喷。有时也用来平衡地层构造应力，控制或减轻井塌。

### (二) 流变性

流变性主要指的是黏度和切力。黏度包括漏斗黏度（单位为"s"）、表观黏度及塑性黏度，（单位为"mPa·s"）。切力包括静切力、动切力，单位为"Pa"。

### (三) 失水造壁性能

钻井液失水造壁性能主要指护壁能力和地层保护能力。它包括两个方面的内容：失水性是指钻井过程中，钻井液中的液相进入地层孔隙或裂缝中的现象，称为钻井液的失水或滤失，钻井液滤失量表示滤液进入地层的多少。造壁性是指钻井液在发生滤失时，钻井液中的固相在井壁堆积形成滤饼，称为钻井液造壁性。钻井液在井壁形成滤饼质量的好坏（包括渗透性即致密程度、强度、摩阻性及厚度）与钻井安全息息相关。钻井液滤饼质量差，滤失量大，易造成井壁坍塌；滤饼质量好，滤失量低、光滑性好，钻井速度快、地层保护效果好。

### (四) 固相含量

固相含量一般是指钻井液中水不溶物的全部含量，包括加重材料、黏土及钻屑，常以质量分数或体积分数（%）表示。对各种化学剂基本不起化学反应的物质称为惰性固相（指加重材料及钻屑);与处理剂起化学反应的称为活性固相(指黏土)。对钻井液中的无用惰性固相(钻屑)必须彻底清除,活性固相(黏土)要控制到规定的范围内。清除方法有化学和机械两种,前者主要使用絮凝包被剂,使钻屑不分散,而后者使用固控设备。常用的固控设备有振动筛、水力旋流器等。振动筛是一种过滤性的机械分离设备。水力旋流器是除砂器和除泥器的通用名称,两者之差仅在于尺寸。目前除砂器尺寸150~300mm,使用的除泥器的尺寸范围为125~50mm,其中100mm的最为常用。

### (五)酸碱度

钻井液的酸碱度是指钻井液中含碱量的多少或者它对酸中和能力的大小,人们常用pH值的高低来衡量钻井液的酸碱值的大小。钻井液的碱度应根据不同钻井液类型及地层的需要而加以控制,否则会出现不良后果,钻井液的pH值一般控制在8.5~11之间。

### (六)可溶性盐类含量

在钻井液中含有多种水溶性盐类,它来源于地层和加入的化学剂及配浆用水。通常用总矿化度、含盐量(指NaCl含量)、含钙量及游离石灰含量表示。总矿化度是指钻井液中所含水溶性无机盐的总浓度。含盐量单指其中氯化钠的含量;含钙量即指所含游离$Ca^+$的浓度;游离石灰(或称自由石灰)含量是指在钻井液中未溶解的$Ca(OH)_2$含量。

## 五、钻井液配制与维护

一口井从井深为零开始钻进,称为第一次开钻,简称"一开"。表层套管固井以后再次开钻,称为第二次开钻,简称"二开"。技术套管固井完后又再次开钻,称为第三次开钻,简称"三开"。如钻遇复杂地层,一层技术套管不满足钻井技术要求,需下两层、三层技术套管时,则会有"四开"或"五开"。目前,油田大多数井的井身结构设计为二开或三开,少数为四开。因各次开钻所钻遇的地层特性和钻井工艺要求不同,故须设计不同的钻井液配方及维护工艺。

下面以井身结构设计"三开"为例,简要说明各阶段钻井液配制与性能维护方法。

一开井段是表层松软地层,要求钻井液具有一定的密度、黏度、滤失量,以保证井壁的稳定,防止井径扩大,为表层固井创造良好的条件。通常采用膨润土钻井液,少数深表层井采用聚合物钻井液。开钻前,在钻井液罐中打满清水,按配方依次加入纯碱、土粉,预水化24小时后开钻。钻进过程中,如采用膨润土浆,直接用清水控制钻井液黏度和切力;如采用聚合物钻井液,应补充$NH_4$—HPAN(水解聚丙烯腈胺)等聚合物,保持聚合物的有效含量,适度抑制地层造浆,用处理剂胶液和水调整钻井液的黏度、切力和流变性,保证井眼稳定和清洁。钻完一开进尺后,大排量充分洗井。起钻前,替入稠浆(漏斗黏度为50~60s),以保证电测和下套管顺利。对于存在流沙层的地区,稠浆必须是用膨润土(含量大于10%)配制,并配合单向压力封闭剂和Na–CMC(羧甲基纤维素钠)提黏(黏度大于80s)。

二开井段是表层以下,油气层以上井段,要求钻井液具有低黏度、低切力、低失水量及良好的剪切稀释性,以满足快速钻进的要求。多采用聚合物钻井液,如"基浆 + $NH_4$—HPAN(水解聚丙烯腈胺) + KPAM(水解聚丙烯酸钾) + KHm(腐殖酸钾) + SAS(磺化沥青) + NaOH(片碱)"。二开钻井液的基浆可利用一开钻井液稠浆,但应根据室内化验数据确定其留用量,加水稀释,并依据聚合物钻井液配方进行预处理,调整钻井液性能,使其达到设计要求(大分子聚合物必须充分水化分散)。

钻井过程中,应根据地层特征和钻井工艺要求,适量补充具有不同作用的钻井液处理剂,调整钻井液的黏度、切力和流变参数,防止地层坍塌、漏失和卡钻、井喷等钻井事故发生,确保顺利钻进。对于黏土及松软的上部地层,必须采用低黏度、低切力钻井液钻进,既要抑制地层造浆,又要防止钻具泥包。进入易水化膨胀地层,要适当增加大分子聚合物的加量,适当提高黏度。进入含砾砂岩地层前,依据邻井含砾程度确定单向压力封闭剂用量和钻井液黏度的控制范围,提高钻井液的防漏能力;进入含砾砂岩地层后,钻井液黏度要求大于40s,钻井液动塑比控制在 0.4~0.6 之间,使钻井液具有较好的携砂能力。如二开井段较深,设计要求在适当地层转换钻井液体系。转型前,必须对钻井液进行室内分析,做转型的小型实验,依据实验配方提前备料;必须与技术员、当班司钻和跟班干部沟通,确保在转型期间设备完好。钻井液转型应一次连续完成,转化彻底,为下部井段安全施工创造条件。如钻定向开发井,定向前应加入原油,充分乳化,并在钻进过程中,定期补充原油。如钻探井,则加入水基润滑剂或低荧光油基润滑剂,保证钻井液具有良好的润滑性;同时补充 SAS、KHm,改善滤饼质量,满足施工中润滑防卡要求。此外,还应依据井眼直径确定合理排量;依据施工井型、难度、现场施工状况,搞好短起下钻,确保井眼净化;控制好井身规矩,为施工安全创造条件。

钻完二开进尺后,要充分循环洗井,调整钻井液性能,补充相关处理剂,循环清洁后可根据井下情况用封闭液封闭裸眼井段,保证电测和下套管施工顺利。

三开井段是油气层段,要求钻井液性能稳定、抗污染、抗高温。根据不同区块可使用聚合物、抑制性、有机硅防塌等钻井液体系。三开预处理时,放掉部分二开钻井液加水稀释,充分清除其中的有害固相,并根据三开将使用钻井液体系加入或补充相应的各种处理剂,使钻井液性能达到设计要求。在钻进过程中,应及时补充相应处理剂,以保持体系中处理剂的有效含量,严格控制钻井液的滤失量,保证钻井液体系具有良好的抑制性,以抑制地层造浆和防止井塌和井壁不稳定,保持体系较好润滑性。应开启固控设备,及时清除岩屑及其他有害固相。为了便于携岩,必须合理控制钻井液的黏度、切力和其他流变性能,使钻井液具有较好的携岩能力。同时,工程上提高泵排量,保持钻井液较高的环空返速,起钻前适当增加循环时间,以彻底清洗井内的岩屑。钻完三开进尺后,大排量充分洗井,必要时配制封闭液封闭裸眼井段,以保证井眼通畅和套管的顺利下入。

# 第四节 固 井

问题导入

1. 完成一个阶段的钻井后,如何保护井壁?
2. 固井的工艺流程是什么?

固井(primary cementing)就是在钻出的井眼内下入套管柱,并在套管柱与井壁之间部分或全部注入水泥浆,使套管与井壁固结在一起。固井是钻井过程中的重要环节。固井质量的好坏不仅影响到该井能否钻进,而且影响到油井开采期能否正常作业和安全生产。

## 一、井身结构及套管规范

### (一)井身结构

正常压力系统的井通常仅下三层套管(图4-21):导管、表层套管和生产套管。异常压力系统的井,至少多下一层技术套管。尾管则是一种不延伸到井口的套管柱。

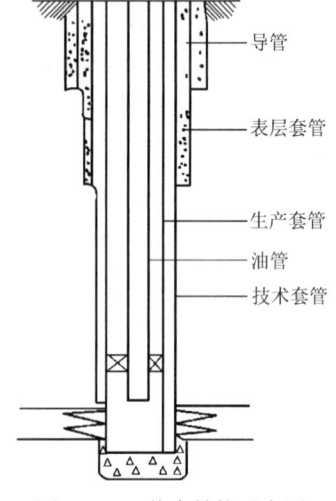

图4-21 井身结构示意图

导管的作用是在钻表层井眼时将钻井液从地表引导到钻井装置平面上来。这一层管柱其长度变化较大,在坚硬的岩层中仅用10~20m,而在沼泽地区则可能上百米。

表层套管(surface casing)下入深度一般在30~1500m,通常引导水泥浆返至地表。用来防止浅水层污染,封隔浅层流砂、砾石层及浅层气。同时用来安装井口防喷器以便继续钻进,它也是井口设备(套管头及采油树)的唯一支撑件,以及悬挂依次下入的各层套管(包括采油管柱)的载荷。

技术套管(intermediate casing string)用来隔离坍塌地层及高压水层,防止井径扩大,减少阻卡及键槽的发生,以便继续钻进。技术套管还用来分隔不同的压力层系,以便建立正常的钻井液循环。它也为井控设备的安装、防喷、防漏及悬挂尾管提供了条件,对油层套管还具有保护作用。

生产套管(production string)的主要作用是将储层中的油气从套管中采出来,并用来保护井壁,隔开各层的流体,达到油气井分层测试、分层采油、分层改造之目的。通常水泥返至产层顶部200m以上。

尾管分为钻井尾管和采油尾管。它的优点是下入长度短,费用低。在深井中,尾管另一个突出的优点是,在继续钻进时可以使用异径钻具。在顶部的大直径钻具比同一直径的钻具具有更高的抗拉伸强度,在尾管内的小直径钻具具有更高的抗内压力的能力。尾管的缺点是尾管的顶部通常要进行抗内压试验,以保证密封性。

### (二)套管和套管柱

油井套管(casing)是优质钢材制成的无缝管或焊接管,两端均加工有锥形螺纹。大多数的套管是用套管接箍连接组成套管柱。套管柱用于封固井壁的裸露岩石。常用的标准套管外径从114.3mm到502mm,共有14种。套管的壁厚范围为5.21~16.13mm。套管的连接螺纹都是锥形螺纹。套管钢级目前API标准有8种,即H、J、K、N、C、L、P、Q。常用钢级为$P_{110}$、$N_{80}$、$J_{55}$。

套管柱(casing string)(套管串)通常是由同一外径、相同或不同钢级及不同壁厚的套管用接箍连接组成的,应符合强度及生产的要求。

## 二、固井工艺过程

固井工艺过程主要有下套管(casing-running)和注水泥(cement)两个步骤。

### (一)下套管

下套管前根据井身设计,将要下入井内的套管运到平台,对套管逐根进行检查是否有暗伤、变形,然后丈量长度,编好顺序排放好,清洗螺纹,以待下井;对机器设备及辅助工具认真检查,保证下套管时不出故障,调节好钻井液性能,起出井中钻具;逐根将套管下入井中,下完后以循环钻井液洗井,然后接注水泥管汇(水泥头)准备注水泥(视频4-5)。

视频4-5 下套管

### (二)注水泥

注水泥(即注水泥浆)的主要目的在于封隔油、气、水层,保护生产层。为实现这一目的,要解决以下两个方面的问题:一是如何使环形空间充满水泥浆;二是如何使水泥浆在凝结过程中压稳油、气、水层和封隔好油、气、水层。根据固井设计,将固井所需的水泥、淡水、水泥浆添加剂运到井场。检查注水泥的机器设备,使之处于良好的工作状态;配制水泥浆;注水泥浆。将所需体积的水泥浆泵入套管后,用钻井液把水泥浆迅速顶替到井筒环形空间的预定高度,这个顶替过程称为替钻井液。在下套管前,按设计位置在最下端设一阻流环,用于替钻井液时承受胶塞碰压,替钻井液前先把胶塞压入套管内,胶塞起到阻止钻井液相混的隔离作用,同时又像一个活塞;替钻井液时,钻井液顶着胶塞,胶塞顶着水泥浆在套管中下行,水泥浆被顶入环形空间,在环形空间水泥浆顶着钻井液上返。当胶塞与阻流环相碰时,封闭了环形通道,此时替钻井液的泵压突然升高,称为碰压,碰压是水泥浆返到环形空间预定高度的信号。至此替钻井液结束,待水泥凝固后固井工作完成。

# 第五节 完 井

钻井完成后,为了满足生产需求和保护井壁,需要采取哪些措施?

完井(well completion)(即油井完成)是钻井工程的最后一个环节,其主要作业内容包括钻开生产层,确定井底完井方法、安装井底和井口装置。

## 一、钻开生产层

生产层多是具有孔隙的碎屑岩或碳酸盐岩。在钻开生产层的过程中,若井内液柱压力小于油气层的压力时,会发生井喷;但若井内液柱压力比油气层的压力大时,钻井液(实称"完井液")中的水和黏土便进入到油气层,形成"水侵"和"泥侵",堵塞油流通道,使油层渗透率下降,严重时会使油井丧失生产能力。因此,在钻井生产层时,保护油气层、防止钻井液侵害和控制油气层、防止井喷是两项重要的工作。要做到这两点,选择合适的钻井液是关键。

对低压低渗透性油气层,最好选用油基钻井液和油包水乳化钻井液。它们可以从根本上避免水侵和泥侵的危害。但它们成本高、易燃,配制和使用不如水基钻井液方便。

对高压高渗透率油气层,可以采用低固相水基钻井液,这类钻井液常加有高黏度特性的高分子化合物提高黏度;加有盐类物质(如$CaCl_2$、$ZnCl_2$等)增加其密度,减少地层中黏土膨胀;加有表面活性剂提高地层渗透率的恢复率。

## 二、完井方法

目前世界各国采用的完井方法(completion methods)可分为油层裸露式和非裸露式两种类型,具体有裸眼完井法、射孔完井法、割缝衬管完井法和砾石充填完井法,如图4-22所示。具体到每一口井采用何种井底完井方法,要视实际油层条件而定。

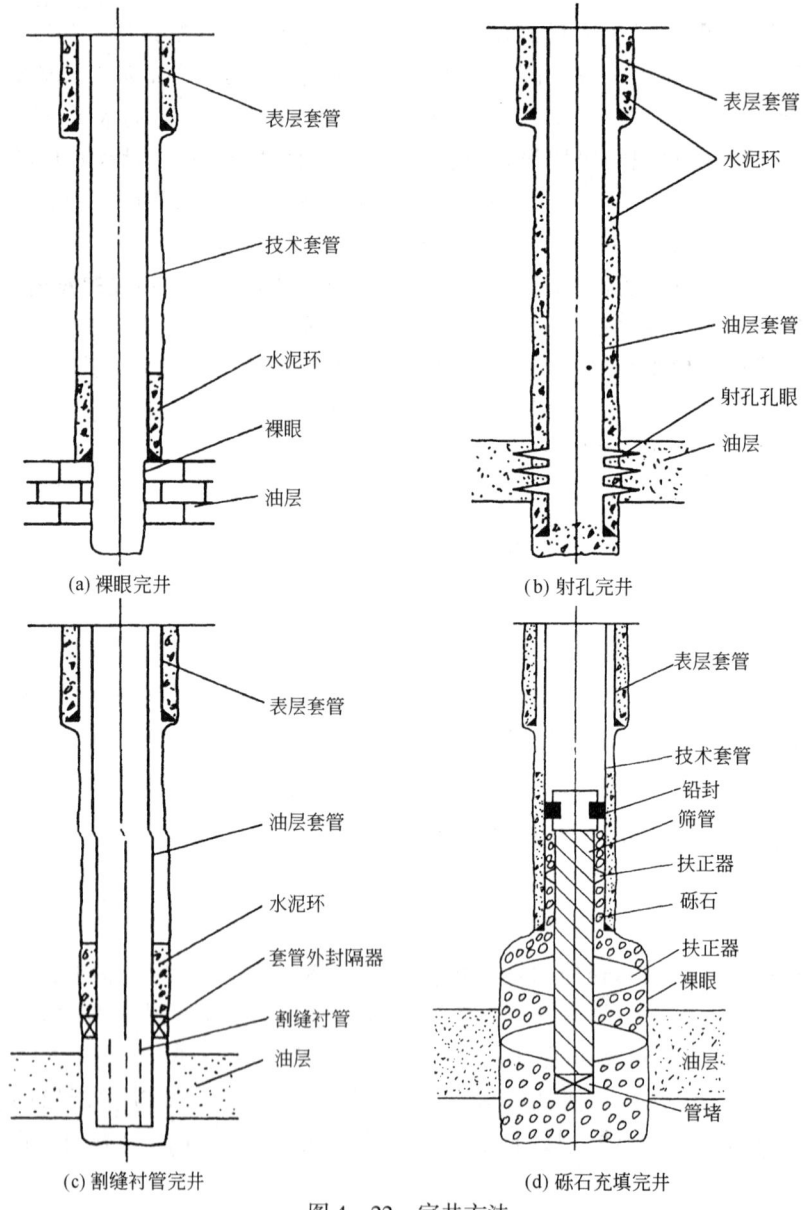

图 4-22 完井方法

### (一)裸眼完井法

裸眼完井法(open-hole completion)可分为先期裸眼和后期裸眼两种。先期裸眼完井法是先钻至油层顶部,下油层套管,然后再钻开生产层;后期裸眼完井法是在钻穿生产层之后将油层套管下至油气层顶部。裸眼完井法的最大优点是油气层和井底直接连通,油流面积大,油流阻力小。

裸眼完井法虽然保证了油层和井底具有良好的连通性,但不能克服井壁坍塌和油层出砂对油井生产的影响,不能防止油、气、水层互相窜扰。因此,它只适用于岩性坚固而稳定,又无气、水夹层的单一油层或一些油层性质相同的多油层。

### (二)射孔完井法

射孔完井法(perforated casing completion)属于非裸露式完井法。其实质是钻穿油层后,将套管下至油层底部固井,然后用射孔枪将套管和水泥石射穿,使油气沿孔道流至井底。

射孔完井法的优点是能够封隔油、气、水层,防止互相串通,能消除井壁坍塌对油井生产的影响。因此这种完井方法特别适用于井壁严重坍塌的疏松生产层、含有水层的生产层、油层压力和原油性质均不相同而需要分层试采的多油层。射孔完井法的缺点是油气层被泥浆和水泥浆侵害较严重;其次是油流面积小,孔眼处油流密度大,油流阻力大。

### (三)割缝衬管完井法

割缝衬管完井(perforated liner completions)是在裸眼完井的基础上,在裸眼井内下入割缝衬管而已,在直井、定向井、水平井中都可采用。

### (四)砾石充填完井法

对于胶结疏松、出砂严重的地层,一般采用砾石充填(gravel pack)完井方法。它是先将绕丝筛管下入井内油层部位,然后用充填液将在地面上预选好的砾石(砾石可以是石英砂、玻璃珠、树脂涂层砂或陶粒)泵送至绕丝筛管与井眼或绕丝筛管与套管之间的环形空间内,构成一个砾石充填层,以阻挡流层砂流入井筒,达到保护井壁、防砂入井之目的。砾石充填完井在直井、定向井中都可以使用。但在水平井中应慎重,因为搞不好易发生砂卡,从而使砾石充填失败,达不到有效防砂目的。

## 三、安装井口装置

井口装置是安装在地面用以控制井内高压油气的一套设备。它主要包括套管头、油管头和采油树三大件。套管头用以密封各层套管的环形空间并承受部分管柱重量;油管头用密封油管和油层套管的环形空间;采油树则用以控制油井生产。对于高压油气井,要求井口装置要有足够的耐压强度和可靠的密封性,用以控制油井生产的油管头和采油树装在油层套管法兰之上。对于低压油气井,井口装置可大为简化,只要把环形空间密封起来,装上油管头和采油树即可。

# 第六节 钻井事故

 问题导入

1.在钻井液循环过程中,井口返排的钻井液会不会增多或减少?
2.如何预防钻井事故的发生?

随着井眼的形成,井壁的地层裸露在钻井液中,因而破坏了地层的平衡状态,可导致一些

不良后果。例如,破碎裂隙地层引起井漏;井壁掉块引起卡钻;高压油气流跑到井中引起井喷等。这些情况如不及时发现并采取措施,就会引起严重后果,甚至造成井眼报废。因此我们应对发生事故的原因及应采取的预防措施有所了解。常见的事故有井漏、井喷、卡钻、井下落物及钻具折断等。

## 一、井漏

钻井过程中,正常情况下,井内钻井液液柱压力大于地层压力,在压差作用下钻井液有轻微失水现象,并伴有钻井液少量消耗。产生井漏(lost circulation)时,钻井液池液面明显下降或钻井液返出量明显小于泵入量,严重时钻井液只进不出,全部流入地层中。此井内钻井液液柱压力降低,将引起井壁坍塌(图4-23),严重时引起井喷。发生井漏的原因是:地层疏松,处于渗透性地层,有断层破碎带、裂缝或溶洞。

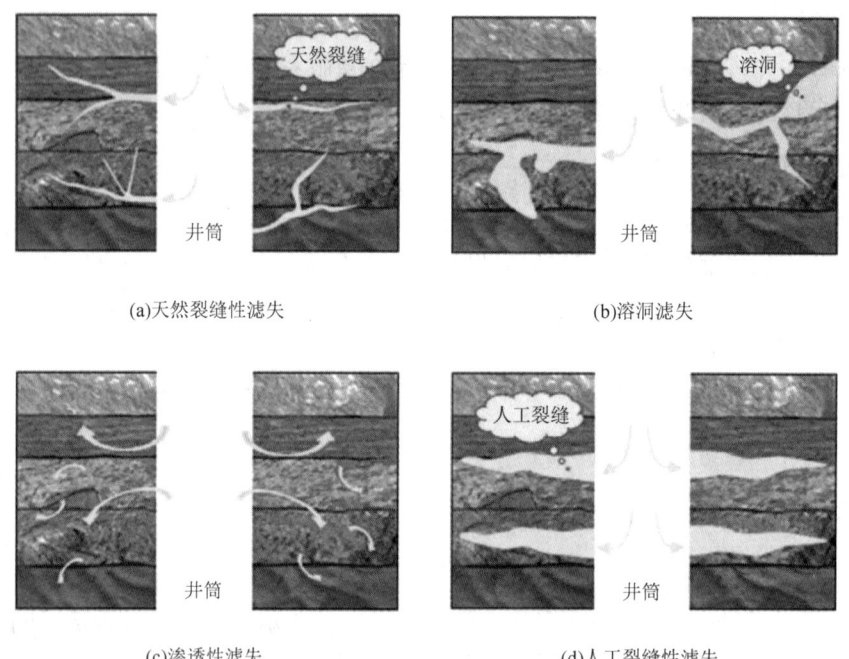

图4-23 井漏井塌示意图

井漏的处理方法是:
(1)对渗透性漏失,首先提高钻井液黏度、切力,降低钻井液密度和泵的排量。
(2)严重漏失时,在钻井液中加入堵漏物质,如锯末、麻刀、黏土块(黏土球)等并注入胶质水泥或将石灰乳配成的新钻井液,然后加入烧碱水和水玻璃,使其具有一定的流动性。

## 二、井喷

在钻进过程中,当钻遇高压油、气、水层时,如果该油、气、水层的压力大于循环钻井液液柱的压力,或者由于起下钻作业对井筒产生抽吸作用,降低井筒压力,油、气、水就会从地层进入循环钻井液中,引起钻井液的密度下降,黏度升高,泵压下降,钻井液进少出多,钻井液池液面升高。当油气侵入严重时,从井中返出的钻井液中有强烈的天然气和原油的气味,钻井液有气泡,井口有外涌现象,进而产生井喷(blowout)。如果井喷不能及时控制住,往往引发火灾、爆炸,尤其是海上钻井,一旦井喷失去控制引起火灾,可能酿成井毁人亡,同时可能使一个有价值的油气田枯竭失去开发价值,造成难以估量的损失。这是石油钻井中最严重的灾难性事故。

当发生井喷时,应立即关闭防喷器,提高钻井液密度压井,控制井喷;同时清除钻台和钻井液净化系统附近的易燃物,关闭全部发动机,切断电源,避免引起火灾;将不必要人员撤离现场。如果井喷控制不住,需请井控专家处理。一旦发生火灾,就得采用空中爆炸或打救援井等特殊方法灭火。

## 三、卡钻

卡钻(sticking problem)是指在钻进过程中钻柱转动和上提下放活动受阻。常见的卡钻故障如能及时妥当处理便可消除,否则,就发展成钻柱卡住、完全不能活动的事故。在这种情况下,如采用硬拔、硬转,则可能导致钻柱折断;如钻柱折断处理无效,可能造成井眼报废。从原因上看,常见的卡钻事故有沉沙卡钻、落石卡钻、地层膨胀卡钻、滤饼黏附卡钻、键槽卡钻。

处理卡钻事故时,首先要找出卡钻原因,才能采取有效措施。处理一般卡钻,可采取上下活动及转动钻具的措施。上提钻具时应注意设备和井架的许可负荷及钻具的强度,并加大泵量冲洗井眼。当上提活动钻具仍不能解卡时,可向井内注入原油或碱水浸泡,降低吸附和摩擦,并活动钻具。如上述方法均不奏效,可用倒扣或爆炸的方法,将卡点以上的钻柱取出,另钻侧眼。

## 四、钻柱折断事故

在钻进过程中,钻柱承受着拉、压、弯、扭(力矩)力,井壁摩擦力,钻井液冲刷力,岩屑磨蚀等复杂的作用力,往往由于操作不当和钻柱疲劳而引起钻柱折断事故。一般折断发生在钻杆连接的螺纹部位。钻柱折断后必须进行打捞,如打捞不上来,可在折断部位旁钻侧眼。

## 五、井下落物

井下落物是指在钻进过程中或起下钻时,由于检查不严、措施不当、操作不慎而将工具、钻头牙轮、刮刀片、测井仪等物件掉落井中。发生落物而不能继续钻进时,必须及时进行打捞。对铁质小物件可在井中下入磁铁打捞器,将落物吸上来;对一些难以打捞的落物,可在井中下入磨鞋将其磨掉,也可根据情况自行设计工具打捞。

### 💡 思政案例

**为祖国献石油**
——铁人王进喜

王进喜2009年当选"100位新中国成立以来感动中国人物",荣获"最美奋斗者""全国劳动模范"称号。

王进喜,1923年10月生于甘肃省玉门县。他15岁时到玉门油矿当童工。新中国成立后

到玉门钻井队工作,1956年加入中国共产党。历任钻井工、司钻、钻井队长,钻井指挥部钻井二大队大队长、钻井指挥部副指挥等职务。

1958年9月,他带领1205钻井队创造了月进尺5009米的最新纪录;1959年创年钻井进尺7.1万米的全国最新纪录。同年王进喜作为1205钻井队代表,出席了全国群英会,参加了新中国成立10周年国庆观礼。

1960年3月王进喜带领1205钻井队从玉门来到大庆。他带领全队把60多吨重的钻机设备化整为零,采用人拉肩扛的办法把钻机和设备从火车上卸下来,运到马家窑附近的萨55井,安装起来。由于水管线还没接通,罐车又少,王进喜就带领工人到附近水泡子破冰取水,用脸盆端了50多吨水,保证萨55井正式开钻。饿了,啃几口冻窝窝头;困了,裹着老羊皮袄打个盹……通过全队工人的共同努力,只用了5天零4个小时就打完了油田上第一口生产井。

第一口井完钻后,王进喜被钻杆堆滚下的钻杆砸伤了脚,当时昏了过去;但他醒来后还继续工作。领导把他送进医院,他又从医院跑到第二口井(2589井)的井场,拄着双拐指挥打井;钻到约700米时,突然发生井喷。井场没有压井用的重晶石粉,经过研究,决定采取用加水泥的办法提高泥浆密度压井喷。水泥加进泥浆池就沉底,又没有搅拌器,王进喜扔掉拐杖,跳进泥浆池,用身体搅拌泥浆;其他同志也纷纷跳入泥浆池,终于压住了井喷,保住了钻机和油井。

1960年7月,王进喜被树为全战区"五面红旗"之一。1964年王进喜当选为第三届全国人大代表。1969年春,王进喜当选为党的九大代表,被选为中央委员。

1970年4月,他被确诊为胃癌;同年11月病逝,终年47岁。"宁肯少活二十年,拼命也要拿下大油田。"王进喜把一生献给了祖国的石油工业,时刻都在践行着自己的誓言。

(资料来源:《人民日报》2021年05月28日06版)

## ● 复习题

1. 钻井的含义是什么?
2. 钻机的基本组成是什么?
3. 钻井用钻头类型有哪些?
4. 钻柱的作用及组成是什么?
5. 钻井的施工流程包括哪些内容?
6. 产生井斜的原因是什么?如何控制井斜?
7. 固井的含义是什么?
8. 井身结构内容包括哪些?
9. 固井工艺过程包括哪些内容?
10. 什么是卡钻?卡钻类型有哪些?

# 第五章 油井试油及开采技术

## 学习目标

**【知识目标】**

- 了解试油工艺及试油目的。
- 了解压裂的工艺流程,掌握压裂液的组成和分类。
- 了解酸化的工艺,掌握酸化的分类和酸化液的组成。
- 了解油田开发方案的编制要求,油藏天然能量及其驱动方式。
- 掌握自喷和气举采油的原理和设备。
- 掌握自喷井的四种流动过程。
- 掌握油田注水方式。

**【能力目标】**

- 能够系统描述油田试油工艺原理及过程。
- 能够根据学习的内容识别各类油田采油井的类型并讲解采油工艺原理。

## 思维导图

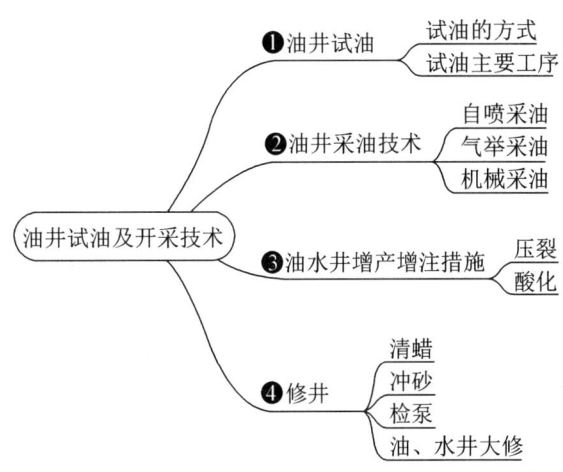

初识油气试油及开采领域

油井钻探过程中或钻成后,为证实地下地层中是否含有油气,获取油层压力、油井产能等资料,必须对油井进行试油。不同的油井,由于油层物性和压力不同,其开采方法也不相同。

油气试油及开采的任务如下:
(1)取得有关地下油、气、水层的产能、压力和温度;
(2)取得油、气、水样物性资料;
(3)把油气从地下开采到地面;

视频5-1 初识采油厂、计量站和海上采油平台

油气试油及开采的作用:油气试油及开采是继油藏勘探、钻井之后的一个非常重要的环节,是预测地下油气产能、沟通油田地下与地面的重要枢纽,是油田生产和产能的重要指标,对保障国家的能源安全和产业发展具有非常重要的意义。

初识采油厂、计量站和海上采油平台如视频5-1所示。

# 第一节 油井试油

## 问题导入

1. 油井试油的目的是什么?可以取得哪些资料?
2. 试油的一般工序有哪些?

所谓试油,就是对确定可能的油气层,利用一套专用的设备和方法,降低井内液柱压力,使产层内的流体流入井内并诱导到地面,从而取得流体产量、压力、温度、流体性质、流动规律和地层参数等资料的工艺过程。试油的目的和任务就是获取这些资料,为确定油田开采的工业价值、开采储量,以及油井的生产能力等提供可靠的依据。此工艺过程的成败,关系到人们对基本石油地质条件的认识和深化,关系到前期的投入是否能够获得丰厚的生产效益,关系到对新、老油区的评价认识。

## 一、试油的方式

(1)多油层合层试油:全井所有油层同时打开进行试油,以求得油井的最大产能。这种方法多在油田勘探初期阶段第一、第二口井发现油流时采用,也用于合层开采的油井。

(2)分层系统试油:对需要测试的油层,自下而上逐层射孔,逐层测试,测试完一层注水泥塞或下丢手封隔器封闭该层,改试上层。也可对油层的某一个层位先进行测试,然后再测试其他层位。

(3)钻井中途测试:在钻井过程中,遇到油气显示时,也可停钻进行试油,以便及时获得显示层位的地质资料,尽快发现新的油气藏。

## 二、试油主要工序

油井试油工艺程序一般为:通井(wiper trip)、洗井(well washing)、冲砂(sand washing)、

试压(pressure test)、射孔(对于射孔完成的井)(perforation)、诱导油流(induced oil flow)、求油气层产能(reservoir productivity)等。其中,诱导油流是最重要的一道工序,如果经过诱导之后井未喷,则应采取重复射孔或压裂、酸化等特殊技术,以达到诱导油流的目的。

通井的目的:一是清除套管内壁上黏附的固体物质,如钢渣、毛刺、固井残留的水泥等;二是检查通径及变形、破损情况;三是检查固井后形成的人工井底是否符合试油要求;四是调整井内的压井液,使之符合射孔要求。

洗井的目的是保持井筒干净,清除套管内壁上黏附的固体物质或稠油、蜡质物质,为下一步施工扫清道路。洗井可分为正循环洗井和反循环洗井两种方式。正循环洗井是将洗井液从油管打入,套管返出;反循环洗井是将洗井液从套管打入,油管返出。在施工中,当泵的排量足够大时,应采取正循环方式,此时对油层回压小,脏物不易阻塞油层;当泵的排量较小时,可采用反循环方式,此时液体上返速度较快,携带脏物的能力较强,但对油层的回压较大。洗井期间,要用尽可能大的排量,不停泵,才能把井洗干净。

对于因井下有沉砂未达到人工井底或未达到要求深度的井,应进行冲砂。

井筒试压的目的:一是检查固井质量;二是检查套管密封情况;三是检查升高短节、井口和环型铁板的密封情况。根据井身条件可进行增压试压或负压试压。

油气层射开后,为了防止井喷,油气井内充满着钻井液或其他压井液。只有降低井内液柱压力,造成储层压力大于井内液柱压力,才能使油气从储层流入井内,这一过程称为诱导油流,是试油工作的一道主要工序。诱导油流的方法很多,如抽汲法、提捞法、替喷法、气举法、混气水排液法及连续油管注入液氮气举法等。其中,抽汲法、提捞法是通过降低井内液柱高度来减小井筒液柱压力,其余方法均是通过降低井内压井液密度来减小井筒液柱压力。不同的油井,具体采取何种诱导油流方法,应根据油气层性质、产液能力等具体情况而定。

油气层产能是油气层在某一生产压差下的产量(oil and gas production)。求油气层产能一般简称求产。求产过程中的生产压差受求产工作制度的控制,在某一工作制度的产量能够反应油气层产液能力。

## 第二节　油井采油技术

问题导入

1. 地下埋藏的油气如何从地下开采到地面?
2. 不同的油藏条件,采用的开采方式是否一样?

油井试油并确认具有工业开采价值后,如何最大限度地将地下原油开采到地面上来,实现合理、高产、稳产,选择合适的采油工艺方法和方式十分重要。目前,常用的采油方法有自喷采油(oil flow production)和机械采油(artificial lift),如图5-1所示。

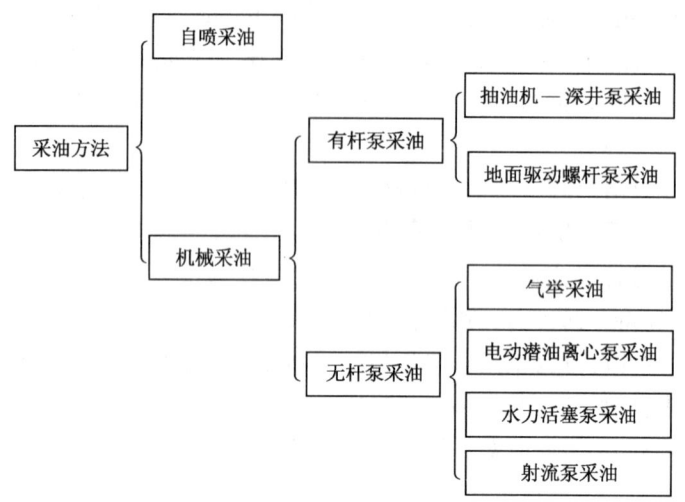

图 5-1 采油方法分类

## 一、自喷采油

依靠油层自身能量,将石油从油层驱入井底,并由井底举升到地面,这样的生产方式称自喷采油。依靠自喷方法生产的油井称为自喷井。自喷井地面设备简单、操作方便、产量较高、采油速度快,经济效益好。

### (一)自喷井采油设备

自喷采油设备包括井口设备和地面流程设备。

**1. 井口设备(wellhead equipment)**

自喷井井口装置从下到上依次是套管头(casing head)、油管头(tubing head)和采油树(christmas tree)三部分组成,如图5-2所示。

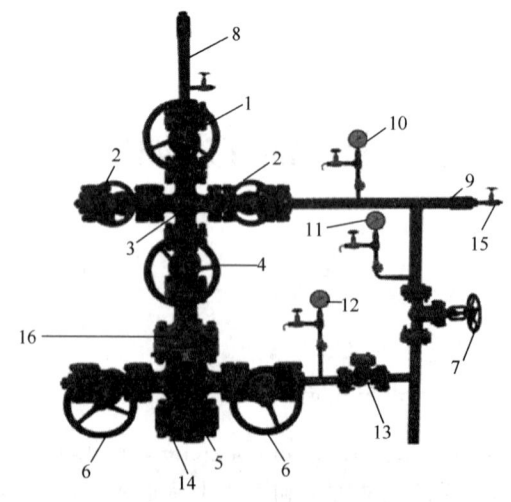

图 5-2 自喷井井口结构图

1—清蜡阀门;2—生产阀门;3—油管四通;4—总阀门;5—套管四通;6—套管阀门;7—回压阀门;8—防喷管;9—嘴子套;10—油压表;11—回压表;12—套压表;13—单流阀;14—套管头;15—取样阀门;16—油管头

1) 套管头

套管头在井口装置的下端,是连接套管和各种井口装置的一种部件,由本体、套管悬挂器和密封组件组成。套管头的作用是支持技术套管和油层套管的重力,密封各层套管间的环形空间,为安装防喷器、油管头和采油树等上部井口装置提供过渡连接,并通过套管头本体上的两个侧口可以进行补挤水泥、监控井液和平衡液等作业。

2) 油管头

油管头安装于采油树和套管头之间,其上法兰平面为计算油补距和井深数据的基准面。油管头的作用是支撑井内油管的重力;与油管悬挂器配合密封油管和套管的环形空间;为下接套管头,上接采油树提供过渡;并通过油管头四通体上的两个侧口(接套管阀门),完成注平衡液及洗井等作业。

3) 采油树

采油树是指油管头以上的部分,连接方式有法兰式和卡箍式。采油树的作用是控制和调节油井生产,引导从井中喷出的油气进入出油管线,实现下井工具仪器的起下等。

采油树的主要组成部件及附件的作用如下:

(1) 总阀门:安装在油管头的上面,用于控制油气流入采油树的通道,因此,在正常生产时它都是全开的,只有在需要长期关井或其他情况下才关闭。

(2) 油管四通(或三通):上下分别与清蜡阀门和总阀门相连,两侧(或一侧)与生产阀门相连。它既是连接部件也是油气流出和下井仪器的通道。

(3) 生产阀门:安装在油管四通或三通的两侧,其作用是控制油气流向出油管线。正常生产时,生产阀门总是打开的,在更换检查油嘴或油井停产时才关闭。

(4) 清蜡阀门:安装在采油树最上端的一个阀门。正常生产时保持开启状态以便观察油管压力,它的上面可连接清蜡或试井用的防喷管,清蜡或试井时打开,清蜡或试井后关闭。

(5) 套管四通:上面与总阀门相通,下部连接套管短接,左右与套管阀门相连。它是油管套管汇集分流的主要部件。通过它密封油套环空、油套分流。外部是套管压力,内部是油管压力。

(6) 回压阀门:安装在油嘴后的出油管线上,在检查和更换油嘴以及维修生产闸门及修井作业时关闭,以防止出油管线内的流体倒流,也有的油井是在此位置上装了一个单流阀代替了回压阀门。

(7) 防喷管:防喷管是用 $\phi63mm(2\frac{1}{2}in)$ 油管制成,外部套 $\phi89mm(3\frac{1}{2}in)$ 管,环空内循环蒸气或热水(油)保温(不保温循环的就不用外套),在自喷井中有两个作用:一是在清蜡前后起下清蜡工具及溶化刮蜡片带上来的蜡;二是各种测试、试井时的工具起下。

(8) 单流阀:防止流出井口原油倒流回井筒。

自喷井的井口设备是其他各类采油井的基础设备,其他采油方式的井口装置都是以此为基础。

**2. 地面流程主要设备**

一般来说,自喷井井口地面流程(ground process)都安装一套能够控制、调节油、气产量的采油树;还有对油井产物和井口设备加热保温的一套装置,以及计量油、气产量的装置,主要包括加热炉(heating furnace)、油气分离器(oil gas separator)、高压离心泵(high pressure centrifugal pump)及地面管线(surface pipeline)等。这一系列流程设备对其他采油方式也具有通用性。

## (二)自喷采油原理

油井之所以能够自喷是由于地层能量充足。地层能量的高低就反映在油层压力的高低。当地层打开之后,原油在较高的地层压力作用下,从地层深部向井底流动,克服了地层的渗滤阻力,剩余后的压力是井底压力。原油在井底压力作用下,沿着井筒从井底流到井口,同时溶解在原油中的天然气开始分离出来,气体也会成为举升原油的能量。

### 1. 自喷井的四种流动过程

自喷油流从油层流到地面转油站可以分为四个基本流动过程——地层渗流、井筒多相管流、嘴流、水平管流,如图5-3所示。

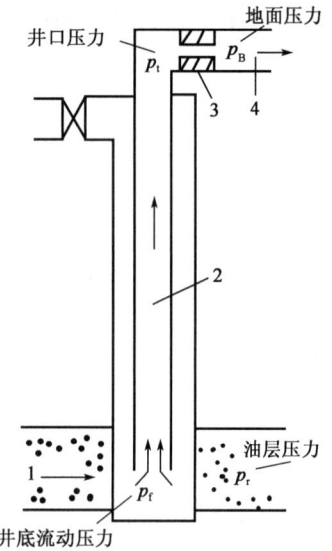

图5-3 自喷井的四种流动过程
1—地层渗流;2—井筒多相流;3—嘴流;
4—地面管线流

(1)地层渗流:从油层流入井底,流体是在多孔介质中渗流,故称渗流。如果井底压力大于饱和压力,为单相渗流;如果井底压力小于饱和压力,为多相渗流。在渗流过程中,压力损失约占总压降的10%~15%。

(2)井筒多相管流:即垂直管流,从井底到井口,流体在油管中上升,一般在油管某断面处压力已低于饱和压力,故属于油、气或油、气、水多相。垂直管流压力损失最大,占总压降的30%~80%。

(3)嘴流:流体通过油嘴的流动称为嘴流。嘴流流速较高。嘴流压力损失占总压降的5%~30%。

(4)水平管流:流体进入出油管线后,沿地面管线流动,属多相水平管流。水平管流压力损失一般占总压降的5%~10%。

四个流动过程之间既相互联系又相互制约,同处于一个动力系统。从油层到井底的剩余压力称井底压力(井底流动压力)。对某一油层来说,在一定的开采阶段,油层压力稳定于某一数值不变,这时井底压力变大,油井的产出量就会减少;井底压力变小,则油井产量就会增加。可见,在油层渗流阶段,井底压力是阻力,而对垂直管流阶段,井底压力是把油气举出地面的动力。把油气推举到井口后剩余的压力称为井口油管压力。井口油管压力对油气在井内垂直管流来说是一个阻力,而对嘴流来说又是动力。

由于压力损失主要消耗在垂直管流中,下面重点介绍垂直管流。

### 2. 垂直管流中的能量来源与消耗

1)单相垂直管流

当油井的井口压力大于原油的饱和压力时,井中为单相原油。流出井口后压力低于饱和压力时,天然气才从原油中分离出来,这样的油井属于单相垂直管流。

单相垂直管流的能量来源是井底流动压力。能量主要消耗在克服相当于井深的液柱压力,以及液体从井底流到井口过程中垂直管壁间的摩擦阻力。所以,单相垂直管流中,能量的供给与消耗关系可用下列压力平衡式表示。

$$p_f = p_H + p_{fr} + p_{wh}$$

式中 $p_f$——井底流动压力,kPa;

$p_H$——液柱压力,kPa;
$p_{fr}$——摩擦阻力,kPa;
$p_{wh}$——井口压力,kPa。

2) 多相垂直管流

当井底流压低于饱和压力时,则油气一起进入井底,整个油管为油气两相。当井底流压高于饱和压力,但井口压力低于饱和压力时,则油中溶解的天然气在井筒中某一高度上,即饱和压力点的地方开始分离出来,井中存在两个相区,下面是单相区,上面是两相区。在两相区,气体从油中分离出来并膨胀,不断释放出气体弹性膨胀能量,参与举升。因此,多相垂直管流中能量的来源:一是进入井底的液气所具有的压能(即流压);二是随同油流进入井底的自由气及举升过程中从油中分离出来的天然气所表现的气体膨胀能。气体的膨胀能是通过两种方式来利用的:一种是气体作用于液体上,垂直地推举液体上升;另一种是靠气体与液体之间的摩擦作用,携带液体上升。

## 二、气举采油

当油气能量不足以维持油井自喷时,为使油井继续出油,人为地将气体(天然气或空气)压入井底,利用气体的膨胀能量将原油升举到地面,这种采油方法称为气举采油(gas lift production)法。

气举采油法的井口、井下设备比较简单,管理调节与自喷井一样方便。

### (一)气举方式

(1)环形空间进气方式。该气举方式也称反举。它是指压缩气体从油套环形空间注入,原油从油管中举出。

(2)中心进气方式。它与环形空间进气方式正好相反,即从油管注气,原油从油套环形空间返出。该气举方式也称正举。

当油中含蜡、含砂时,如采用中心进气,因油流在环形空间流速低,砂子易沉降下来,同时在管子外壁的蜡也难清除,所以在实际工作中,多采用环形空间进气方式。

### (二)气举原理

以环空进气方式为例。油井停产时,油管、套管内的液面在同一个位置上。开动压风机向油套环形空间注入压缩气体(空气或天然气),环形空间液面被挤压向下(如果不考虑液体被挤进油层,则环形空间内的液体全部进入油管),油管内液面上升,当环形空间的液面下降到管鞋时,压风机达到最大压力,称为气举启动压力。当压缩气进入油管后,油管内原油混气,液面不断升高,直至喷出地面。

在开始喷出之前,井底压力总是大于油层压力。喷出之后,由于环形空间继续压入气体,油管内混气液体不断喷出,使混气液体的重度也越来越低,油管鞋压力急剧下降。当井底压力低于油层压力时,原油便从油层流入井底。由于油层出油,使油管内混气液体的重度稍有增加,因而使压缩机的压力又有所上升,经过一段时间后趋于稳定,稳定后的压风机压力称为气举工作压力。这时,油层连续不断地稳定出油,井口连续不断地生产。

### (三)气举采油的特点

气举采油优点在于:井下设备一次性投资低,维修工作量小;井下无摩擦件,适宜于含砂、蜡、水的井;不受开采液体中腐蚀性物质和高温的影响;易于在斜井、拐弯井、海上平台上使用;易于集中管理和控制。但气举采油必须有充足的气源,如在高压下连续气举工作,安全性较差。对于套管损坏了的高产井、结蜡井和稠油井不宜采用气举。小油田和单井使用气举采油效果较差。

## 三、机械采油

在油田开发过程中,由于油层本身压力就很低,或由于开发一段时间后油层压力下降,使油井不能自喷或不能保持自喷,有时虽能自喷但产量很低时,必须借助人为能量进行采油。若不适宜气举采油时,则应采用机械采油法采油。

机械采油是借助人为能量,并利用一定的机械设备(地面和井下)将井中油气采至地面的方法。油田常用的采油机械设备有游梁式抽油机—深井泵装置、螺杆泵抽油装置、电动潜油离心泵装置、水力活塞泵装置和射流泵采油装置等。

### (一)游梁式抽油机—深井泵装置

#### 1. 游梁式抽油机

游梁式抽油机(beam pumping unit)装置如图5-4所示。它是有杆泵采油的主要地面机械传动装置。它和抽油杆、深井泵配合使用,能将原油抽到地面(视频5-2)。使用抽油装置的油井通常称为"抽油井"。抽油机工作特点是连续运转、长年在野外、无人值守。因此对抽油机的要求应当是强度高、使用寿命长、有一定的超载能力、安装维修简单、适应性强。

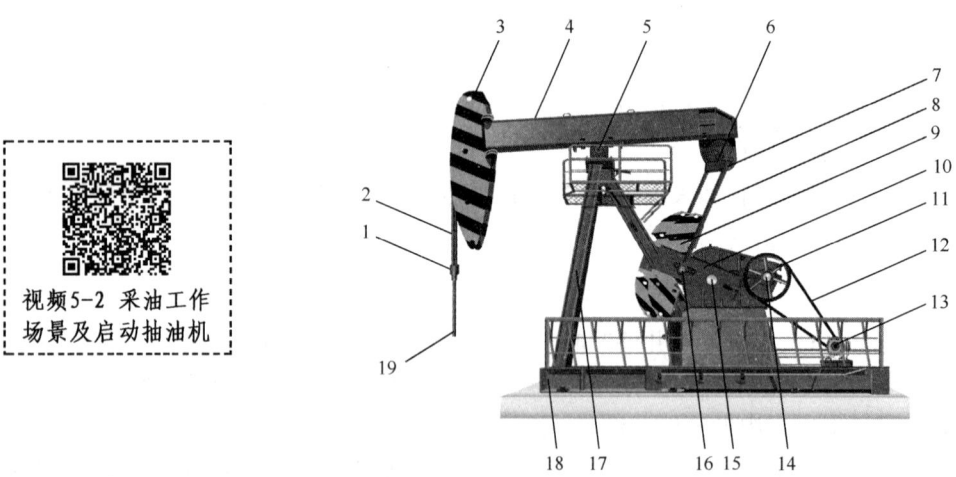

图5-4 游梁式抽油机结构图

1—悬绳器;2—毛辫子;3—驴头;4—游梁;5—支架轴;6—横梁轴;7—横梁;8—连杆;9—平衡块;10—曲柄;11—大皮带轮;12—皮带;13—电动机;14—输入轴;15—输出轴;16—曲柄销;17—支架;18—底座;19—光杆

1)主要部件的作用

(1)驴头(horsehead):装在游梁的前端。其作用是保证抽油时光杆始终对准井口中心位置。驴头的弧线是以支架轴承为圆心、游梁前臂长为半径画弧而得到的。

(2)游梁(walking beam):游梁固定在支架上,前端安装驴头承受井下负荷,后端连接连杆、曲柄、减速箱传动电动机的动力。

(3)曲柄—连杆机构(crank connecting rod mechanism):它的作用是将电动机的旋转运动

变成驴头的上下往复运动。在曲柄上有 4~8 个孔,是调节冲程时用的。

(4)减速箱(gear reducer):它的作用是将电动机的高速旋转运动变成曲柄轴的低速转动,同时支撑平衡块。

(5)平衡块(counter weight):平衡块装在抽油机游梁尾部或曲柄轴上。它的作用是:当抽油机上冲程时,平衡块向下运动,帮助克服驴头上的负荷;在下冲程时,电机使平衡块向上运动,储存能量。在平衡块的作用下,可以减少抽油机上下冲程的负荷差别。

(6)悬绳器(rope hanger):它是连接光杆和驴头的柔性连接件,还可以供动力仪测示功图用。

2)工作原理

电动机将其高速旋转运动通过皮带和减速箱传给曲柄轴,并带动曲柄轴作低速旋转运动;曲柄又通过连杆经横梁带动游梁上下摆动。游梁前端装有驴头,挂在驴头上的悬绳器便带动抽油杆作上下垂直往复运动,抽油杆带动活塞运动,从而将原油抽出井筒。

### 2. 深井泵

深井泵(rod pump)是油井核心抽油设备,它是通过抽油杆和油管下到井中并沉没在液面以下一定深度,靠抽吸作用将原油送到地面。

深井泵主要由工作筒(包括外筒和衬套)、活塞、游动阀(排出阀)及固定阀(吸入阀)所组成,其工作原理如图 5-5 所示。

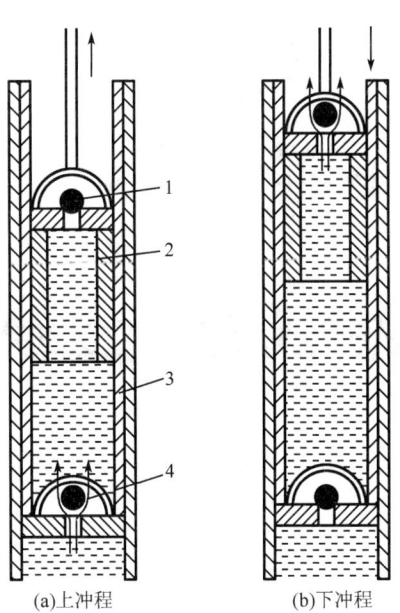

(a)上冲程　　　　(b)下冲程

图 5-5　泵的工作原理图

1—排出阀;2—活塞;3—衬套;4—吸入阀

上冲程(up stroke):驴头上行,抽油杆柱带着活塞上行,活塞上的游动阀受内液柱的压力而关闭。如管内已经充满液体,则在井口将排出相当于活塞冲程长度的一段液体。与此同时,活塞下面泵筒内的压力降低,当泵内压力低于沉没压力(环行空间液柱压力)时,在沉没压力的作用下固定阀被打开,原油进入泵内占据活塞所让出的体积,如图 5-5(a)所示。

下冲程(down stroke):驴头下行,抽油杆柱带着活塞向下运动,吸入泵内的液体受压,泵内压力升高。当此压力与环行空间液柱压力相等时,固定阀靠自重而关闭。在活塞继续下行中,泵内压力继续升高,当泵内压力超过活塞以上液柱压力时,游动阀被顶开,活塞下部的液体通过游动阀进入上部油管中,即液体从泵中排出,如图5-5(b)所示。

### 3.抽油杆及井口装置

1)抽油杆

抽油杆(sucker rod)是抽油装置的重要组成部分,它上连抽油机,下接深井泵,起中间传递动力的作用。抽油杆的工作过程中受到多种载荷的作用,且上下运动过程中受力极不均匀,上行时受力大,下行时受力小。这样一大一小反复作用的结果,很容易使金属疲劳,使抽油杆产生断裂。因此,要求抽油杆强度要高、耐磨、耐疲劳。

抽油杆一般是由实心圆形钢材制成的杆件。两端均有加粗的锻头,下面有连接螺纹和搭扳手用的方形断面。抽油杆柱最上面的一根抽油杆称为光杆。光杆与井口密封填料盒配合使用,起密封井口的作用。

2)井口装置

抽油井井口装置(wellhead equipment)和自喷井相似,承受压力较低。它主要由套管四通(或套管三通)、油管四通(或油管三通)、胶皮阀门和光杆密封段(或密封填料盒)组成。其他附件的多少及连接方法,视各油田的具体情况而定。但无论采取什么形式,抽油井井口装置必须具备能测示功图、动液面、能取样、观察压力等功能,并且要方便操作和管理。图5-6是抽油井掺水井口装置。

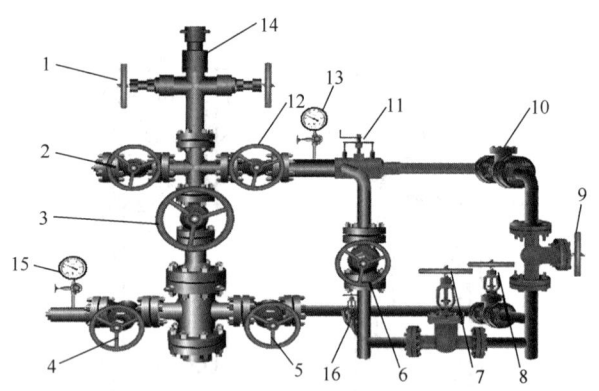

图5-6 抽油机掺水井口装置

1—胶皮阀门;2—油管放空阀门;3—总阀门;4—套管测试阀门;5—套管阀门;6—回压阀门;7—直通阀门(小循环);8—热洗阀门;9—掺水阀门(大循环);10—单流阀;11—掺水调节阀;12—生产阀门;13—油压表;14—光杆密封段;15—套压表;16—套管出液阀

### (二)螺杆泵抽油装置

20世纪70年代后期,螺杆泵(screw pump)开始应用于原油开采。它是一种容积式泵。按驱动形式可将其分为地面驱动螺杆泵和井下驱动螺杆泵。

地面驱动螺杆泵设备如图5-7所示。它是由地面驱动系统、抽油杆柱、抽油杆柱扶正器、螺杆泵等部分组成。其工作原理是:螺杆泵是靠空腔排油(即转子与定子间形成的一个个互不连通的封闭腔室),当转子转动时,封闭空腔沿轴线方向由吸入端向排出端方向运移。封闭腔在排出端消失,空腔内的原油也就随之由吸入端均匀地挤到排出端。同时,又在吸入端重新形成新的低压空腔将原油吸入。这样,封闭空腔不断地形成、运移和消失,原油便不断地充满、挤压和排出,从而把井中的原油不断地吸入,通过油管举升到井口。

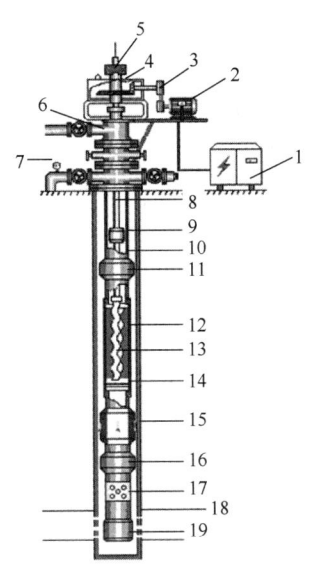

图 5-7 螺杆泵采油示意图

1—电控箱;2—电动机;3—皮带;4—减速箱;5—方卡子;6—专用井口;7—套压表;8—抽油杆;9—油管;10—抽油杆扶正器;11,16—油管扶正器;12—定子;13—转子;14—定位销;15—油管防脱装置;17—筛管;18—套管;19—丝堵

井下驱动螺杆泵动力置于井底,不用抽油杆。其工作原理是:用油管将泵与电动机、保护器下入井内液面以下,电动机通过偏心联轴节带动螺杆转动,而螺杆又是装在衬套中。螺杆与衬套所形成的腔室之间是隔离的,当螺杆转动时,这些腔室逐渐由下而上运动,使液体压力不断提高,从而将井液送到地面。

就目前的情况来看,地面驱动螺杆泵从技术上比较成熟;井下驱动螺杆泵有很多优点,但还处于实验阶段。

螺杆泵采油装置结构简单,占地面积小,有利于海上平台和丛式井组采油;只有一个运动件(转子),适合稠油井和出砂井应用;排量均匀,无脉动排油特征;阀内无阀件和复杂的流道,水力损失小;泵实际扬程受液体黏度影响大,黏度上升,泵扬程下降较大。目前大庆油田已逐渐有一些低产井、稠油井等改为螺杆泵采油。

### (三)电动潜油离心泵装置

电动潜油离心泵(electric submersible centrifugal pump)(简称潜油电泵或电泵)属于无杆泵抽油设备。它是用油管把离心泵和潜油电动机下入井中,用潜油电动机带动离心泵把油举升到地面。潜油电泵的排量及扬程调节范围大,适应性强,地面工艺流程简单,管理方便,容易实现自动化,经济效益高。目前大庆油田的许多高产井,都逐渐改为潜油电泵采油。

潜油电泵设备由地面部分、中间部分和井下部分三大部分组成,如图 5-8 所示。

地面部分由控制柜、变压器、辅助设备(如电缆、滚筒、导向轮、接线盒等)及井口装置等组成,主要是起到控制、保护、记录的作用。

中间部分由动力电缆和引线电缆组成。动力电缆将地面电流传送到井下引线电缆;引线电缆的作用是连接动力电缆和电动机。

井下部分一般自上而下依次是多级离心泵、油气分离器、保护器和潜油电动机。有的电泵井潜油电机下部还装有监测装置,可测定井底压力、温度、电机绝缘程度、液面升降情况,并将信号传送给地面控制台。

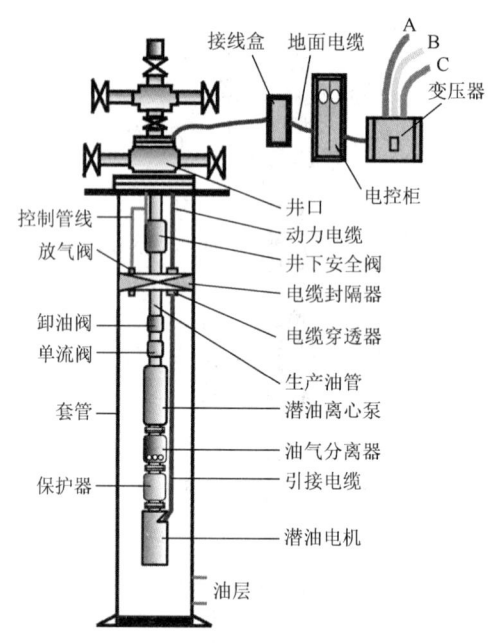

图 5-8　潜油电泵井装置示意图

潜油电动机安装在井下机组的最下部,是电泵的动力。地面的高压电流经电缆传输给潜油电动机,潜油电动机把电能变为机械能输出,通过轴带动电泵工作。保护器安装在潜油电动机的上部,起平衡电动机中的压力,润滑、密封电机的作用。油气分离器通常安装在保护器的上端、多级离心泵的下端,用来分离原油中的游离气体,提高泵效。多级离心泵由固定部分和转动部分组成。转动部分有泵轴,轴上安装有大量叶轮。当电动机带动泵轴上的叶轮高速旋转时,充满在叶轮内的液体在离心力的作用下,被甩向叶轮的四周,给井液加速,使井液具有动能。并由导壳引入次一级叶轮,这样逐级叠加后就获得一定扬程,并将井液举升到地面。

潜油电泵机组的工作过程可简单地叙述为:地面电源通过潜油电泵专用电缆输入给井下电动机,电动机就带动多级离心泵旋转,通过离心泵多级叶轮的旋转离心作用,将井底原油举升抽汲到地面。

实践表明,对于强水淹井,高产井、不同深度井以及定向井、多砂和多蜡井,电泵的使用效果都很好。其排量范围为 16~14310$m^3$/d;最大下泵深度可达 4600m,井下最高工作温度可达 230℃。

### (四)水力活塞泵装置

水力活塞泵(hydraulic piston pump)是一种液压传动的无杆泵抽油装置,是液压传动在抽油设备上的应用。与有杆泵相比,其根本特点是改变了能量的传递方式。水力活塞泵是由井下部分、地面部分、中间部分等三大部分组成,如图 5-9 所示。

地面部分包括地面动力泵、各种控制阀及动力液处理设备,担负提供动力的任务。

中间部分是动力液由地面动井下机组的中心油管,乏动力液和产出液排至地面的专门通道。

井下部分由工作筒、滑阀、拉杆、排出筒、吸入阀、固定阀、换向槽、封隔器等组成,起抽油的主要作用。

水力活塞泵的工作原理:电动机带动地面动力泵,从储液罐来的液体经动力泵升压后进入中心油管,高压动力液体进入井下的水力活塞泵后,带动泵工作,抽汲的液体和做功后的动力液共同经外层油管返回地面。

水力活塞泵排量范围较大($16 \sim 1600 m^3/d$),对油层深度、含蜡、稠油、斜井及水平井具有较强的适应性,可用于各种条件的油井开采,并可在温度相对较高的井内工作。但机组结构复杂,加工精度要求高,动力液计量困难。

### (五)射流泵采油装置

射流泵(jet pump)分为地面部分、中间部分和井下部分。其中地面部分和中间部分与水力活塞泵相同,所不同的是水力喷射泵只能安装成开式动力液循环系统。井下部分是射流泵,由喷嘴、喉管和扩散管三部分组成,如图 5-10 所示。

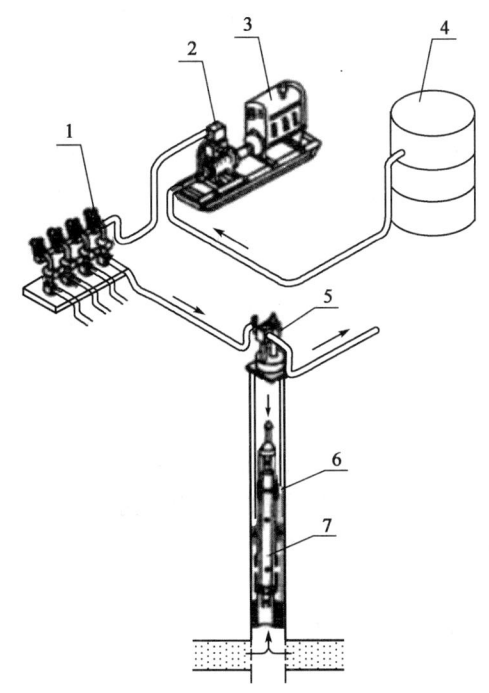

图 5-9 开式水力活塞泵采油系统
1—高压控制管汇;2—地面泵;3—发动机;4—动力液罐;
5—井口装置;6—井下泵工作筒;7—沉没泵

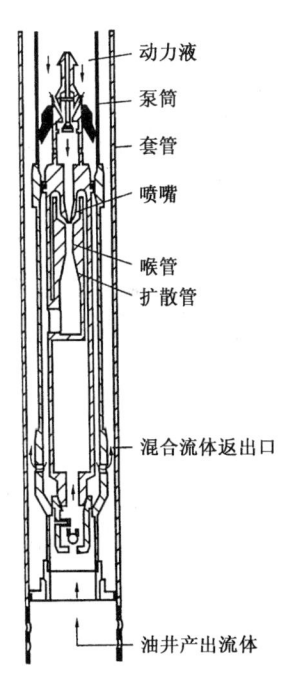

图 5-10 射流泵工作原理图

射流泵的工作原理是:动力液从油管注入,经射流泵的上部流至喷嘴喷出,进入与地层液相连通的混合室。在喷嘴处,动力液的总压头几乎全部变为速度水头。进入混合室的原油则被动力液抽汲,与动力液混合后流入喉管,在喉管内进行动量和动能转换,然后通过断面逐渐扩大的扩散管,使速度水头转换为压力水头,从而将混合液举升到地面。

射流泵的特点是:(1)井下设备没有动力件;(2)射流泵可座入与水力活塞泵相同的工作筒内;(3)不受举升高度的限制;(4)适于高产液井;(5)初期投资高;(6)腐蚀和磨损会使喷嘴损坏;(7)地面设备维修费用相当高。

# 第三节　油水井增产增注措施

**问题导入**

1. 油水井在生产过程中容易出现产量/注入量下降,造成这个问题的原因是什么?
2. 当油水井产量/注入量下降时,应该采取哪些措施?

采油井或注水井,由于某些因素,使井底附近的油层堵塞,结果使油井产量降低,甚至不出油,或注水井注不进水,影响油层压力和水驱油效果,降低油层采收率。在这种情况下,人们提出了改造油层的两项技术措施:压裂和酸化。

## 一、压裂

压裂(hydraulic fracturing),也称水力压裂。它是利用地面高压泵组,以超过地层吸收能力的排量将高黏液体(压裂液)泵入井内,在井底产生高压。当该压力超过地层破裂压力时,就在井底产生一条或数条裂缝。然后将带有支撑剂的压裂液注入裂缝中,停泵后,就可在地层中形成具有足够长度、一定宽度和高度的不再闭合的裂缝。这种填砂裂缝具有很高的导流能力,从而大为改善近井地带油气的渗流条件,达到油井增产或水井增注的目的(视频5-3)。

视频5-3　水力压裂

近年来,随着水力压裂技术水平的不断提高,已成为低渗透储层改造和增产、增注的重要手段。

### (一)压裂液

压裂液(fracturing fluid)是水力压裂改造油气层过程中的工作液,起着传递压力、形成和延伸裂缝、携带支撑剂的作用。压裂液及其性能与造缝尺寸的大小和裂缝的导流能力有着密切的关系,所以,压裂液是影响压裂效果的重要因素。

压裂液是压裂施工液的总称。根据压裂液在压裂过程中不同阶段的作用,可分为:

清孔液——5% HCl 和 0.2% 的表面活性剂水溶液与堵球配合,疏通压裂井段射孔孔眼。

前垫液——对水敏、结垢或含蜡量高的地层进行压裂时,需要提前泵注黏土稳定剂、除垢剂或清蜡剂;同时,这段液体还可以对高温、深井地层,起到降低地层温度的作用。

前置液——一般用不含支撑剂的压裂液作前置液,用以压开地层,降低地层温度和延伸裂缝,为携砂液进入裂缝准备空间。

携砂液——用来进一步扩伸裂缝,携带支撑剂进入裂缝,填铺高导流能力的砂床。携砂液是完成压裂作业、评价压裂液性能的主体液。

顶替液——用来将携砂液全部顶入地层裂缝,以免沉砂井底。顶替液量为井筒容积,不能过量顶替。

随着压裂工艺水平的不断提高,性能优越的压裂液也不断涌现。现在经常使用的压裂液有水基压裂液、油基压裂液、乳状压裂液、泡沫压裂液等。尤其近十几年发展起来的水基冻胶压裂液具有黏度高、摩阻低及悬砂性能好的优点,现已成为国内外使用最广泛的压裂液。

(1) 活性水压裂液(水基):在水溶液中加入表面活性剂的低黏压裂液。此压裂液配制简单、成本低廉、黏度低、滤失量大、携砂能力弱,适用于浅井低砂量、低砂比的小型解堵压裂和煤层气井压裂。

(2) 稠化水压裂液(水基):以稠化剂及表面活性剂配制的黏稠水溶液。稠化水压裂液比活性水压裂液黏度有所提高,携砂能力稍强,降滤失性能稍好,主要用于低温(小于60℃)、浅井(小于1000m)和低砂比(小于15%)的小型压裂。

(3) 水基冻胶压裂液(水基):是一种有弹性、不黏手和容器的胶冻状物质。它携砂能力很强、摩阻极小,是一种较理想的压裂液。

(4) 稠化油压裂液(油基):是高分子聚合物溶于油中配成的压裂液。其基液为原油、汽油、柴油、煤油、凝析油。其优点是黏度高、悬砂能力强、滤失量小、不伤害油层;缺点是成本高、流动时摩阻高,且黏度随温度升高降低很快。因此只适用于低压、亲油、强水敏地层。

(5) 乳化压裂液:为一种液体分散于另一种与它不相混溶的液体中形成的多相分散体系。以液珠形式存在的一相称为分散质(或称内相、不连续相);起分散作用的一相称为分散介质(或称外相、连续相)。用作压裂液的乳状液中,一相是水或盐水溶液、聚合物稠化水溶液、水冻胶溶液、酸液以及醇液;另一相则是原油、成品油、凝析油或液化石油气。此外,体系中还须加入有利于形成稳定乳状液的表面活性剂。乳化压裂液的特点是:具有一定的黏度,滤失量低,对地层伤害小,但它的摩阻一般高于水或油的摩阻。适用于水敏、低压地层。

(6) 泡沫压裂液:是气体分散于液体中的分散体系。为了使泡沫稳定,通常加入起泡剂。体系中气相为$CO_2$、$N_2$、空气;液相为稠化水、水冻胶、酸液、醇或油;起泡剂多为非离子型表面活性剂。这种压裂液的特点是:摩阻损失小,滤失量少,返排速度快,携砂能力强,对地层伤害小。压裂液适用于含气砂岩或页岩地层,低渗、低压、水敏性地层。

### (二) 支撑剂

在水力压裂中,支撑剂(proppant)的作用在于充填压裂产生的水力裂缝,使之在岩石应力作用下不再重新闭合,且形成具有一定导流能力的流动通道。显然,被支撑的裂缝的长度越长、宽度越大,裂缝的导流能力越强,裂缝的增产效果越好。

压裂用的支撑剂可大致分为天然的、人造的和天然改性的三大类型。天然的以石英砂为代表,人造的以陶粒为代表,天然改性的以树脂包层砂为代表。

#### 1. 石英砂

石英是一种分布广、硬度大的稳定性矿物,也是首先得到广泛应用的支撑剂,至今它在国内外的用量仍然居于首位。石英砂硬度大,性脆,遇硬地层破碎后将大大降低裂缝的导流能力,遇软地层又容易嵌入裂缝里面。但石英相对密度低,便于施工泵送;价格便宜,容易获得;圆球度好,导流能力强,使其仍成为目前国内外最常用的支撑剂。

#### 2. 人造陶粒

自20世纪70年代末以来,随着向深层、致密层的勘探开发的需要,我国先后研制出喷吹的铝矾土高强度支撑剂、中高密度高强度烧结铝矾土陶粒和低密度中等强度烧结铝矾土陶粒。我国将这些烧结或喷吹形成的人造支撑剂统称为陶粒。它的主要特点是:具有很高的强度;具有抗盐、耐温性能；破碎率低。但其相对密度较高，对压裂液的性能及泵送条件都提出了更高的要求，且加工工艺复杂，成本较高。

### 3. 树脂包层砂

树脂包层砂是采用一种特殊工艺，将改性酚醛树脂包裹在石英砂的表面，并经热固处理制成的一种支撑剂。按树脂的包裹方法，可分为预固化和(可)固化两种包层砂，它们在压裂中承担着不同的任务。前者是在石英砂的表面包了一层树脂，即使压碎了包层内的砂子，外面的树脂仍可以将碎块、微粒包裹在一起，从而保持裂缝有较高的导流能力；后者是在石英砂表面上事先包裹一层与压裂层温度相匹配的树脂，并作为尾随支撑剂置于水力裂缝的近井缝段，当裂缝闭合且地层温度恢复后，这种(可)固化的树脂包层砂先在地层温度下软化成玻璃球状，然后由软至硬地将周围相同的(可)固化的树脂包层砂胶结起来，这样在裂缝深处与井筒地带形成一道"屏障"，起到防止缝内支撑剂反吐回流的作用。

除上述类型外，20世纪50—60年代曾使用过的金属铝球、塑料球、核桃壳与玻璃球等支撑剂，由于受自身的缺点所限制，已被更好的支撑剂替代，现已不再使用。

## (三)压裂工艺

压裂工艺(fracturing technology)包括压裂井(层)的选择、压裂工艺方式的选择、压裂施工参数的优化设计等一系列工作。在压裂液、支撑剂及压裂设备都已确定的情况下，压裂效果的好坏取决于压裂工艺。

各地区的油层性质、压力、温度等条件不同，完井方法、技术设备条件也有差异。因此，压裂的工艺方式也不同。下面介绍几种较为常用的压裂工艺方法。

### 1. 合层压裂技术

油气井的生产层往往是一个层组，压裂时对这个层组的各个小层同时进行施工，称为合层压裂，也称为笼统压裂。对于裸眼完成的井，其裸眼段由于难以分小层，常用此方法压裂。具体施工时又分为油管压裂、套管压裂和油套管同时压裂三种情况。油管压裂是将压裂液由油管挤入井底，并采取了带水力锚和套管加平衡压力等保护措施；套管压裂是井内不下油管，装好井口直接压裂；油套管同时压裂是将油管和套管出口各接一些压裂车，同时向井内注入压裂液，从套管加砂。

### 2. 分层压裂技术

压裂施工中，目的层有多层时，为了达到彻底改造的目的，要采用分层压裂技术。

目前国内外应用较为广泛的一种压裂技术是封隔器分层压裂。它是通过封隔器分层管柱来实现的。封隔器是分层压裂管柱的关键，它的作用是将目的层与上、下油层隔离开来，阻止压裂液进入上、下油层，使目的层独立地与压裂管柱内压力系统连接起来。对最下面一层，可以用单封隔器进行压裂；对射开多层的井，可用双封隔器对其中任意层进行压裂；对射开多层的深井，也可以用桥塞＋封隔器分层压裂。

## 二、酸化

酸化(acidification)是将按要求配制的酸液从地面经井注入地层中，以用于除去近井地带的堵塞物，恢复地层的渗透率或通过酸、岩的化学反应，腐蚀油层中的某些成分，恢复或提高油层的渗透能力的一种化学增产增注措施。

### (一)酸液类型

酸化时,采用何种酸液,必须根据酸化井地层和堵塞物的特点、措施目的和施工要求进行选择。

#### 1. 盐酸(HCl)

酸化时,盐酸的浓度一般在6%~15%。但随着高效缓蚀剂的出现,可直接使用工业盐酸(浓度约30%)酸化。使用浓盐酸可以酸化深层,减少地层水的稀释,生成较多的$CO_2$,利于残酸的排出。

盐酸可溶解堵塞水井的腐蚀产物,从而恢复地层的渗透率。例如:

$$Fe_2O_3 + 6HCl \longrightarrow 2FeCl_3 + 3H_2O$$

盐酸也可溶解油水井及地层中的碳酸盐矿物(方解石、白云石等)。例如:

$$CaCO_3 + 2HCl \longrightarrow CaCl_2 + CO_2 \uparrow + H_2O$$

反应物可溶于水,它们可随废酸排到地面,这样就可增大地层的孔道,提高近井地带的渗透率。

如果酸化高温井或深井,就不能直接用盐酸。因为反应速度太快,无法作用于深远地层。这时可用潜在酸。所谓潜在酸,是指那些在一定条件下能产生酸的物质。如:

$$CCl_4 + 2H_2O \xrightarrow{120 \sim 370℃} 4HCl + CO_2 \uparrow$$

#### 2. 氢氟酸(HF)

氢氟酸可以溶解堵塞地层或胶结地层的黏土(主要是蒙脱石、伊利石、高岭石等矿物),也可溶解砂岩中的硅质物质(石英和长石),从而恢复或提高地层的渗透率。

$$SiO_2(石英) + 6HF \longrightarrow H_2SiF_6 + 2H_2O$$

$$Al_2O_3 \cdot 4SiO_2 \cdot H_2O(高岭石) + 36HF \longrightarrow 4H_2SiF_6 + 2H_3AlF_6 + 12H_2O$$

由于氢氟酸有上述性质,所以对有黏土堵塞或黏土胶结的砂岩地层进行酸化时,可加入一定数量的氢氟酸来提高酸化效果。油田常用的土酸酸化液,就是6%~15%的盐酸与3%~15%的氢氟酸的混合酸。

并不是任何情况下都能使用氢氟酸的。对于碳酸盐岩(石灰岩、白云岩)地层,如果用氢氟酸,就会产生堵塞地层的沉淀。

$$CaCO_3 + 2HF \longrightarrow CaF_2 \downarrow + CO_2 \uparrow + H_2O$$

根据地层条件、现场施工的实际情况及酸化目的的不同,可采用不同的酸化液进行酸化,如多组分酸、乳化酸、稠化酸、甲酸和乙酸等,都能起到不同的酸化效果。

### (二)酸液添加剂

酸化用的酸液中,为了实现某一特定的目的所加入的化学物质称为酸液添加剂。常用的酸液添加剂主要有缓速剂、缓蚀剂和铁离子稳定剂。

1. 缓速剂

用来降低酸岩反应速率、提高酸化半径的物质称缓速剂。加有缓速剂的酸液称为缓速酸。常用的缓蚀剂有表面活性剂和增稠剂。

表面活性剂(如十二烷基磺酸钠等)吸附于岩石表面上,疏水基团向外阻止了酸液与岩石的接触反应,降低了反应速率。另外,表面活性剂在井底附近地层吸附量大,酸岩反应速率小;当酸液进入到地层深部,表面活性剂浓度减小,吸附量小,酸岩反应速率大。表面活性剂的加入也有利于残酸返排。表面活性剂加量在1%左右。

增稠剂常用黄原胶、聚乙二醇(低温时用)、高分子聚合物(如聚阳离子化合物)。增稠剂的加入,使酸液黏度提高,降低了酸液中 $H^+$ 向岩石表面的扩散速度,从而降低了酸岩反应速率。

2. 缓蚀剂

用来降低酸液对井下金属设备(如油管、套管)的腐蚀速度的化学物质称为缓蚀剂。缓蚀剂的种类很多,有无机缓蚀剂、有机缓蚀剂。油田常用的是含有 O、S、N 杂原子的有机缓蚀剂,如7701、咪唑啉等。

3. 铁离子稳定剂

当酸岩反应后,酸液 pH 值降低,酸液中铁盐(尤其是 $Fe^{3+}$)水解析出沉淀,造成二次堵塞地层孔隙。因此常在酸液中加入铁离子稳定剂。常用的铁离子稳定剂有两类:一类是络合剂,如柠檬酸、EDTA 钠盐等;另一类是还原剂,如异抗坏血酸、亚硫酸等。

(三)酸处理方式和酸化技术

常用的酸处理方式有常规酸化和压裂酸化两种。

常规酸化是注酸压力小于地层的破裂压力的酸化,以解除井底附近地层的堵塞作用,所以也称为解堵酸化。

压裂酸化是注酸压力大于岩石破裂压力的酸化,即在压裂的基础上进行酸化,一方面靠水力作用形成裂缝,另一方面靠酸液的溶蚀作用把裂缝的壁面溶蚀成凹凸不平的表面。停泵卸压后,裂缝壁面不能完全闭合,具有较高的导流能力。

近些年来,随着石油工业的发展,酸化技术也越来越先进。除普通盐酸、土酸酸化外,还出现了泡沫酸酸化、胶束酸酸化、乳化酸酸化、稠化酸酸化和化学缓速酸酸化等技术。

(四)残酸液返排

酸化施工结束后,停留在地层中的残酸水由于其活性已基本消失,不能继续溶蚀岩石,而且随着其 pH 值的升高,原来不会沉淀的金属会相继产生金属氢氧化物沉淀。为了防止生成沉淀二次堵塞地层孔隙,影响酸化效果,一般说来,应尽快把残酸尽可能地排出。为此,应在酸化前就做好排液和投产的准备工作,酸化施工结束后立即排液。

残酸流到井底后,如果剩余压力(井底压力)大于井筒液柱回压,可依靠地层能量进行放喷排液;如果剩余压力低于井筒液柱回压,就需要用人工的方法将残液从井筒排至地面。目前,常用的人工排液法有:一是降低液柱压力或降低液体密度,如抽汲法、气举法;二是增注液体助喷,如增注液体二氧化碳法和液氮法等。

# 第四节 修 井

### 问题导入

1. 油水井在生产过程中,容易出现哪些问题?
2. 当油气井出现问题时,一般采取怎样的治理措施?

在生产过程中,由于受各种因素的影响,采油气井和水井常会出现各种问题,这就需要对存在问题的井进行作业,这种作业称为修井(workover)。修井包括冲砂(sand washing)、检泵(pump inspection)、下泵(lower pump)、清防蜡(wax removal and prevention)、防砂(sand control)、配注(injection allocation)、堵水(water plugging)、封窜(sealing channeling)、挤封(squeeze sealing)、二次固井(secondary cementing)、打塞(plug)、钻塞(drill plug)、套管整形(casing shaping)、修复(casing repair)、侧钻(casing sidetracking)、打捞(casing fishing)等,其目的是恢复采油气井产能和水井注水量,封堵无效层以及处理井下事故。

由于篇幅有限,在这里只简单介绍油水井常规修井工艺的相关知识。

## 一、清蜡

原油中含有多种组分,其中高碳链的($C_{25} \sim C_{50}$)饱和烃称为石蜡。国内主要油田的含蜡量都比较高,从6%到30%。石蜡的熔点在48~62℃之间。当油井开采时,从井底至地面,原油的温度逐渐降低。当温度降至石蜡的熔点以下时,石蜡便从原油中结晶出来,吸附在油管壁或地面设备、管线上,造成油流面积减小,产量降低,严重时甚至停产。因此,油井结蜡是影响油井高产稳产的突出问题。

解决油井结蜡的方法有两种:一是防蜡,即抑制蜡晶形成、沉淀、长大。目前主要采用化学防蜡法。二是清蜡,即将黏附在油井管壁、抽油泵、抽油杆等设备上的蜡清除掉。常用的方法有机械清蜡和热力清蜡。

**(一)机械清蜡**

(1)刮蜡片清蜡。利用井场电动绞车将刮蜡片下入油井中,在油管结蜡井段上下活动,将管壁上的蜡刮下来被油流带出井口。该方法适用自喷井和结蜡不严重的井。

(2)套管刮蜡。套管刮蜡的主要工具是螺旋式刮蜡器。将螺旋式刮蜡器接在油管下面,利用油管的上下活动将套管壁上的蜡清理掉,也可以利用转盘带动刮刀钻头刮削;同时利用液体循环把清理下的蜡带到地面。

**(二)热力清蜡**

(1)电热清蜡。电热清蜡是让电能转化为热能,使油流温度升高,达到清蜡、防蜡目的。

(2)热化学清蜡。利用化学反应产生的热能来清蜡。

(3)热油循环清蜡。利用本井生产的原油,经加热后注入井内不断循环,使井内温度达到蜡的熔点,蜡被逐渐熔化并随同油流到地面。

(4)蒸汽清蜡。将井内油管起出来,摆放整齐,然后利用蒸汽车的高压蒸汽熔化并刺洗管内外的结蜡。

## 二、冲砂

由于油层胶结疏松或油井工作制度不合理,以及措施不当造成油井出砂。油井出砂后,如果井内的液流不能将出砂全部带至地面,井内砂子逐渐沉淀,砂柱增高,堵塞出油通道,增加流动阻力,使油井减产甚至停产,同时会损坏井下设备造成井下砂卡事故。因此,必须采取措施清除积砂。

清砂方法有水力冲砂和机械捞砂,常用的是水力冲砂。水力冲砂是用高速流动的液体将井底砂子冲散,并利用循环上返的液流将冲散的砂子带至地面的工艺过程。

### (一)冲砂液的要求

(1)具有一定的黏度,以保证有良好的携带能力。

(2)具有一定的密度,防止井喷和漏失。

(3)配伍性好,不伤害油藏。

### (二)冲砂方式

(1)正冲:冲砂液沿油管柱流向井底,由油套管环形空间返出地面。

(2)反冲:与正冲相反。

(3)旋转冲砂:利用动力源带动工具旋转,同时用泵循环携砂。大修冲砂常用此方法。

## 三、检泵

在油井生产过程中,泵漏失(磨损或井下液体腐蚀,造成泵漏失)、泵失效(油井出砂或结蜡卡住游动阀或固定阀,使泵失效)、抽油杆断脱、腐蚀造成油管漏失、滤砂器或气锚出现故障、改变油井工作制度、加深或上提泵挂等均需检泵。

检泵要求如下:

(1)要取全、取准下井泵的各项资料,包括泵型、泵径、泵长、活塞长度,光杆、抽油杆规范、型号、根数、长度、接头规范长度,油管规范、根数、长度、泵下入深度,其他附件规范、深度。

(2)下泵深度要准确,防冲距要合适。

(3)下井油管螺纹要涂抹密封脂,要求油管无裂缝、无漏失、无弯曲,螺纹完好,并用内径规逐根通过。

(4)抽油杆应放在5个支点以上的支架上,不许落地;有严重弯曲或螺纹有损坏的抽油杆不许下井。

(5)起抽油杆时如果遇卡,不许硬拔;否则,会使抽油杆发生塑性变形,使抽油杆报废。

(6)对深井泵的起下与拉运过程要特别注意。要防止剧烈震动,以免将泵的衬套震松,造成返工。下井前要仔细检查泵的各个部件,性能良好才能下井。紧松螺纹时管钳不能咬在泵筒上。

## 四、油水井大修

油水井大修与小修同属于井下作业,但在工作内容上既有联系,又有区别。小修工作内容包括冲砂、清蜡、检泵、换结构、简单打捞(限下2次工具以内)、注水泥等。大修工作内容包括井下故障诊断、复杂打捞(下打捞工具3次以上)、查封窜、找堵漏、找堵水、防砂、回采、修套管、过引鞋加深钻井、套管内侧钻、挤封油水层、油水井报废等工作。随着油田不断开发,大修工艺技术的提高,大修作业内容也将不断完善。

在大修作业中,要严格执行技术标准及操作规程,只能解除井下事故,不能增加井下事故;只能保护和改善油层,不能破坏和伤害油层;只能保护井身,不能损坏井身。

### 思政案例

## 铁人精神激励我不断前行
—— 大国工匠刘丽

刘丽,大庆油田第二采油厂第六作业区采油48队采油工班长,一名普通的采油工,一名不普通的奋斗者。

富媒体5-1 油田里的创新能手
——大国工匠刘丽

29年坚守在采油一线,刘丽获得各类成果200余项,带领团队累计研发技术革新成果1048项,创效1.2亿元。当选全国劳动模范,荣获中华技能大奖,以我省唯一入选者身份站上了2021年"大国工匠年度人物"领奖台……

"是大庆精神、铁人精神、劳模精神、工匠精神,激励着我不断前行。"刘丽说。

"当个好工人,干就干到最好。"从19岁参加工作起,刘丽就以身为全省劳动模范的父亲为榜样,立志"当个好采油工"。为了练好基本功,她起早贪黑奋战在井场上,把队里所有岗位干了个遍,靠着拼劲、狠劲成为了一专多能的"岗位通"。

有过硬的技能本领做支撑,刘丽不断通过创新和改进解决生产难题,努力把活儿干得更巧、更快、更好。

多年来,采油工一直沿用传统的抠取办法更换抽油机井密封填料盒密封圈,不但总漏油、密封圈寿命短,换起来还费劲,小小的密封圈让采油工没少吃苦。刘丽看在眼里急在心上。

一天,刘丽拿起唇膏转动底部,膏体慢慢从上面露了出来。"可以通过旋转,把密封圈顶出来。"刘丽立刻来了灵感。她买来一堆口红,一支支拆解,弄清里面的结构,设计图纸、加工,很快一个新型"上下可调式密封填料盒"就制作好并安到了井上。18年来,她对密封填料盒先后进行了五代改进,最终使密封圈更换时间从过去的40多分钟缩短到10分钟,使用寿命从1个月延长到6个月,还使每口井日节电达到11度。

创新,给了刘丽从一名普通采油女工迈进"工匠"大门的金钥匙。她在担任洗井工时,负责全队 50 多口水井的洗井工作,洗井所需工具又多又笨重,不便携带、操作繁琐。她构思研究后,把撬杠、管钳、扳手和螺丝刀合为一体,使操作工具由四件变为一件,总重量从 15kg 降为 2.5kg,使用时可随意切换,既减轻了员工的劳动强度又大大提高了工作效率。

"能够通过改进工具、优化操作方法,为油田提质、增效、增产做贡献,是我的光荣。"刘丽自豪地说。

干就干到最好、干就干到极致。从事采油工作 29 年来,刘丽通过研发、生产、试验、修改,共研发各类成果 200 余项,获国家及省部级奖项 38 项、国家专利及知识产权计算机软件著作权 43 项。她研发的"电泵井便携式清蜡设备"结束了大庆油田自 20 世纪 60 年代以来每口电泵井配一套防喷管的历史,"螺杆泵井新型封井器"入选全国 40 项创新资金补助项目,填补了行业内技术空白。

刘丽是"大国工匠",更是"育匠大师"。2011 年 8 月,以她名字命名的"刘丽工作室"成立。工作室探索实施了订单式培训、体验式五步阶梯培训等多种培训方式,累计培训技能骨干 1.5 万余人次,为大庆油田培养了一大批技能型人才。工作室也由成立时的两名采油工,逐渐发展到涵盖采油、集输等 35 个工种,拥有 12 个分会、531 名成员。

经过多年摸索,刘丽带领团队探索出了"专家技师联合研发、革新工厂自主生产、示范区试用推广"的"研产用"一体化创新模式,全力革新攻关,累计研发技术革新成果 1048 项,获国家专利 174 项,创效 1.2 亿元。

2019 年,中国石油集团公司建立了由 380 名技能人才组成的技能专家协作委员会,刘丽担任勘探与生产分会主任。传技育人、创新创效,刘丽站上了更高、更大的舞台,朝着为实现油田高质量发展贡献工匠力量的新目标进发。

(资料来源:黑龙江新闻网)

### 复习题

1. 什么是试油?油井试油的工序是什么?诱导油流方法有哪些?
2. 油井自喷原理是什么?
3. 气举采油原理是什么?
4. 游梁式抽油机由哪些零部件组成?深井泵的工作原理是什么?
5. 螺杆泵采油原理是什么?
6. 电泵井井下机组的组成是什么?采油原理是什么?
7. 什么是压裂?压裂液、支撑剂各有哪些类型?
8. 什么是酸化?盐酸酸化液、土酸酸化液各在什么情况下使用?酸液添加剂主要有哪些类型?
9. 常规酸化和压裂酸化有何区别?
10. 修井包括哪些工作内容?

# 第六章 油气田开发技术

## 学习目标

【知识目标】
- 熟悉油田注水方式、特点及适用性。
- 熟悉海上油气生产特点。
- 熟悉提高采收率技术的定义、特点及适用性。
- 熟悉非常规油气的开采技术。

【能力目标】
- 能够辨析海上油气开采与陆地油气开采的异同。
- 能够辨析非常规油气开采与常规油气开采的异同。

## 思维导图

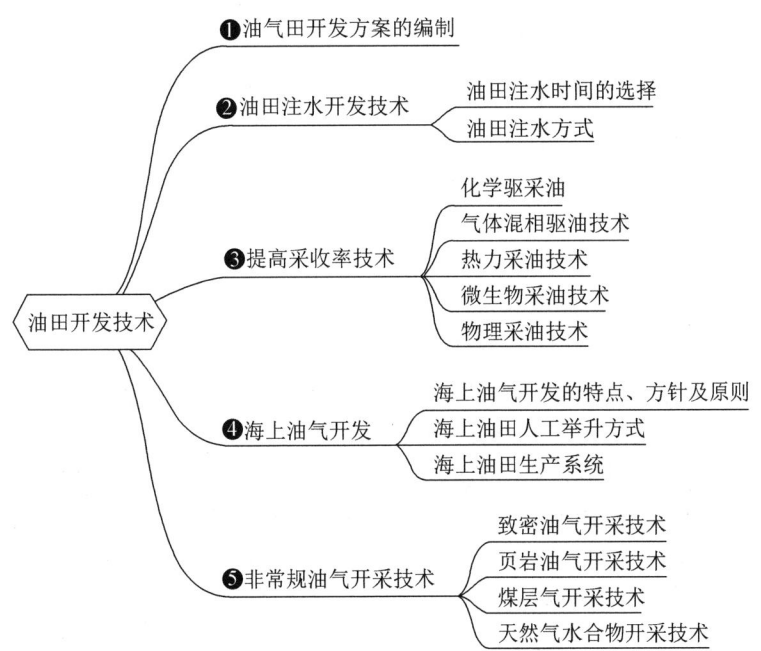

油田开发技术
- ❶油气田开发方案的编制
- ❷油田注水开发技术
  - 油田注水时间的选择
  - 油田注水方式
- ❸提高采收率技术
  - 化学驱采油
  - 气体混相驱油技术
  - 热力采油技术
  - 微生物采油技术
  - 物理采油技术
- ❹海上油气开发
  - 海上油气开发的特点、方针及原则
  - 海上油田人工举升方式
  - 海上油田生产系统
- ❺非常规油气开采技术
  - 致密油气开采技术
  - 页岩油气开采技术
  - 煤层气开采技术
  - 天然气水合物开采技术

### 初识油气田开发技术领域

油气田开发技术(oil and gas field development technology),主要涉及两个问题:一是如何合理、快速地开采油气,即保持合理的开采速度和保持油田长期高产稳产,以满足国家对油气的需求;二是如何提高油气采收率,尽可能多地将地下油层中的油气开采出来。要做到这两点,必须全面正确地了解油气田或油气藏的自身特性,制订合理的油气田开发方案,适时地采用正确的油气田开发技术。

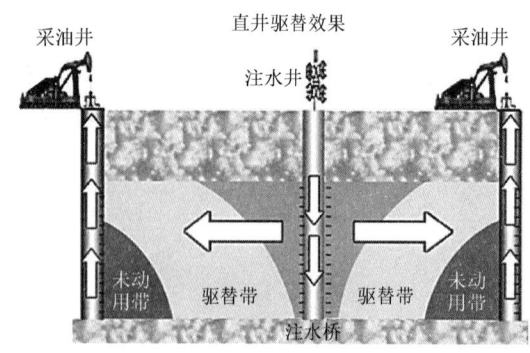
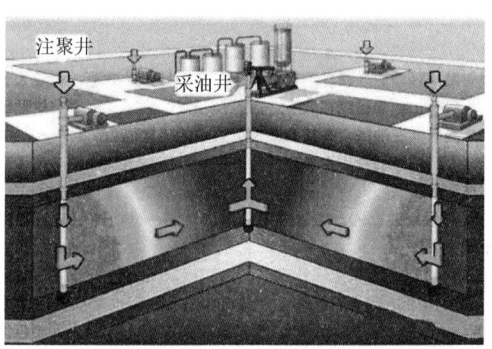

本章主要讲述油气田开发方案的编制、油田注水开发、强化采油技术、海上油气开采技术和非常规油气开采技术。

# 第一节 油田开发方案的编制

1. 油田整体开发方案都涉及哪些内容?
2. 如何编制油田开发方案?

油田开发方案,就是利用一定的油井分布形式、一定的井数及它们投产的程序,利用一定油井的工作制度和油层能量,促使和控制石油从油层流向生产井井底的各种条件的综合方案。它是在油田详探和生产区试验并正确地、全面地认识油层的基础上,为保证油田能进行合理开发,而对整个油田作出长期和正式生产的全面规划和部署。

油田开发方案设计正确与否,对开发效果影响极大。例如,属非均质的砾质砂岩油层的克拉玛依油田,早期开发为行列式注水,有些地区两排注水井之间油井多达五排,结果水在地下乱窜,造成"旱涝不均",产量大幅度下降。后来针对不同情况,进行了行列注水和面积注水(俗称"窝窝头注水")、切割注水等,从而使产量回升,扭转了被动局面。又如,当时苏联杜玛兹油田的开发方案规定用两套层系分别开采Д1层和Д2层,但在开发过程中,发现两层窜流,达不到分采目的。这些事例说明,油田开发方案制订得不合理,将给油田开发工作带来严重的危害性。因此,必须从油田实际情况和生产规律出发,制订出合理的开发方案,使油田长期保持稳产高产、具有良好的经济效益,直至开发结束。

## 一、油田开发方案的主要内容

(1)油层地质情况；
(2)储量计算；
(3)开发方针与开发原则；
(4)开发程序；
(5)开发层系、井网、开采方式和注水系统；
(6)钻井工艺和完井方法；
(7)采油工艺技术；
(8)开发指标；
(9)经济分析。

## 二、油田开发方针

正确的油田开发方针,应根据国民经济对石油工业的需要和油田开发的经验,结合本油田的实际情况来制订。具体应考虑以下几方面的关系：

(1)最合理的采油速度；
(2)油田地下能量的利用和补充；
(3)采收率的大小；
(4)稳产年限；
(5)经济效果；
(6)技术工艺。

这几方面是互相依存又互相矛盾的。应在满足国家对石油需要量的前提下,从油田整体利益出发,制订出科学的开发方针并不断补充和完善,必须在一个较长的时间内实现稳产高产。如大庆油田贯彻油田开发方针的具体做法是：每个开发区的采油速度应达到2%❶左右；含水上升率≤2%；达到设计产量以后稳产10年；采出程度30%~35%；最高含水率75%。

当然,其他油田不应照搬这些数值,应针对具体情况,制订出合理的开发方案。

## 三、油田开发原则

任何一个油田都可以用各种不同的开发方案进行开采。不同的开发方案,将会带来不同的效果,但其中必有一个最佳方案。这个方案,就是合理的开发方案。

### (一)合理开发油田的原则

(1)在油田客观条件允许的前提下(指油田地质储量、油层物性、流体物性),高速度开发油田,保证顺利地完成国家和油区按一定原则分配的计划任务。
(2)最充分地利用天然资源,保证油田获得最高的采收率。
(3)油田生产稳定时间长,而且在尽可能高的产量上稳产。
(4)具有最好的经济效果,也就是用最少的人力、物力、财力,尽可能地采出更多的石油。

---

❶ 每个开发区块年采出油量占地下油藏原油储量的量。

**(二)应确定的几个问题**

为满足以上几项原则,应对以下几方面的问题作出具体的规定。

**1. 规定采油速度和稳产期限**

采油速度的大小决定了生产规模。当然油田应该以较高的速度生产,以满足国家对石油的需要,但同时必须对稳产期限要有一个明确的规定。采油速度和稳产期必须根据油田地质开发条件和工艺技术水平以及经济效果来确定。对于不同的油田,合理的采油速度及稳产期限可以不同,但生产期的采收率应满足一个统一的标准。

**2. 规定开采方式与注水方式**

在开发方案中,必须明确规定油田的采油方式、驱动类型、转化开采方式的方法、转化的时间及其相应的措施。如果油田必须注水,应确定注水时间,是早期注水还是晚期注水,以及采取什么样的注水方式。

**3. 确定开发层系**

一个开发层系是由一些独立的、上下有良好隔层、油层性质相近、驱动方式相近、油气界面相近、具有一定储量和一定生产能力的油层组成的。它用一套独立的井网进行开发,是一个最基本的开发单元。当开发一个多油层油田时,必须正确地划分和组合开发层系。一个油田用一套层系或是用几套层系开发,是开发方案中一个重大决策。它涉及油田建设规模大小的问题,也是决定油田开发效果的重要因素,因此必须慎重地加以解决。

**4. 确定开发步骤**

开发步骤是指从布置基础井网开始,一直到完成注采系统、全面注水和采油的整个过程中所必经的阶段和每一步的具体做法。合理的开发步骤是根据科学开发油田的需要而制定的。对于一个多油层的油田来说,应包括以下两个方面:

(1)基础井网的部署。基础井网是以某一主要含油层为目标而首先设计的基本生产井和注水井。它也是进行开发方案设计时提供开发区油田地质研究的井网。

(2)确定生产井网和射孔方案。根据基础井网,待油层对比工作完成以后,全面部署各层系的生产井网。依据层系和井网确定注水井和采油井的原则,并编制方案进行射孔投产。

**5. 确定合理的布井原则**

合理布井要求在保证采油速度的条件下,采用井数最少的井网,并最大限度地控制地下储量以减少储量损失。对于注水开发油田,还必须使绝大部分储量处于水驱范围内,保证水驱储量最大。由于井网是涉及油田基本建设的中心问题,也是涉及油田今后生产效果的根本问题,因此除了进行地质研究以外,还要应用渗流力学方法进行动态指标的计算和经济指标的分析,最后作出方案的综合评价,并选出最佳方案。

**6. 确定合理的采油工艺技术和增产增注措施**

在方案中必须针对油田的具体地质开发特点,提出应采用的采油工艺手段,尽量采用先进的工艺技术,使地面建设符合地下实际情况,使增产增注措施能够充分发挥作用。

## 四、油田开发方案的分类

根据井网在油藏上的分布方式、投产的速度和程序,以及是否向油层注入工作剂以补充油层能量等因素,对油田开发方案进行分类。

(1)按生产井在含油面积上的分布分类,油田开发方案可分为油井几何网状分布的方案(均匀井网)和油井行列状分布的方案(非均匀井网)。当油田为水压或气压驱动时,也就是油田内含油边缘在整个开发过程中不断向前推进时,为了使油水(或气水)边界均匀推进,尽可能地使油层内原油多排出,而将油井在油田面积上按行列状平行于含油边缘分布。在溶气驱动和底水驱动的方式下,油井将按均匀的几何网状布置。均匀井网按其构成的几何形状不同,又可分为正方形井网和三角形井网。

(2)按油井的投产程序和速度分类,油田开发方案可分为全盘开发的开发方案,即在整个油田面积上油井同时开钻和投产;加密开发的开发方案,即在整个油田上先钻一部分井,而这一部分井是按一倍、两倍或三倍已经确定了的井距布置,然后再在油井中间加密;蔓延式的开发方案,即在油田整个面积上从油藏的某一边开始钻井,然后顺序钻油田内部另一边的油井。在面积不大的油田上可以采取全盘开发方案,而在其他情况下都采用蔓延法或蔓延加密方案。这是因为油田太大,全盘开发方案需要占用过多的钻机,基本建设战线也拉得太长,造成各方面的困难。

(3)按是否采取保持油层压力的措施分类,油田开发方案可分为不保持油层压力的开发方案,即利用油田天然能量开发油田的方案(现在各油田很少用此方案,因为绝大部分原油采不出来);保持油层压力的开发方案,如注水、注气开发方案。

## 五、油田开发方案的编制步骤

### (一)油层的地质研究

在对油层进行全面地质研究后,应确定表示油层特性的下列数据:
(1)油层几何形状的大小,即油层构造和厚度,这些数据应按每一分层及夹层单独计算。
(2)油层的天然驱动条件及其供给区的情况。
(3)油层原始压力,合适的生产井井底压力及由油层机械物理性质所决定的流体最大允许排量。
(4)岩石的物理性质,包括渗透率、孔隙度、弹性以及岩石的机械性质。
(5)流体的物理化学性质,包括密度,黏度,成分,压缩性,气体的溶解系数、体积系数和原始气油比。
(6)石油在岩石中的原始饱和度、束缚水的数量,以及在不同的驱油条件下,各种注入速度和压力降的石油采收率。
(7)油层温度。

### (二)确定各计算方案的地质—技术指标

在确定了油田地质—物理数据以后,就可以利用渗流理论或用数值模拟预测不同的开发方案开发油田时的动态。为此,首先要选择一批计算方案。选择步骤如下:
(1)确定开发油田的原则方案,即确定是否要向油层注入工作剂,并确定注入方式(外缘、内缘、面积或切割)。
(2)根据油田的几何尺寸大小、构造和油层的特性,预先判断油藏驱动类型,确定布井方式。

(3)根据油田大小、油层及油层中的流体的物理及化学性质等因素,提出各种不同井列数、井数和不同的油井工作制度的计算方案。确定要用人工保持和恢复油层压力的方法时,计算方案中应有各种注入井井数和工作制度的方案。

有了计算方案,就可根据水动力学计算公式或在计算机辅助数学模型上求出各个方案逐年的油田、油井产量以及每列和每批(底水驱时)井的开采时间,并根据油田地质情况用统计的或其他方法确定各计算方案的石油采收率。

### (三)计算各方案的经济效果并进行区域配产

(1)在开发油田的整个过程中的劳动总消耗和劳动生产率。
(2)开发油田的金属消耗品,包括套管、油管、输油管以及矿场储运设备所消耗的金属。
(3)开发油田的总投资额(油田建设的全部投资,包括人力、物力的价值)和经济效果。
(4)生产费用,包括投资折旧费和生产过程中的一切费用,此项费用最终以每吨石油成本表示。

在以上工作的基础上,对比各个方案的地质—技术—经济指标,综合选择出一个符合要求的计算方案作为合理的开发方案。合理的开发方案,应该保证同时满足多方面的要求。也就是在选择方案时,既要以满足国家对石油的需要为主,又要使石油采收率最高和经济消耗最低,这便是开发方案设计的最终目的。

## 第二节　油田注水开发技术

问题导入

1. 油田为什么要注水?
2. 什么时间可以注水?注水方式有哪些?

在采油过程中,仅利用地层天然能量进行采油,称为"一次采油"。一次采油也被称为"能量衰竭法采油",采收率一般只能达到15%左右,大部分油气仍残留在油层中。为保持和提高地层能量,提高地层中油气采收率,人们采用油田注水开发技术。

向油层注水,保持或提高地层能量,提高油气采收率的采油方法,早在20世纪20年代美国就已工业化应用。苏联于1946年第一次在杜玛兹油田采用早期注水、保持油层压力的开发方法。在这期间注水开发的油田越来越多。1936年美国采用注水开发的区块只有846个,到1970年就发展到9000个以上。我国最早大量注水的油田是克拉玛依油田,现各主要油田都采用了注水开发方式。因此,注水已成为世界范围内油田开发的主要手段。

### 一、油田注水时间的选择

#### (一)不同时间注水油田开发的特点

不同类型的油田,在油田开发的不同阶段注水,对油田开发过程的影响是不同的,其开发结果也有较大的差异。

### 1. 早期注水

早期注水的特点是在地层压力还没有降到饱和压力之前就及时进行注水,使地层压力始终保持在饱和压力以上。由于地层压力高于饱和压力,油层内不脱气,原油性质较好。注水以后,随着含水饱和度增加,油层内只是油水两相流动,其渗流特征可由油水两相渗透率曲线所反映。

早期注水可以使油层压力始终保持在饱和压力以上,油井有较高的产能,有利于保持较长的自喷开采期。由于生产压差调整余地大,有利于保持较高的采油速度和实现较长的稳产期。但这种注水方式使油田投产初期注水工程投资较大,投资回收期较长。所以,早期注水方式不是对所有油田都是经济合理的,尤其对原始地层压力较高而饱和压力较低的油田更是如此。

### 2. 晚期注水

晚期注水的特点是油田开发初期依靠天然能量开采,在没有能量补给的情况下,地层压力逐渐降到饱和压力以下,原油中的溶解气析出,油藏驱动方式转为溶解气驱,导致地下原油黏度增加,采油指数下降,产油量下降,气油比上升。如我国某油田,在地层压力降到饱和压力以下后,气油比由 $77m^3/t$ 上升到 $157m^3/t$,平均单井日产油由 10t 左右下降到 2t 左右。

在溶解气驱之后注水,称晚期注水,在美国称"二次采油"。注水后,地层压力回升,但一般只是在低水平上保持稳定。由于大量溶解气已跑掉,在压力恢复后,也只有少量游离气重新溶解到原油中,溶解气油比不可能恢复到原始值。因此,注水以后,采油指数不会有大的提高。由于油层中残留有残余气或游离气,注水后可能形成油水两相或油、气、水三相流动,渗流过程变得更加复杂。这种方式的油田产量不可能保持稳产,自喷开采期短,对原油黏度和含蜡量较高的油田,还将由于脱气使原油具有结构力学性质,渗流条件更加恶化。

晚期注水方式初期生产投资少,原油成本低。原油性质较好、面积不大且天然能量比较充足的中、小油田可以考虑采用。

### 3. 中期注水

这种方式介于上述两种方式之间,即投产初期依靠天然能量开采,当地层压力下降到低于饱和压力后,在气油比上升至最大值之前注水。此时油层中将由油气两相流动变为油、气、水三相流动。

随着注水恢复压力,可以有以下两种情形:

一种情形是地层压力恢复到一定程度,但仍然低于饱和压力。在地层压力稳定条件下,形成水驱混气油驱动方式。据室内模拟和国外文献介绍,如果地层压力低于饱和压力15%以内,此时从原油中析出的气体尚未形成连续相,这部分气体有一定驱油的作用,并由于油—气间的界面张力远比油—水、油—岩石的界面张力小,因而部分气泡位于油膜和岩石颗粒表面之间。这对亲油岩石来说,可破坏岩石颗粒表面的连续油膜,有助于提高最终采收率。

另一种情形就是通过注水逐步将地层压力恢复到饱和压力以上。此时,脱出的游离气可以重新溶解到原油中,但天然气组分的相态变化是不可逆过程。当提高压力时,脱出的游离气重新完全溶解所需的压力为溶解压力。显然,溶解压力大于饱和压力。此外,在利用天然能量开采阶段,部分溶解气逸出。因此,即使地层压力恢复到饱和压力以上,溶解气油比和原油性质都不可能恢复到初始情况,产能也将低于初始值。在地层压力高于饱和压力条件下,如将井底流压降至饱和压力以下,尽管采油指数较低,但由于采油井的生产压差大幅度提高,仍可使油井获得较高的产量和较长的稳产期。

中期注水的特点是初期投资少,经济效益好,也可能保持较长稳产期,并不影响最终采收率。地层压力与饱和压力相差较大、天然能量相对较大的油田比较适用于中期注水。

### (二)选择注水时机应考虑的因素

#### 1. 油田天然能量的大小

要确定油田合理的注水时间,就要研究油田天然能量的大小,研究这些能量在开发过程中可能起的作用。总的原则是:在满足油田开发要求的前提下,尽量利用油田的天然能量,尽可能减少人工能量的补充。如有的油田边水很活跃,边水驱动能满足油田开发的要求,就没有必要采用人工注水的方法开发;有的油田原始地层压力与饱和压力相差很大,有较大的弹性能量,也就没有必要采用早期注水。

#### 2. 油田的大小和对油田产量的要求

不同油田由于自然条件和所处位置的不同,对油田开发方针和产量也是不同的。小油田,由于储量少,产量不高,一般要求高速开采,不一定追求稳产期,因此也就没有必要强调早期注水。大油田,对国家原油产量的增长起着很大的作用,对国民经济及其他部门的布局和发展有着很大的影响,因此要求大油田投入开发后,产油量逐步稳定上升,在油田达到最高产量后,还要尽可能地保持较长时间的稳产,不允许油田产量出现较大的波动。要确保这个目标的实现,一般要求进行早期注水。如苏联第二巴库的油田大部分是采用早期注水开发。20世纪70年代以后投入开发的西西伯利亚油区的一些大油田也是采用早期注水开发的。如萨马特洛尔油田,1969年4月投入开发,同年10月就开始注水,当年采油$140 \times 10^4$t,到1975年产量达到$8700 \times 10^4$t,1976年采油速度就达到2%,1980年产量为$1.52 \times 10^8$t,地层压力始终保持在原始地层压力左右。

#### 3. 油田的开采特点和开采方式

自喷开采的油田,就要求注水时间相对早一些,压力保持的水平相对高一些。对原油黏度高、油层非均质性严重、自喷很困难、只能采用机械方式采油的油田,其地层压力就没有必要保持在原始地层压力左右,不一定采用早期注水开发。对原始油层压力与静水柱压力之比高于1.3以上的油田,即使自喷开采,保持压力的界限也可以比原始压力低,因此注水时间也可以推迟。

总之,注水时间的选择是一个比较复杂的问题。既要考虑到油田开发初期的效果,又要考虑到油田中后期的效果,必须在开发方案中进行全面的技术论证,在不影响油田开发效果和完成国家任务的前提下,适当推迟注水时间,可以减少初期投资,缩短投资回收期,有利于扩大再生产,取得较好的经济效益。

## 二、油田注水方式

油田注水方式是指注水井在油田上所处的部位和注水井与采油井间的排列关系。

采用人工注水开发的油田,油井之间、注水井之间、油井与注水井之间都存在着严重的相互干扰。因此,必须深入研究油层性质和构造条件,确定合理的注采井网,进行合理的配产配注。这是油田注水开发中最突出、最关键的一个问题。

油田注水方式可分为边缘注水、切割注水、面积注水和点状注水四种。

## (一)边缘注水

边缘注水的条件是:油田面积不大,构造比较完整,油层稳定,边部和内部连通性好,油层流动系数(有效渗透率×有效厚度/原油黏度)较高。特别是钻注水井的边缘地区要有较高的吸水能力,能保证压力的有效传递,使油田内部能收到良好的注水效果。边缘注水根据油水过渡带的油层情况又可分为缘外注水、缘上注水和缘内注水三种。

### 1. 缘外注水

缘外注水又称边外注水。这种注水方式要求含水区内渗透率较高,注水井一般与等高线平行,分布在外油水边界以外,如图6-1所示。它的优点是相当于将供给边线移近到油藏开发区,可保持或提高新供给边线的压力。

世界上用这种注水方式开发比较成功的油田,如苏联的巴夫雷油田,面积为80km²左右,平均有效渗透率为0.6μm²,油层比较均匀而稳定,边水活跃。采用边外注水后,油层平均压力稳定在13.73~15.70MPa之间。在注水后的五年内,日产油量基本稳定,年采油速度为可采储量的6%左右。我国老君庙油田,面积较小,并有边水存在,在开发初期,L油层和M油层均采用缘外注水方式。

### 2. 缘上注水

当油田在油水外缘以外的区域渗透性差时,不宜缘外注水,而将注水井部署在油水外缘上或在油藏以内距油水外缘不远的地方,即缘上注水,如图6-2所示。

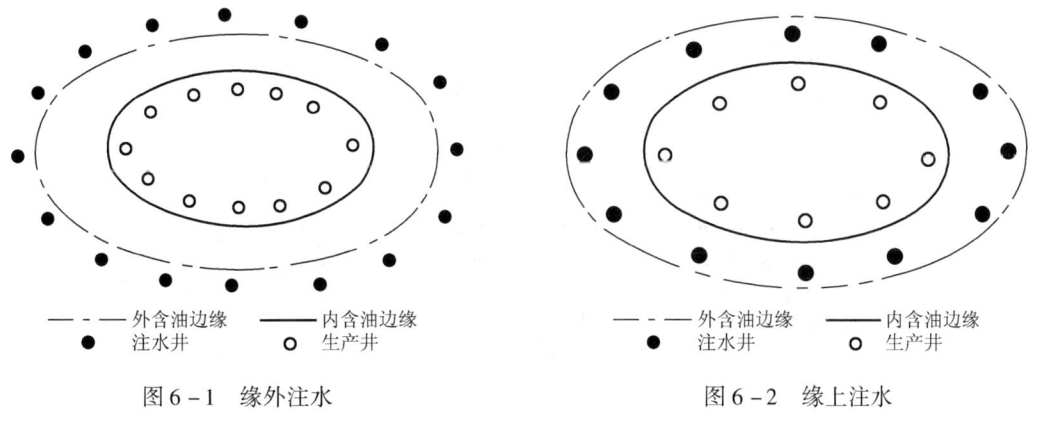

—— 外含油边缘　—— 内含油边缘
● 注水井　　　　○ 生产井

图6-1　缘外注水　　　　　　　　图6-2　缘上注水

### 3. 缘内注水

如果油层渗透率在油水过渡带很差,在过渡带不适宜注水,而应将注水井部署在含油内缘以内,采用缘内注水,以保持油井充分见效和减少注水的外逸量,如图6-3所示。

边缘注水方式适用于边水比较活跃的中心油田。这种注水方式的优越性是油水界面比较明显,逐步由外向油藏内部均匀推进,故比较容易控制,无水采收率或低含水采收率较高。与其他类型的油田相比,其最终采收率往往要高出许多,国内外有些油田已经证实了这一点。若在适当的地方辅以点状注水,则开发效果更佳。由于油井受注水井有效影响最多只有三排,因此若是较大的油田,显然采用边缘注水,往往只是构造边部几排井受益,而处于构造顶部的井(这些井一般都具有石油性质好、油层厚、渗透性好等高产条件),就得不到注水能量的补充。

若控制这些油井生产,势必降低采油速度,延长开发时间。若让其投产,则由于能量不够,易形成低压带变为弹性驱动或溶解气驱消耗方式采油,以致后来造成停喷。

因此,仅仅依靠边缘注水是不行的,这时应该用缘内注水加边内切割注水方式,如图6-4所示。

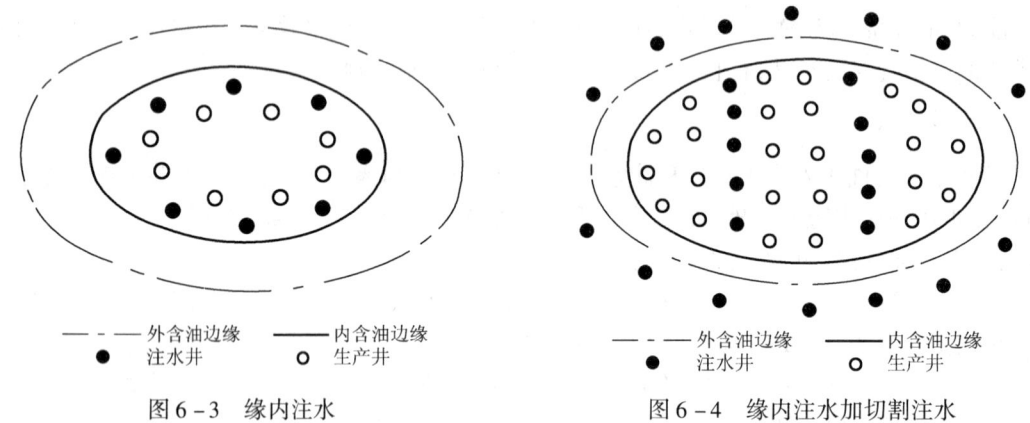

图6-3 缘内注水　　　　　　　图6-4 缘内注水加切割注水

### (二)边内切割注水

对于面积大、储量丰富、油层性质稳定的油田,一般采用边内切割注水方式。这种注水方式利用注水井排将油藏分成较小的单元切割区。可以根据油藏不同类型形态、物性、开发要求因地制宜地采用横切、纵切或环状切割等不同形式,如图6-5所示。

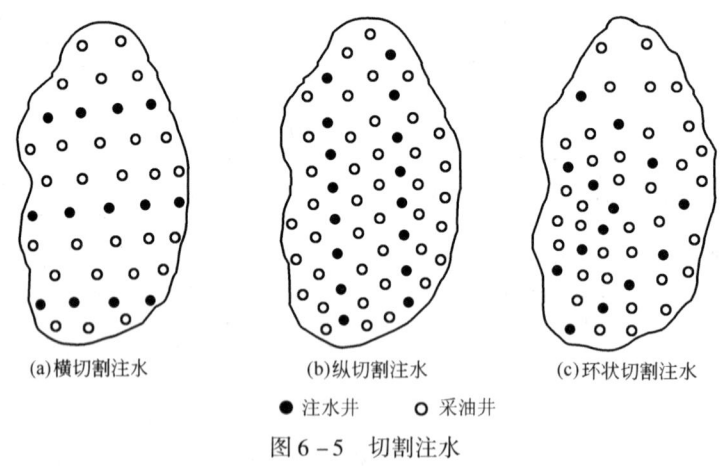

图6-5 切割注水

边内切割注水方式的采用条件是:油层分布面积大,且有一定的延伸长度,注水井排上可以形成比较完整的水线,保证在切割区内注水井与采油井之间要有较好的连通性,油层具有一定的流动系数,保证在一定的切割区和一定的井排距内,注水效果能比较好地传递到生产井排,以便确保在开发过程中达到所要求的采油速度。

国外一些大油田,如苏联的罗马什金油田,采取了边内切割的注水方式,特别是在中央三个较大的切割区内,增加了切割水线以后,注水效果较好,大部分油井保持正常自喷。美国的克列—斯耐德油田,面积约为200km²,初期依靠弹性开采后转为溶解气驱方式,为了提高开采速度及采收率,对该油田研究了四种不同的注水方式。后来用了切割注水方式,则成为水压驱动,恢复了油层压力,大部分油井又恢复了自喷能力。我国20世纪50年代的克拉玛依油田,一区、五区、六区等区块也采取了边内切割注水方式。

### (三)面积注水

面积注水实质上是把油层分割成许多更小的单元,即一口注水井控制其中之一,并同时影响邻近的几口油井,而每口油井又同时受邻近的几口注水井不同方向上的注水影响。显然这种注水方式有较高的采油速度,生产井容易受到注水井的影响。不同的面积注水方式及井网参数见图6-6和表6-1。

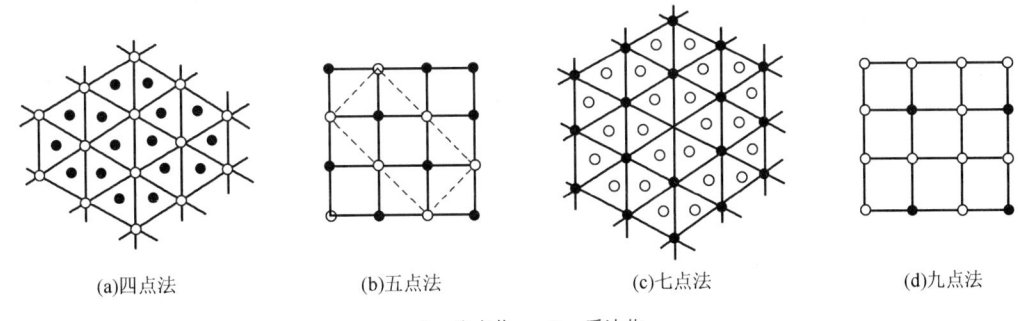

(a)四点法　　(b)五点法　　(c)七点法　　(d)九点法

●—注水井；　○—采油井

图6-6　面积注水

表6-1　不同面积井网的井网参数

| 井网 | 注水井与生产井比例 | 钻成井网要求 |
| --- | --- | --- |
| 七点法 | 2:1 | 等边三角形 |
| 歪七点法 | 1:2 | 正方形 |
| 五点法 | 1:1 | 正方形 |
| 四点法 | 1:2 | 等边三角形 |
| 九点法 | 3:1 | 正方形 |
| 反九点法 | 1:3 | 正方形 |

什么样的油田,选用什么样的面积注水,并无固定的格式。一般说来,油层连通性不好,而又要加速开采,这时注水井就应该多,可采用四点法或反九点法;反之则采用七点法井网开采。在油田开发初期,注水井应少些,到了晚期,注水井数就应适当增多。面积注水方式适用的条件如下:

(1)油层分布不规则,延伸性差,多呈透镜状分布,用切割式注水不能控制注入水,不能逐排地影响生产井。

(2)油层渗透性差,流动系数低,用切割注水由于注水推进的阻力大,采油速度低。

(3)油田面积大,构造不够完整,断层分布复杂。

(4)适应于油田后期的强化开采以提高采收率。

(5)油层具备切割注水或其他注水方式,但要求达到更高的采油速度时也可用面积注水方式。

### (四)点状注水

点状注水是指注水井零星地分布在开发区内,常作为其他注水方式的一种补充形式。

# 第三节 提高采收率技术

**问题导入**

1. 为什么要进行三次采油?
2. 提高采收率技术都包括哪些?

我国多数油田处于注水采油的晚期,在采出液体中含水量高达95%,注水采收率不到40%,有一半以上的石油仍然留在地下无法采出。为减缓这些油田的衰老速度,维持我国原油稳产,减少对国外原油依赖程度,进一步提高油藏采收率,必须进行三次采油。三次采油也称"强化采油",是通过向油层注入化学物质、注蒸汽、注混相气,或对油层采用生物技术、物理技术来改变油层性质或油层中的原油性质,提高油层压力和石油采收率的方法。

我国克拉玛依油田早在1958年就开展三次采油研究工作,并进行火烧油层采油。20世纪60年代初,大庆油田一投入开发,就开始了三次采油研究工作,先后研究过$CO_2$水驱、聚合物溶液驱、$CO_2$混相驱、注胶束溶液驱和微生物驱。70年代后期,我国对三次采油的研究逐渐重视起来,玉门油田开展了活性水驱油和泡沫驱油。80年代,大港油田开展了碱水驱油研究工作。90年代,大庆、胜利、大港等油田对聚合物驱油都开展了研究,相继提出了三元复合驱及泡沫复合驱等提高石油采收率新技术。其中聚合物驱油技术已工业化推广,三元复合驱油技术也在扩大化工业试验阶段。这些新技术的研究和应用,极大地提高了我国油田的原油采收率。

富媒体6-1 石油的故事——大庆油田不断研发新的采油技术

本节主要介绍化学驱油技术、气体混相驱油技术、热力采油技术和微生物采油技术、物理采油技术等提高油气采收率技术。

## 一、化学驱油技术

化学驱油技术(chemical recovery processes)又称"改良水驱",是指在注入水中加入一种或多种化学药剂,改变注入水的性质,提高波及系数和洗油效率,提高采收率的技术。根据所加入的化学药剂的不同,可分为以下几种方法。

### (一)聚合物驱油

聚合物是高分子化合物,它由成千上万个称为单体的重复单元所组成,其分子量可达$200 \times 10^4$及以上。聚合物具有增大水相黏度的性能。

聚合物驱油(polymer flooding)是把聚合物添加到注入水中,提高注入水的黏度,降低驱替介质流度,降低水油流度比,提高水驱油波及系数的一种改善水驱方法。该技术已成为保持油田持续高产及高含水后期提高油田开发水平的重要技术手段。如大庆油田主力油层水驱采收率在40%左右,采用聚合物驱油技术后,可比水驱提高采收率10%以上。

驱油用聚合物主要有两种:一种是人工合成的聚合物,主要是由丙烯酰胺单体聚合而成的聚丙烯酰胺(polyacrylamide,PAM),所以聚合物驱有时也简写成PAM驱;另一种是天然聚合物,使用最多的是黄原胶(xanthan gum),也称聚糖或生物黄原胶。国内外矿场试验绝大多数用的是部分水解聚丙烯酰胺,它的水溶性、热稳定性和化学稳定性都比较好。

聚合物驱油机理是:聚合物溶解在水中,增加了水的黏度;在井底附近的地层中,水流速度高,聚合物分子呈线形流动;在远离井底的地层中流速慢,聚合物分子卷曲呈线团状或球状而滞留在油层孔隙喉道中,降低了水相渗透率,从而降低了油水流度比,提高了波及效率;聚合物分子的官能团(如酰胺基)可部分吸附在岩石孔隙表面,使聚合物分子部分伸展在水中,阻滞了水的流动。因此,聚合物的加入,降低水油流度比,不仅提高了平面波及效率,克服了注入水的"指进"(图6-7),而且也提高了垂向波及效率,增加了吸水厚度。

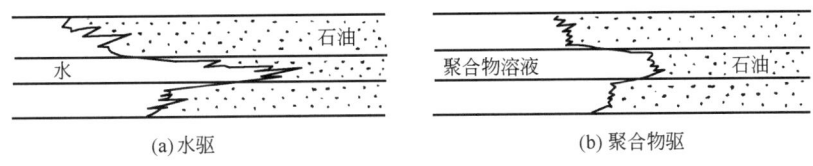

图6-7 聚合物驱提高采收率示意图

### (二)表面活性剂驱油

表面活性剂是指能够在溶液中自发地吸附于两相界面上,并少量加入就能显著降低该界面自由表面能(表面张力)的物质,如烷基苯磺酸钠、烷基硫酸钠等。表面活性剂驱油(surfactant flooding)的主要机理是降低油水界面张力(interfacial tension),改变岩石孔隙表面的润湿性,提高洗油效率。

由于地层水含有的盐种类较多,且各油田地层水所含的盐类也各不相同,因此,要选择与地层水相适应的表面活性剂,否则收不到预期的效果。即使是有效的表面活性剂,在表面活性剂驱油过程中也存在着两个较突出的问题:一是表面活性剂分子会被岩石表面或油膜表面吸附,导致表面活性剂在驱油过程中的沿途损失。经过一段距离后,注入水中的表面活性剂含量将大量减少,作用就非常微弱以致消失。二是表面活性剂水溶液的流度与水差不多,不能提高波及系数。

表面活性剂驱油,从工艺上讲与注水并没有什么差异,只是把注入水改为表面活性剂体系,即注入一定浓度的表面活性剂溶液,目的是提高洗油效率。目前表面活性剂驱油大体有两种方法:一种是以浓度小于2%的表面活性剂水溶液作为驱动介质的驱油方法,称为表面活性剂稀溶液驱,包括活性水驱、胶束溶液驱;第二种是用表面活性剂浓度大于2%的微乳液进行驱油,称为微乳液驱。

### (三)碱水驱油

碱水驱油(caustic flooding)是通过将比较廉价的碱性化合物(如氢氧化钠)掺加到注入水中,使碱与原油的某些成分(如有机酸)发生化学反应,形成表面活性剂,降低水与原油之间的界面张力,使油水乳化,改变岩石的润湿性,并可溶解界面油膜,提高原油采收率的方法。可见,碱水驱油实质上是地下合成表面活性剂驱油。

在碱水驱中,可以作为碱剂的化学剂主要有氢氧化钠、原硅酸钠($Na_4SiO_4$)、氢氧化铵、氢氧化钾、磷酸三钠、碳酸钠、硅酸钠($Na_2SiO_3$)及聚乙烯亚胺。在上述化学试剂中,氢氧化钠和原硅酸钠的驱油效果最好,而且经济效益也比较好,此即人们通常所说的"苛性碱水驱"。

碱水驱油机理有以下几个方面:降低界面张力;油层岩石的润湿性发生反转;乳化和捕集携带作用;增溶油水界面处形成的刚性薄膜。

碱性水驱方法的工艺比较简单,不需增加新注入设备,相对于其他化学驱油来说,成本比较低。对于注水油田,只要根据确定的碱浓度,向注入水中加入一定量的碱,就很容易转变为碱水驱方法采油。但这种方法对于大部分油田效果并不明显。其主要原因是碱虽然可以降低界面张力,但界面张力的降低程度明显受原油性质、地层条件的影响。

### (四)三元复合体系驱油

三元复合体系驱油是指在注入水中加入低浓度的表面活性剂(S)、碱(A)和聚合物(P)的一种提高原油采收率方法。它是20世纪80年代初国外出现的化学采油新工艺,是在二元复合驱(活性剂—聚合物;碱—聚合物)的基础上发展起来的。由于胶束—聚合物驱在表面活性剂扫过的地区几乎100%有效地驱替出来,所以近些年来,该方法无论是在实验室还是矿场实验都受到了普遍重视。但由于表面活性剂和助剂成本太高,该方法一直没有发展成为商业规模。ASP三元复合体系所需要表面活性剂和助剂总量仅为胶束—聚合物驱的三分之一,其化学剂效率(总化学成本/采油量)比胶束—聚合物驱高。大庆油田室内研究及先导性矿场试验表明,ASP三元复合驱可比水驱提高20%以上的原油采收率。

## 二、气体混相驱油技术

混相,简单的含义是可混合的。而混相性是指两种或两种以上的物质相能够混合而形成一种均质的能力。如果两种流体能够混相,那么将它们掺和而无任何界面。例如,水和酒精、石油和甲苯相混合均无界面。

混相驱油(miscible flooding)就是通过注入一种能与原油呈混相的流体,来排驱残余油的办法。气体混相驱油是以气体为注入剂的混相驱油法。其机理是注入的混相气体在油藏条件下与地层油多次接触,油中的轻组分不断进入到气相中,形成混相,消除界面,使多孔介质中的毛细管力降至零,从而降低因毛细管效应而残留在油藏中的石油。从理论上讲,它的微观驱油效率达100%;从矿场应用上讲,它对于低渗透黏土矿物含量高的水敏性油层更适用。

气体混相驱油的方法很多,按照注入的驱替剂的气体类型,可把气体混相驱油分为两大类,即烃类气体混相驱油和非烃类气体混相驱油。

早在20世纪40年代,美国就曾提出向地层注高压气(以注甲烷气为主)的气体混相驱油法。但由于它对原油的组成、油藏条件、地面设备要求较高而未得到推广。鉴于天然气中轻烃组分是原油的良好溶剂,50年代又提出了以液化石油气等其他烃类气体为混相剂的混相驱油,并在室内研究的基础上进行了大量的矿场实验。大约到1970年,对烃类气体混相驱油的兴趣达到了高潮。但是,随着烃类气体价格的急剧上涨,油藏工程师及研究者们不得不寻求更经济的办法。因此,70年代以后,$CO_2$混相驱油迅速发展起来,并成为目前重要的气体混相驱油方法之一。

## 三、热力采油技术

稠油也称重质原油,是指在油层条件下原油黏度大于50mPa·s,或者在油层温度条件下脱气原油黏度大于100mPa·s,且在温度为20℃时,相对密度大于0.934的原油。根据黏度和相对密度的不同,稠油又可分为普通稠油、特稠油和超稠油。我国稠油划分标准见表6-2。

表 6-2 我国稠油的划分标准

| 分类 | 第一指标 | 第二指标 |
|---|---|---|
|  | 黏度,mPa·s | 相对密度(20℃) |
| 稠油 | 50*(或100)~10000 | >0.92 |
| 特稠油 | 10000~50000 | >0.95 |
| 超稠油 | >50000 | >0.98 |

* 指油层条件下黏度,其余指油层条件下脱气原油黏度。

我国稠油资源丰富,分布很广。目前已在很多大中型油气盆地和地区发现众多的稠油油藏。大部分稠油油藏分布在中—新生代地层中,埋藏深度变化很大,一般在 10~2000m 之间。新疆克拉玛依油田九区浅层稠油油藏埋藏深度在 150~400m 之间,红山嘴浅层稠油油藏深度在 300~700m 之间。在全国范围来看,绝大部分稠油油藏埋藏深度为 1000~1500m。

稠油油藏具有原油黏度高,密度大,流动性差,在开采过程中流动阻力大的特点,难以用常规方法进行开采。通常采用降低稠油黏度、减小油流阻力的方法进行开采。由于稠油的黏滞性对温度非常敏感,随着温度的升高,稠油黏度显著下降,所以热力采油(thermal recovery)已成为强化开采稠油的重要手段。我国辽河油田、胜利油田、克拉玛依油田已广泛应用。

热力采油是通过加热油层,使地层原油温度升高、黏度降低,变成易流动的原油,来提高原油采收率。根据热量产生的地点和方式不同,可将热力采油分为两类:一类是把热量从地面通过井筒注入油层,如蒸汽吞吐采油、蒸汽驱采油;另一类是热量在油层内产生,如火烧油层。

### (一) 蒸汽吞吐采油

蒸汽吞吐(huff and puff)采油是指在一定时间内向油层注入一定数量的高温高压湿饱和蒸汽(锅炉出口蒸汽压力在 10~20MPa 之间,蒸汽温度为 250~300℃),关井一段时间使热量传递到储层和原油中去,然后再开井生产。由此可见,蒸汽吞吐采油可分为注汽、焖井及采油三个阶段。

#### 1. 注汽阶段

注蒸汽作业前,要准备好机械采油设备,油井中下入注汽管柱、隔热油管及耐热封隔器,如图 6-8 所示。将隔热油管及封隔器下到注汽目的层以上几米处,尽量缩短未隔热井段,通过注汽管柱向油层注汽。此阶段将高温蒸汽快速注入油层中,注入量一般在千吨当量水以上(每米油层一般注入 70~120t 蒸汽),注入时间一般几天到十几天。

#### 2. 焖井阶段

焖井是指注汽完成后停注关井,使蒸汽的热量与地层充分进行热交换的过程。油井注汽后,为了使蒸汽的热量与地层充分进行热交换,使热量进一步向地层深处扩散,扩大加热区域,同时也使井筒附近地层的温度比

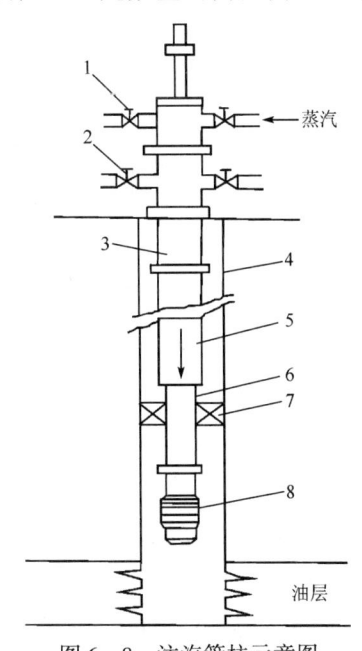

图 6-8 注汽管柱示意图
1—油管阀门;2—套管阀门;3—注汽伸缩管;
4—套管;5—隔热油管;6—注汽密封插管;
7—耐热封隔器;8—绕丝筛管

注汽时降低一些,必须进行焖井。时间不宜过长或过短,一般 2~7d。

### 3. 采油阶段

此阶段一般又包括自喷和抽油两个阶段。

从向油层注汽、焖井、开井生产到下一次注汽开始时的一个完整过程称为一个吞吐周期。蒸汽吞吐采油的投资较少,工艺技术较简单,增产快,经济效益好。

### (二)蒸汽驱采油

蒸汽驱(steam flooding)采油是在蒸汽吞吐的基础上进行的。由于注入井已经过蒸汽吞吐开采,井底附近油层的含油饱和度很低。当注入蒸汽后很容易在井底附近形成一个蒸汽带(图6-9)。此带前缘为热水,后部分为蒸汽,温度高,热量多。由于蒸汽的密度小于油的密度、流动性大于油的流动性,使得蒸汽上浮沿油层顶部窜流,形成蒸汽超覆现象。蒸汽带半径在油藏底部最小,顶部最大。在不断注入蒸汽的高温高压作用下,靠近蒸汽带的原油黏度降低并不断向油井方向运移,在蒸汽带前方形成一个降黏油富集带。此带靠近蒸汽带部分油层温度最高,原油黏度最低,而接近未被加热原油带部分的油层温度最低,原油黏度最高(接近于原油黏度)。随着累积注入量的增加,油层能量和热量得到很好的补充,驱替前缘逐渐向油井方向推进,使得蒸汽带和降黏油富集带不断扩大,而未被加热原油带不断缩小,采油井原油产量上升,并逐步进入高产阶段。随着开采时间的延长,油层中的原油逐步被驱替出来,蒸汽和热水在油层中向生产井推进,到一定时间,蒸汽驱前缘突破油井,蒸汽和热水进入油井随同原油一起被采出来。

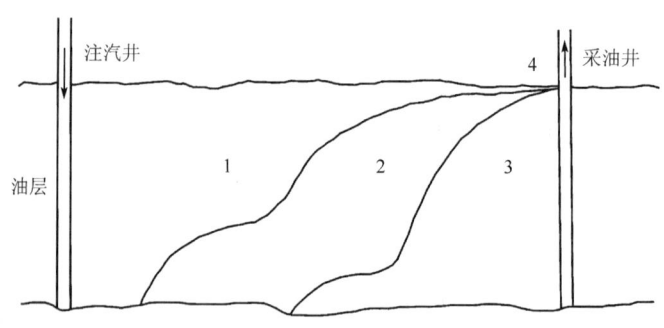

图6-9 蒸汽驱油、汽分布剖面示意图
1—蒸汽和热水带;2—降黏油富集带;3—未受热带;4—驱替前缘

### (三)火烧油层

火烧油层(fire flood)是将空气连续注入井底,在井底将油层点燃,以油层本身的原油或部分裂解产物作燃料,不断燃烧生热,依靠热力和其他综合驱动力的作用,提高采收率的一种热力采油方法。火烧油层有三种类型:干式正向燃烧、反向燃烧和湿式燃烧。

#### 1. 干式正向燃烧法

所谓"干式燃烧",是指仅仅注入空气燃烧。所谓"正向燃烧",是指点燃注入井油层,其燃烧前缘由注气井向采油井方向推进,并与空气的运动方向相同。

火烧油层(干式正向燃烧法,dry forward combustion)时,装置在注入井井底的点火器点火,加热油层。当井底附近的原油受热后,其中的轻质组分蒸发,形成石油蒸气,先向前运移。较重质的部分在高温下发生裂化反应,部分形成轻质油,也向前运移;余下的重质部分焦化,变成可燃炭,不能向前流动,作为燃料沉积下来,建立起燃烧带。与此同时,油层中的水也因受热成为水蒸气;石油焦燃烧后还产生废气(包括二氧化碳、水蒸气、未燃的空气等),它们也都向前流动。流向前方的石油蒸气、水蒸气、燃烧的废气等与接触到前方的冷油、水和岩石进行热交换,产生凝析作用;另一方面,轻质油与接触到前方的原油相混,稀释原油,降低了原油的黏度。由于靠近燃烧带的部分温度高,远离燃烧带的温度逐渐下降,且由于蒸发、裂化、焦化、凝析等作用和温度的关系,在油层中形成若干个带——已燃带、燃烧带、沉焦带、蒸汽带、热水带、轻质油带、富油带、原始含油带,如图6-10所示。只要油层有足够的残炭量(燃料),油层的燃烧便可以蔓延下去。

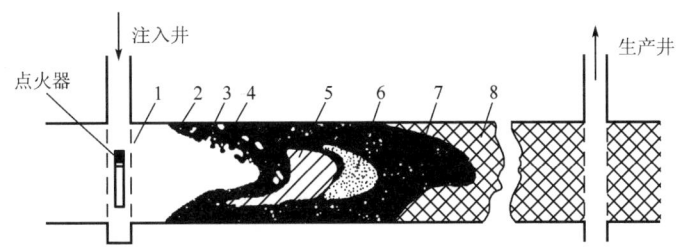

图6-10 火烧油层(干式正向燃烧法)的机理示意图

1—已燃带(成为疏松的净砂);2—燃烧带(火线,正在燃烧的狭窄地带);3—沉焦带(原油焦化、裂化后留下的残炭、燃料);4—蒸汽带(共存水汽化和燃烧生成的水汽);5—热水带(蒸汽的凝析物);6—轻质油带(蒸馏和裂化产生的轻质油凝析物);7—富油带(被驱集到前缘的油,由于热力降黏和轻质油稀释作用,黏度降低);8—原始含油带(热力尚未影响到的地区)

对于火烧油层来说,凡火线波及的地区,由于热力降黏和膨胀作用、轻油稀释作用以及水汽的驱替作用,除了部分重烃焦化作为燃料外,洗油效率几乎达100%。但是,由于油层的非均质性和较高的注入气与地层油流度比,气与油的重力分离比较严重,平面上和剖面上的波及系数都比较低。

#### 2. 湿式燃烧法

湿式燃烧法(wet combustion)是正向燃烧法的改良,也称为正向燃烧和水驱相结合的方法,可用来弥补干式正向燃烧的缺点,有效地利用燃烧前缘后面储存的热能。

正向燃烧法在地下产生的热能量约半数存在于燃烧前缘和注入井之间。为了更有效地利用这部分热量,必须将其移至燃烧带的前方。为此,可采取注水的方法,注入水与燃烧前缘后面的高温岩层接触时蒸发,岩石则冷却;同时燃烧前缘的蒸汽便凝结成热水,使得持有一定高温的地带加长,油的黏度下降,从而有利于提高采收率。

#### 3. 反向燃烧法

反向燃烧法(reverse combustion)是指燃烧带从生产井向注入井方向发展的一种对付特稠原油的火烧油层法,即燃烧带与注入的空气逆向而行。它可以弥补干式正向燃烧的缺点,克服黏度高的油藏中的流体阻塞,如图6-11所示。

### 四、微生物采油技术

微生物采油技术、全称微生物提高石油采收率(microbial enhanced oil recovery,MEOR)技术,是21世纪一项高新生物技术。它是指将地面分离培养的微生物菌液和营养液注入油层,或单纯注入营养液剂或油层内微生物,使其在油层内生长繁殖,产生有利于提高采收率的代谢产物,以提高油田采收率的采油方法。

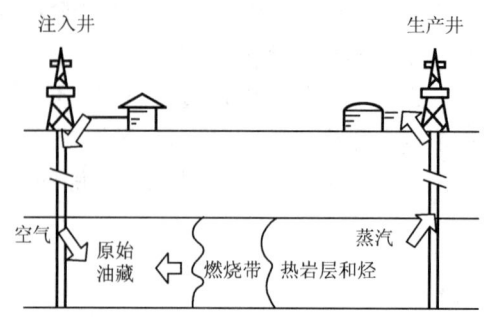

图 6-11　反向燃烧法示意图

**(一)微生物驱油机理**

(1)微生物在油藏高渗透区的生长繁殖及产生聚合物,使其能够选择性地堵塞大孔道,提高波及系数,增大扫油效率。

(2)产生气体,如 $CO_2$、$H_2$ 和 $CH_4$ 等,这些气体能够使油层部分增压并降低原油黏度。

(3)产生酸。微生物产生的酸主要是低分子量有机酸,能溶解碳酸盐,提高渗透率。

(4)产生生物表面活性剂。生物表面活性剂能够降低油水界面张力。

(5)产生有机溶剂。微生物产生的有机溶剂能够降低界面张力。

**(二)微生物采油的特点**

(1)微生物以水为生长介质,以质量较次的糖蜜作为营养,实施方便,可从注水管线或油套环形空间将菌液直接注入地层,不需对管线进行改造和添加专用注入设备。

(2)由于微生物在油藏中可随地下流体自主移动,作用范围比聚合物驱大,注入井后不必加压,不损伤油层,无污染,提高采收率显著。

(3)以吞吐方式可对单井进行微生物处理,解决边远井、枯竭井的生产问题,提高孤立井产量和边远油田采收率。

(4)选用不同的菌种,可解决油井生产中多种问题,如降黏、防蜡、解堵、调剖。

(5)提高采收率的代谢产物在油层内产生,利用率高,且易于生物降解,具有良好的生态特性。

总之,微生物采油具有成本低、工序简单、应用范围广、效果好、无污染的特点,越来越受到人们广泛的重视。

### 五、物理采油技术

物理采油技术是利用物理场来激励和处理油层或近井地带,解除油层污染,达到增产、增注和提高油气采收率的新技术。目前,声波采油技术、微波采油技术、电磁加热技术的理论研究已达到成熟阶段。

物理采油技术具有以下特点:适应性强、工艺简单、成本低、效果明显;可形成复合技术,对油层无污染;可用于高含水、中后期油田提高采收率;可用于含黏土油藏、低渗透油藏、致密油藏、稠油油藏。

物理采油技术包括人工地震采油技术、水力振荡采油技术、井下超声波采油技术、井下低频电脉冲采油技术、低频电脉冲技术。下面主要介绍人工地震采油技术和水力振荡采油技术。

### (一) 人工地震采油技术

人工地震采油技术是利用地面人工震源产生强大振场,以很低频率机械波的形式传到油层,对油层进行振动处理,提高水驱的波及系数,扩大扫油面积,增大驱油效率,降低残余油饱和度。

#### 1. 采油机理

(1) 加快油层中流体的流速;
(2) 降低原油黏度,改善流动性能;
(3) 改善岩石润湿性;
(4) 清除油层堵塞及提高地层渗透率;
(5) 降低驱动压力。

#### 2. 特点

(1) 不影响油井正常生产,不需任何井上或井下作业,避免了因油井作业造成的产量损失。
(2) 一点振动就可大面积地处理油层,波及半径达400m,在波及面积上油井有效率达82%。
(3) 适应性强,对各种井都有效。
(4) 对油层无任何污染,具有振动解堵、疏通孔道的作用。
(5) 节省人力物力,投资少,见效快,效益高,简单易行。

### (二) 水力振荡采油技术

水力振荡采油技术是利用在油管下部连接的井下振荡器产生水力脉冲波,通过脉冲波在油层中的传递,来解除注水井、生产井近井地带的机械杂质、钻井液和沥青质胶质堵塞,破坏盐类沉积,并使地层形成裂缝网,增大注水井吸水能力,改善油流的流动特性。振动波对地层中原油产生影响,降低原油黏度。

## 第四节　海上油气开发

 问题导入

1. 海上油气开发与陆地油气开发有何异同?
2. 海上油气开采用到的装备有哪些?

海洋采油技术和陆上采油技术大体相同,举升技术、注入技术、增产技术、修井技术和集输技术几乎都可以照搬陆上工艺。以举升技术为例,除了抽油机采油方法因为占地太大无法使用外,其他举升方式完全一样。海洋常用的采油方法是自喷采油、气举采油、电泵采油和水力泵采油。

## 一、海上油气田开发的特点

### (一)有限期性

陆地油气田从发现开始,经过油藏评价、开发和生产阶段,直到废弃,需要50年或更长时间。而海上油气田因受平台寿命的限制,一般生产期为15~20年,有的甚至更短。因此,海上油气田的生命期是有限的,与陆地油气田相比开发速度要快,采油速度要高,又要达到最佳的经济效益。

### (二)复杂性

海上油气田在评价阶段不可能钻太多的评价井,在开发阶段也要按照稀井高产的原则,依据有限的地球物理、钻井和测试数据,很难掌握地质的变化规律。因此海上油气田地质参数的不确定性和生产动态的多变性,可能会变得更为突出、更加复杂。

### (三)高风险性

海上平台等设施的设备、流程密集,空间狭小,作业岗位多,交叉作业多,风险度高于陆上石油开发。此外,由于海况恶劣、地质条件复杂,又增加了海上油气田开发的风险性。海上油气田开发还有其他风险,如政治、战乱、技术、金融等,可见海上油气田开发风险相当高。

### (四)高科技性

由于有限期性、复杂性、综合性、高风险性,海上油气田开发要求必须采用当今世界上最先进的工艺技术,进行合理、经济有效的开发。

### (五)高投入

海上油气田开发建设需要建造生产平台、生活平台和动力平台,要修海底管线,还要钻开发生产井。同陆上油气田相比,海上油气田勘探开发的投资要大得多,一般需要5~6年或更长一段时间才能偿还全部勘探开发投资。

## 二、海上油气田开发的基本方针和原则

### (一)海上油气田开发的基本方针

与周边油田联合开发,结合国内外海上油田先进开发技术,高速、高效开发油气田。

### (二)海上油气田开发的原则

(1)立足于少井高产;
(2)一套井网开采多套油层,减少生产井数;
(3)人工举升增大生产压差,提高采油速度;
(4)充分合理利用天然能量,节省投资;
(5)油田的联合群体开发;
(6)尽可能留有油田调整余地和作业条件。

## 三、海上油气田生产系统

海上油气田生产系统是指用于海底石油开发及采油工作的所有设施和设备的总称,主要

包括海上采油平台和水下采油设备。一般来讲，海上生产系统分为三大类，即固定平台生产系统、浮式生产系统和水下生产系统。

## (一)固定平台生产系统

固定平台生产系统已被广泛采用，主要采用桩基、座底式基础或其他方法固定在海底，具有一定稳定性和承载能力。典型的固定平台生产系统主要包括平台(采油树安装于甲板上)、单点系泊系统、回接到平台的采油立管系统、水下底盘、水下管汇、油轮(储油轮和穿梭油轮)、海底管线和底盘井等。从位于水下底盘上的油气井生产出来的流体，经采油立管上升到平台，计量和处理后再经采油立管和输油管线流往单点系泊系统，由单点系泊系统流入系于其上的油轮，通过穿梭油轮运走。

固定平台生产系统按其结构形式可分为桩基式平台、重力式平台、人工岛以及顺应式平台；按其用途可分为井口平台、生产处理平台、储油平台、生活动力平台以及集钻井、井口、生产处理、生活设施于一体的综合平台。

### 1. 桩基式平台

桩基式平台通常为钢质固定平台，一般是从导管架的腿内打桩，使平台牢固地固定在海底，是目前海上油(气)生产中应用最多的一种结构。钢质固定平台中应用最多的是导管架式平台，主要由导管架、桩、导管架帽和甲板模块四大部分组成，如图 6-12 所示。一般情况下，钢制固定平台按其用途可分为井口平台、生产处理平台、储罐平台等。

桩基式平台的优点：(1)技术成熟、可靠；(2)在浅海和中深海区使用较为经济；(3)海上作业平稳安全。

桩基式平台的缺点：(1)随着水深的增加费用显著增加；(2)海上安装工作量大；(3)制造和安装周期长；(4)当油田预测产量发生变化时，对油田开发方案进行调整的适应性受到限制。

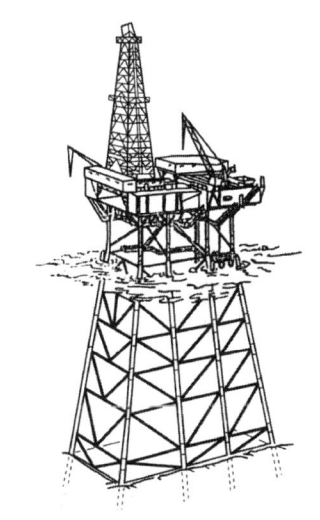

图 6-12 钢质固定平台结构示意图

### 2. 重力式平台

重力式平台由钢或钢筋混凝土建成，完全依靠本身的重量直接稳定在海底。根据建造材料的不同，又分为混凝土重力式平台、钢质重力式平台、钢—混凝土混合重力式平台。

1) 混凝土重力式平台

混凝土重力式平台可用作钻井、采油、集输和储油、系泊与装油平台，还可作为海洋石油开发的多用平台。混凝土重力式平台可以适应各种水深。混凝土重力式平台由沉垫(或底座)、甲板和立柱三部分组成，如图6-13所示。

混凝土重力式平台优点：(1)节省钢材；(2)经济效果好，混凝土材料廉价，且混凝土重力式平台的沉垫可以储油；(3)海上现场安装的工作量小；(4)海上安装工艺简单，不需要在海底打桩；(5)甲板负荷大，在立柱中钻井安全可靠；(6)防海水腐蚀、防火、防爆性能好；(7)维修工作量小，费用低，使用寿命长。

混凝土重力式平台缺点：(1)对地基的要求高；(2)结构分析比较复杂；(3)制造工艺复

杂;(4)岸边需要有较深的、隐蔽条件较好的施工场地和水域;(5)拖航时阻力大;(6)冰区工作性能差。

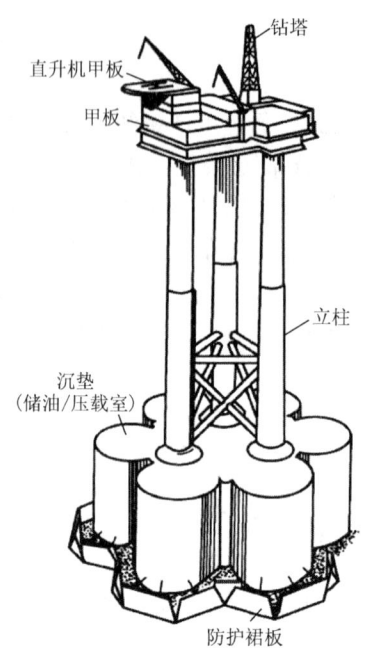

图 6-13 混凝土重力式平台结构示意图

2)钢质重力式平台

如图 6-14 所示,钢质重力式平台由沉箱、支承框架和甲板三部分组成,沉箱兼作储罐。建造时,先把各个沉箱、支承框架、甲板分别预制,然后在岸边组装成整体,再拖运到井位下沉安放。

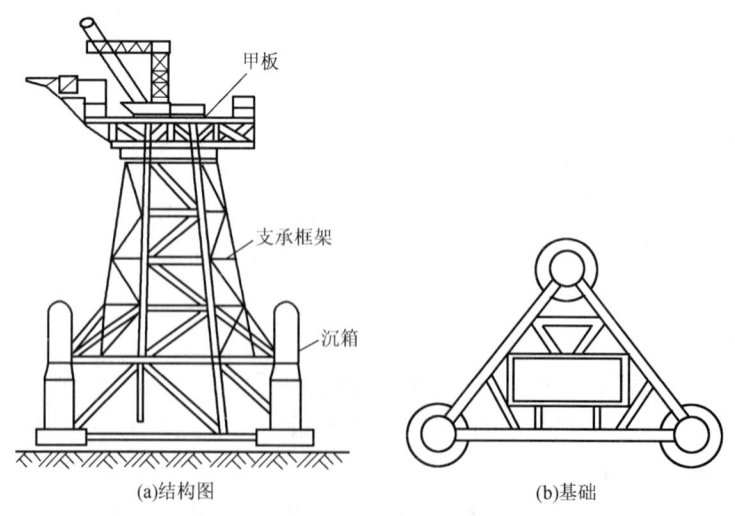

图 6-14 钢质重力式平台结构示意图

钢质重力式平台的优点:(1)在储量要求不大的情况下,钢质重力式平台的经济效益比混凝土重力式平台高;(2)预制过程中不需要较深的施工水域;(3)拖航时阻力小;(4)对地基承载力要求不高。

钢质重力式平台的缺点:在节省钢材、耐腐蚀、储油量、隔热等方面,不如混凝土重力式平台。

### 3. 人工岛

人工岛是在海上建造的人工陆域,在人工岛上可以设置钻机、油气处理设备、公用设施、储罐以及卸油码头。人工岛按岸壁形式可分为护坡式人工岛和沉箱式人工岛。护坡式人工岛由砾石筑成,砂袋或砌石护坡,如图6-15所示。先由底部开口的驳船向岛的四周抛填砾石,接着码放砂袋,稍高出水面形成水下围堤,然后填充岛体。沉箱式人工岛是由一个整体沉箱或多个钢或钢筋混凝土沉箱围成,中间回填砂土。沉箱可在陆上预制,然后自浮拖至现场安装就位,通过调节水下砂基床的高度使沉箱适用于不同的水深,人工岛不再使用时,可排除压载,起浮后拖到其他地点再用,如图6-16所示。

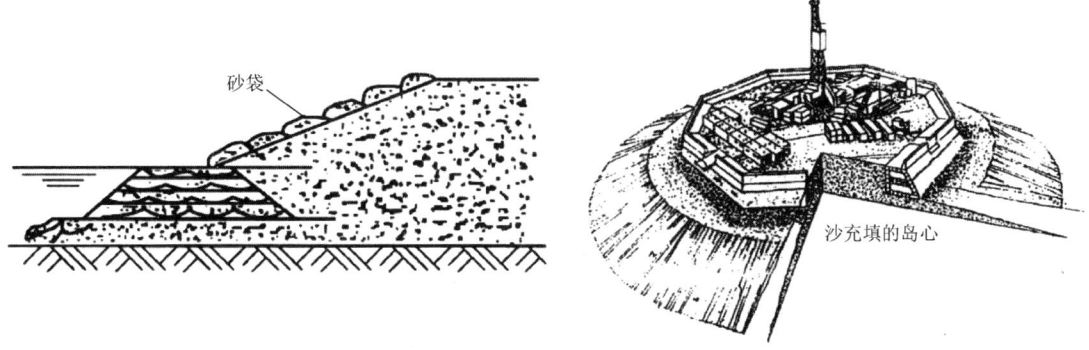

图6-15 护坡式人工岛结构示意图　　　图6-16 沉箱式人工岛结构示意图

### 4. 顺应式平台

顺应式平台是指在海洋环境载荷作用下,围绕支点可发生允许范围内某一角度摆动的深水采油平台。牵索塔式顺应式平台的结构如图6-17所示。

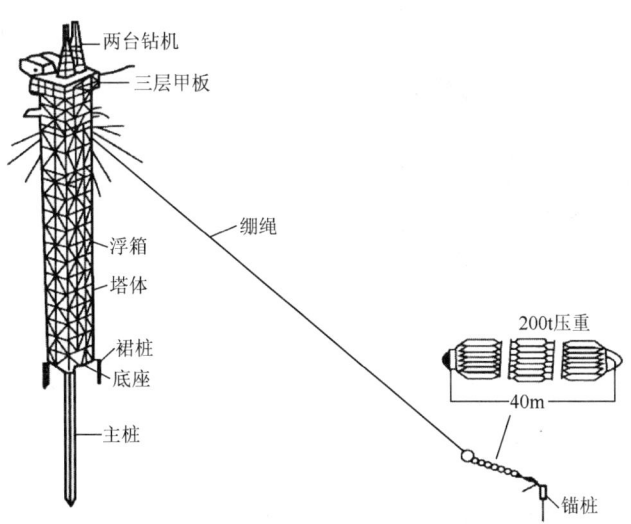

图6-17 牵索塔式顺应式平台结构示意图

顺应式平台的主要特点为:(1)自振周期大,刚性小,故随着波浪的作用而运动。而由组合体(由桩和套管组成)和导管架形成的阻尼器却使其运动幅度大大减小,具有很好的抗疲劳特性。(2)可用铰接接头或大型浮筒和阻尼器,不需要因限制甲板运动而安装特别装置。(3)建造简单,一般工程与建造时间少于2年。(4)重复结构和定型构件较多。(5)横截面积小,重量轻,起重安装容易。(6)可按常规方法运输、下水和直立作业。(7)由于重量轻、结构简单且安装方便,与常规钢导管架相比费用低。

### (二)浮式生产系统

典型的浮式生产系统是指利用改装(或专建的)半潜式钻井平台、张力腿平台、自升式平台或油轮放置采油设备、生产和处理设备以及储油设施的生产系统。

浮式生产系统的主要类型包括以油轮为主体的浮式生产系统、以半潜式钻井船为主体的浮式生产系统、以自升式钻井船为主体的浮式生产系统和以张力腿平台为主体的浮式生产系统。浮式生产系统最大的特点是可实现油田的全海式开发。由于其可重复使用,因此被广泛用于早期生产延长测试和边际油田的开发过程中。我国大部分海上油田都采用浮式生产系统。

#### 1. 以油轮为主体的浮式生产系统

以油轮为主体的浮式生产系统分为浮式生产储油装置(floating production storage and offloading units,FPSO)和浮式储油装置(floating storage and offloading units,FSO)两种。

浮式生产储油装置是把生产分离设备、注水(气)设备、公用设备以及生活设施等安装在一艘具有储油和卸油功能的油轮上。油气通过海底管线输到单点后,经单点上的油气通道通过软管输到油轮上,分离处理后储存在油轮的油舱内,计量标定后经穿梭油轮运走。浮式生产储油装置如图6-18所示。浮式生产储油装置除有综合平台上的生产设备外,还有单点系泊系统(SPM)、尾部输油系统、压舱泵、卸油泵及溢油回收防污染设备,如图6-19所示。

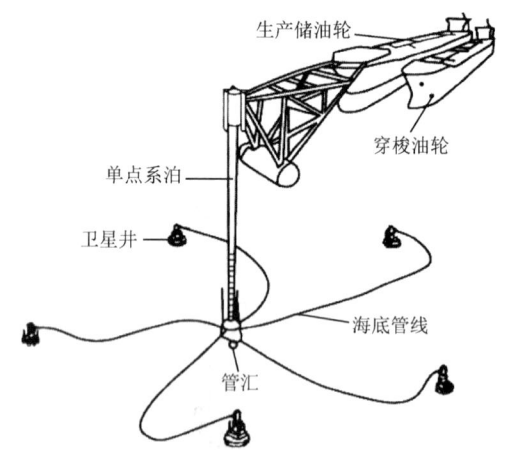

图6-18  浮式生产储油装置示意图　　图6-19  以油轮为主体的浮式生产系统结构示意图

浮式生产储油装置的优点:(1)初始投资低;(2)海上安装周期短;(3)储油能力大;(4)甲板面积大;(5)可重复使用。

浮式生产储油装置的缺点:(1)受海况的影响较大;(2)稳定性差;(3)设备的布置要考虑周密。

浮式储油装置也是具有储油和卸油功能的油轮,但它没有生产分离设备以及公用设备,通过海管汇集来的合格原油直接储存到浮式储油装置的油舱中。由于没有油气生产设备,可直接将旧油轮稍加改装成为浮式储油装置。与浮式生产储油装置相比,浮式储油装置的建造工期短。

### 2. 半潜式钻井船浮式生产系统

半潜式钻井船浮式生产系统的主要特点是把采油设备(采油树等)、注水(气)设备和油气水处理等设备,安装在一艘经改装(或专建)的半潜式钻井船上,如图6-20所示。油气从海底井经采油立管(刚性管或柔性管)流至半潜式钻井船(常用锚链系泊)的处理设施,分离处理合格后的原油经海底输油管线和单点系泊系统,再经穿梭油轮运走。

图6-20 半潜式生产系统示意图

半潜式钻井船浮式生产系统的优点:(1)稳定性好,可适用于恶劣的海况条件;(2)具有一定的储油能力;(3)可利用船上的钻机进行钻井、完井和修井作业。

半潜式钻井船浮式生产系统的缺点:(1)要另建系泊系统以便穿梭油轮卸油作业;(2)改装时间长,成本高;(3)如果储油能力不足,油田可能停产。

### 3. 自升式钻井船浮式生产系统

自升式钻井船浮式生产系统是利用自升式钻井船改装的(图6-21),其上可放置生产与处理设备。工作时,桩腿或桩腿和沉垫下降着地,支承于海底。移位时,平台下降浮于水面,桩腿或桩腿和沉垫从海底升起,被拖至新的井位。自海底油井出来的油气流经自升式平台分离处理后,再经海底管线和单点系泊系统输至储油轮。自升式钻井船浮式生产系统主要用在浅水海域,常用于油田延长测试及边际油田的开发。

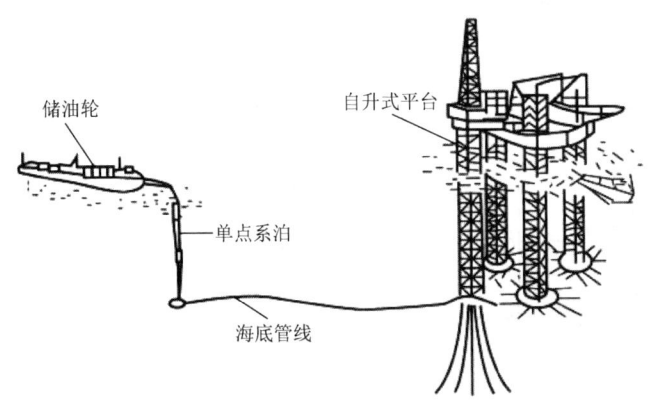

图6-21 自升式钻井船浮式生产系统

自升式钻井船浮式生产系统的优点:(1)方便安装和迁移作业,降低了安装和迁移费用,设施可重复再利用;(2)类似于固定平台作业,没有波浪条件下的摇摆状态,方便作业人员的操作与生活;(3)可采用旧钻井船改装方案实现生产储油平台;(4)技术成熟,操作实践经验多;(5)容易实现国产化,对边际油田开发有利;(6)简化了井口平台及与井口平台的连接,降低了油田工程的造价。

自升式钻井船浮式生产系统的缺点:(1)作业水深不宜太深,理想作业水深为20~50m;(2)不能在严重冰区作业;(3)由于升降机构能力与可靠性缘故,储油量不能过大;(4)不同于浮式系统,对基础地质土壤的性质有一定要求;(5)甲板面积有限,设备布置困难;(6)初期投资较大,经济性较差。

### 4. 张力腿平台浮式生产系统

张力腿平台(Tension Leg Platform,TLP)浮式生产系统如图6-22所示。张力腿平台不储油、不装油,上部结构设计成足以承受油田开发各个阶段的载重量,不论在拖航条件下,还是在垂直系泊时都能保持稳定。浮体几乎没有升沉、纵摇和横摇运动,大大地简化了立管与浮动设备之间的输送系统。张力腿平台适用于开发深水油田。

图6-22 张力腿平台浮式生产系统示意图

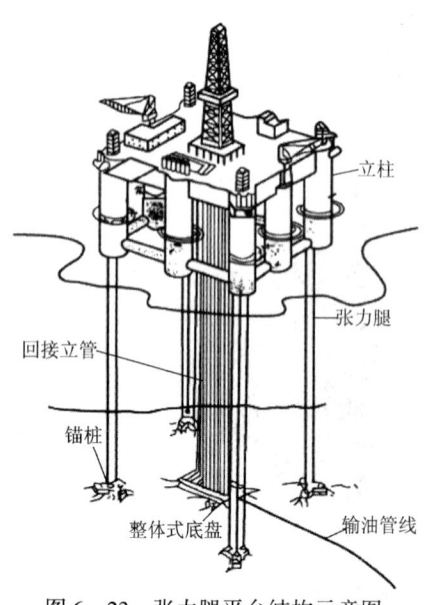

图6-23 张力腿平台结构示意图

张力腿平台是半潜式平台的延拓,船体通过由钢管组成的张力腿与固定于海底的锚桩相连。船体的浮力使得张力腿始终处于张紧状态,从而使平台保持垂直方向的稳定,如图6-23所示。

张力腿平台浮式生产系统的优点:(1)可采用干式采油树,钻井、完井、修井等作业和井口操作简单,且便于维修;(2)就位状态稳定,浮体几乎没有升沉、横摇和纵摇运动;(3)完全在水面以上作业,采油操作费用低;(4)简化了钢制悬链式立管的连接,可同时采用张紧式立管和刚性悬链立管;(5)提高了平台的作业寿命,特别是混凝土张力腿的疲劳寿命得到成倍增长;(6)对于传统型张力腿平台,平台上体、立柱及下体可以一体化建造整体就位安装,降低海上安装和维护费用;(7)技术成熟,可应用于大型和小型油气田,水深一般在2000m内。

张力腿平台浮式生产系统的缺点:(1)无储油功能,需海底管线或 FPSO 配套;(2)对上部结构的重量非常敏感;(3)整个系统刚度较强,对高频波动力比较敏感;(4)张力腿长度与水深呈线性关系,而张力腿费用较高,水深一般限制在 2000m 之内。

**5. Spar 平台浮式生产系统**

自 20 世纪 90 年代以来,Spar 平台被用于深海油气资源开发作业中,担负了钻探、生产、海上原油处理、石油储藏和装卸等各种工作。Spar 平台一般由上部组块、筒式浮体、系泊系统(包括锚固基础)、立管系统构成。

Spar 平台浮生系统的优点:(1)在深水环境中运动稳定、安全性良好。(2)灵活性好。(3)筒体内部可以储油,同时它的大吃水可形成对立管的良好保护。(4)支持水上干式采油树,可直接进行井口作业,便于维修,井口立管可由自成一体的浮筒或顶部液压张力设备支撑。(5)对上部结构的敏感性相对较小。

Spar 平台浮生系统的缺点:(1)井口立管和其支撑的疲劳较严重。(2)筒体的涡流振动较大,会引起各部分构件的疲劳,如立管浮筒、立管和系泊缆等。(3)由于主体浮筒结构较长,需要平躺制造,安装和运输造成很多困难,海上不能整体安装,需要大的施工机具配合。

**(三)水下生产系统**

典型的水下生产系统由水下设备及水面控制设施组成,如图 6-24 所示。水下设备主要包括水下采油树、水下基盘、水下管汇、海底管线及立管、水下控制系统、水下处理系统(多相流量计、水下多相增压泵、水下分离器等)以及配套的水下作业工具等。水面控制系统放置在浮式生产系统上,通过脐带缆对水下设备进行远程控制和维修作业。

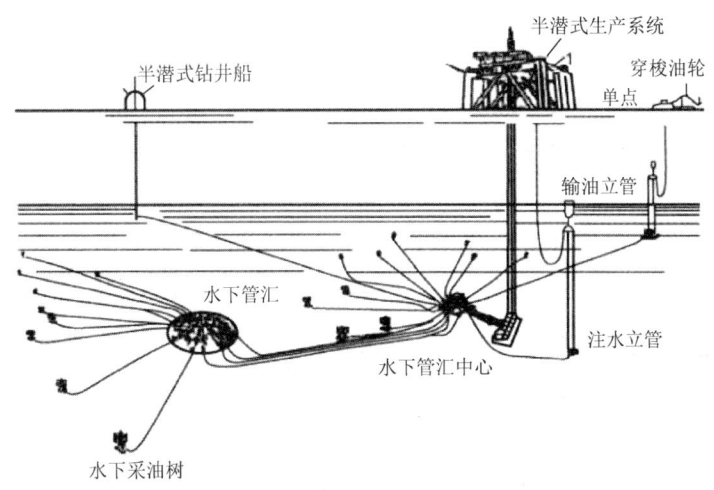

图 6-24 水下生产系统

水下生产系统是将采油树放到海床上,油气混合物从水下采油树经过水下出油管线进入(或直接进入)巨大的水下管汇底盘,完成单井井液计量、汇集、增压后通过海底管线输送到浮式生产系统上进行处理和储运。水面控制系统通过水下管汇中心对水下井口进行控制、关断、注水、注气、注化学药剂以及维护作业。

水下采油具有如下特点:

(1)水下采油避开了如风、浪、流、冰山、浮冰和航船等恶劣的海面条件的影响,采油设备处于条件相对稳定的海底。

(2)水下采油设备能和各种平台甚至油轮组合成不同类型的早期生产系统,以适应不同类型和不同海况油田开发的需要。

(3)水下采油能充分利用勘探井、探边井,使其成为生产系统的卫星井,或短期内进行早期生产,这不仅可为后期开发收集油层资料,还可以尽快回收初期投资。

(4)可以不钻定向井就开发浅油层。在浅油层上钻出若干垂直井,在其中央建立平台,进行集中处理、输送。

(5)由于不再使用价格昂贵的海上平台,尤其对于深水区,极大地节省了油田开发总投资。

(6)由于省去了平台操作人员,较多地节省了生产管理操作费用。

## 四、海上油田适用的人工举升方式

海上油气田开采受其环境条件的限制,一般要求平台上设备体积小、重量轻、免修期长、适用范围宽。

由于油气藏的构造和驱动类型、深度及流体性质等的差异,其开采方式也不相同。常用的采油方式分为自喷采油和人工举升采油。海上油田适用的人工举升方式(artificial lift methods)主要有电动潜油泵采油、水力活塞泵采油、气举采油、射流泵采油、螺杆泵采油等。

# 第五节 非常规油气开采技术

### 问题导入

1. 非常规油气与常规油气有何异同?
2. 非常规油气如何实现高效开采?

所谓非常规油气藏,是指油气藏特征、成藏机理及开采技术有别于常规油气藏的石油天然气矿藏。非常规油气资源的种类很多:非常规石油资源主要包括致密油、页岩油、稠油、油砂、油页岩等;非常规天然气主要包括致密气、页岩气、煤层气、甲烷水合物等(图6-25)。

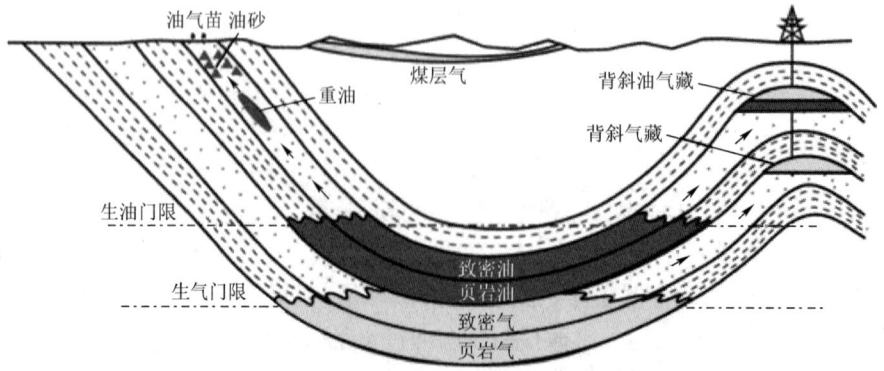

图6-25 含油气盆地常规与非常规油气资源分布模式示意图

一般认为,非常规油气是一个动态的、主要受开采技术影响的概念。常规油气与非常规油气的界定是人为的,大多从经济角度、开采技术角度、地质特征和勘探角度进行界定,二者的区别也就主要体现于二者的界定标准。从经济方面来讲,次经济和经济边缘的为非常规,经济的为常规。从开发技术角度看,非常规油气为只有采用先进的开采技术组合才能采出的油气[美国全国天然气委员会(NPC)]或为普通勘探开采技术难于表征和进行商业性生产的油气[美国能源研究合作公司(RPSEA)]。从地质方面来讲,常规油气是浮力驱动形成的矿藏,其分布表现为受构造圈闭或岩性圈闭控制的不连续分布形式;而非常规油气则是非浮力驱动形成的矿藏,其分布表现为不受构造圈闭或岩性圈闭控制的区域性连续分布形式。常规油气与非常规油气特征比较见表6-3。

表6-3 常规油气与非常规油气特征比较

| 项别 | 非常规油气 | 常规油气 |
| --- | --- | --- |
| 分布和聚集 | 大面积(准)连续型分布,有"甜点" | 单体型、集群型非连续分布,局部富集 |
| 聚集单元 | 无明显界限的非闭合圈闭 | 构造、岩性地层等常规圈闭 |
| 储层特征 | 纳米级孔喉储层 | 常规毫米级、微米级孔喉储层 |
| 油气水关系 | 无统一油气水界面 | 上油气下水、界面明显 |
| 技术应用 | 水平分支井、分段分层压裂等特殊技术 | 直井、酸化压裂等常规勘探开发技术 |

# 一、致密油气开采技术

## (一)基本概念

致密油气是储集于低孔—低渗储层中、常规开发技术难以开采、需采用大规模压裂或其他特殊工艺技术才能获得经济产量的非常规油气。

依据GB/T 30501—2022《致密砂岩气地质评价方法》,致密砂岩是指覆压基质渗透率≤0.1mD(或空气渗透率≤1mD)的砂岩。

富媒体6-2 走近科学——致密油如何开发

## (二)致密储层改造技术

致密储层具有物性差、非均质性强、层内应力差异大等特点,故难以用常规的储层改造技术取得最佳的改造效果。水平井钻井技术、大规模压裂技术和压裂微地震实时监测诊断三大关键技术,是致密油气近年来快速发展的技术背景。由于技术进步和压裂设备的不断更新,水平井压裂技术也从分段压裂、多级分段压裂发展到大规模分段多簇的体积压裂,工厂化作业技术已经成为中外致密油气低成本开发的有效模式。

### 1. 体积压裂

体积压裂技术是指通过压裂的方式将具有渗流能力的有效储集体"打碎",形成裂缝网络(图6-26),使裂缝壁面与储层基质的接触面积最大,使得油气从任意方向基质向裂缝的渗流距离"最短",极大程度地提高储层整体渗透率,实现对储层在长、宽、高三维方向的"立体改造"。

(1)水平井分段体积压裂技术:以常规水平井分段压裂技术为基础,采用大液量、高排量、高压力、低黏度(如滑溜水)、小粒径和低砂比的施工方式,在人工主裂缝延伸过程中沟通和扩展天然裂缝或储层弱胶结面,产生大量横向剪切裂缝,最终能在储层中形成以主裂缝为主干的网络状裂缝。

(2)水平井分段多簇体积压裂技术:在分段体积压裂基础上,在水平井筒某一压裂段上射孔两簇以上,最终形成多簇人工主裂缝网络,以增加井筒与储层的接触面积、缩短油气在储层中的运移距离。

### 2. 工厂化压裂

工厂化压裂技术就是要像普通工厂那样,在一个固定的场所,通过机械设备和后勤保障系统共用,压裂液等物资循环利用,达到连续不断的泵注与施工。工厂化压裂现场如图6-27所示。

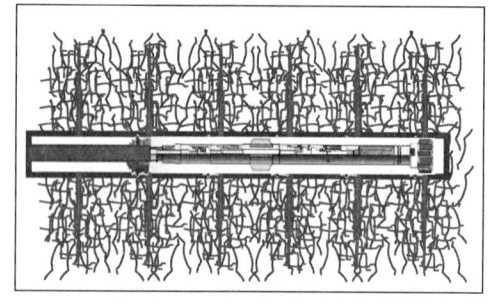

图6-26 体积压裂缝网

图6-27 工厂化压裂现场

工厂化压裂的优点:(1)缩短区块的整体建设周期,降低单位采气成本;(2)大幅提高压裂设备的利用率,减少设备动迁和安装,减少压裂罐拉运、清洗,降低工人劳动强度;(3)方便回收和集中处理压裂残液,减少污水排放,重复利用水资源。

工厂化压裂(图6-28)包括:

(1)连续泵注系统,即把压裂液和支撑剂连续泵入地层。

(2)连续供砂系统,即把支撑剂连续送到混砂车绞龙中。

(3)连续配液系统,即用现场的水连续生产压裂液。

(4)连续供水系统,即把合格的压裂水连续送到现场。

(5)工具下入系统,即射孔、下桥塞实现分层。

(6)后勤保障系统,即各种油料供应、设备维护、人员食宿、工业及生活垃圾回收等。

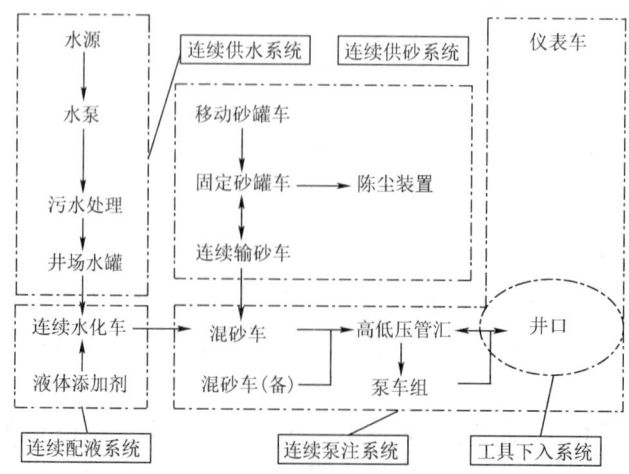

图6-28 工厂化压裂流程

## 二、页岩油气开采技术

### (一)基本概念

页岩是由粒径<0.0039mm 的细粒碎屑、黏土、有机质等组成、具页状或薄片状层理、易碎裂的一类沉积岩,如图 6-29 所示。

页岩气是指以热成和生物两者相互作用生成,并聚集在灰黑色烃源岩中的天然气,是一种自生自储型非常规天然气。页岩气既可以游离于页岩天然裂缝与粒间孔隙中,也可以吸附在矿物颗粒表面。页岩油是指赋存于富有机质暗色页岩中的石油资源。

页岩油气的基本特征:源储一体、滞留聚集,富有机质、成熟度较高,发育纳米级孔喉(图 6-30)、裂缝系统,储层脆性指数较高,地层压力大,大面积连续分布、资源潜力大。

图 6-29 页岩

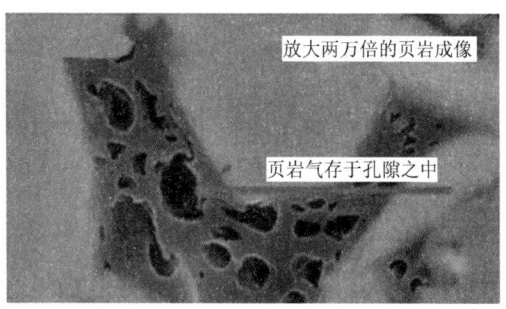

图 6-30 页岩纳米级孔喉

### (二)页岩储层改造技术

页岩属于特低孔低渗储层,利用常规开发技术难以开采。为了提高产量需要对页岩储层进行压裂改造,改善流体流动通道,提高页岩油气资源产量。水平井和多级压裂是页岩气开发的核心技术。压裂的目的是在储层中形成人工裂缝和天然裂缝相互沟通的大范围裂缝网络,改善流体流动通道,从而有利于页岩油气的产出。与致密储层一样,体积压裂技术为页岩的主流改造技术,此处不再赘述。

## 三、煤层气开采技术

### (一)基本概念

煤层气又称煤层瓦斯、煤层甲烷,是成煤过程中经过生物化学热解作用以吸附或游离状态赋存于煤层及固岩的自储式天然气体,属于非常规天然气。

煤岩储渗空间包括基块孔隙和裂隙两部分,属双重孔隙系统。孔隙以微孔隙为主,比表面积很大,是甲烷吸附储集的主要空间;孔喉尺寸较大的孔隙和裂缝则是甲烷渗流通道,如图 6-31、图 6-32 所示。

### (二)煤层气采出机理及过程

煤层气的产出是一个复杂的排水—降压—解吸—扩散—渗流的过程。煤层气的储集主要依赖于吸附作用,当煤层压力降落到解吸压力之下时,煤层气从微孔隙表面分离,通过基质和微孔隙扩散进入裂缝中,再经裂缝流入井筒,即先解吸扩散后渗流入井的采出过程。

图 6-31 煤岩

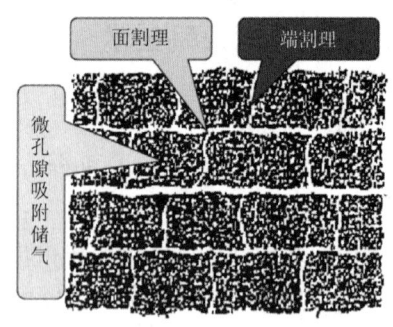
图 6-32 煤岩双重孔隙

**(三)煤层气增产技术**

煤岩是有机岩石,对煤层气的吸附性强;煤层渗流空间小、地层压力低,煤层气在其中流动性差。煤层气的采出往往经历了解吸—扩散—渗流的复杂过程。因此,煤层气开采周期长,单井日产量低。为了改善煤层气的流动性,多项增产工艺技术被用于煤层气的开采,下面主要介绍三种增产措施。

**1. 煤储层压裂改造技术**

煤储层压裂改造技术是目前煤层气开发普遍采用的增产技术,即通过人工诱导、水力压裂形成人工裂缝网络,强化天然裂缝网络,扩大有效井眼半径,提高煤层气解吸渗流面积,在井眼周围形成有效的煤层气渗流通道,从而有效提高了煤层气井产能。

压裂技术有直井+气体泡沫压裂技术、直井/水平井+气体多级压裂技术、直井+活性水+液氮伴注压裂技术、暂堵转向相结合的重复压裂技术、工厂化压裂模式等,对提高煤层气单井产量有重要帮助。

**2. 多分支水平井技术**

多分支水平井技术(图6-33)增大了解吸波及面积,沟通割理和裂隙。多分支水平井改变了传统直井排水面积微小、裂缝内流体阻力大的束缚,形成了大面积的网状沟通,使得煤层内气体解吸波及范围大大扩大。多分支水平井技术降低了区域流体流动阻力,还扩展了原始裂隙。当煤层采气降压后,部分煤层水和游离气排出,煤层基质颗粒收缩,也将促使原始裂纹的扩张和扩展,这样煤层的导流能力和产量会大大提高。

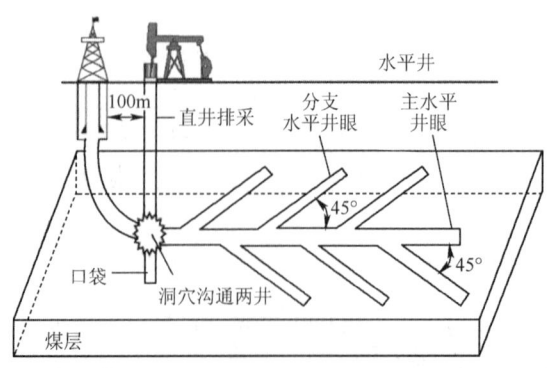
图 6-33 多分支水平井技术示意图

### 3. 远距离连通技术

远距离连通技术(图6-34)是煤层多分支水平井、U形井等复杂结构井开发的核心技术。该技术可以实时检测控制钻进轨迹,提供钻头的实时位置,为定向提供距离和方位参数,即时调整工具面,指导钻头向洞穴井钻进,实现主井眼与洞穴井较好连通。

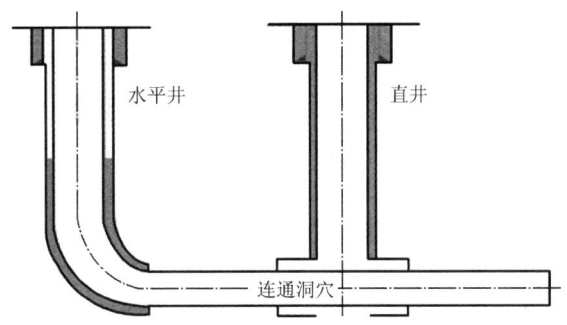

图6-34 水平井与直井连通简化图

## 四、天然气水合物开采技术

### (一) 基本概念

天然气水合物(gas hydrate)是由气体分子(主要为甲烷)和水在低温和中高压条件下混合时组成的固体笼形结晶化合物(图6-35)。因其外观像冰,且遇火即可燃烧,所以又称为"可燃冰"。

按理论计算,在标准条件下,$1m^3$饱和天然气水合物可释放出$164m^3$的甲烷气体(图6-36),是其他非常规气源岩(诸如煤、黑色页岩)能量密度的10倍,是常规天然气能量密度的2~5倍。

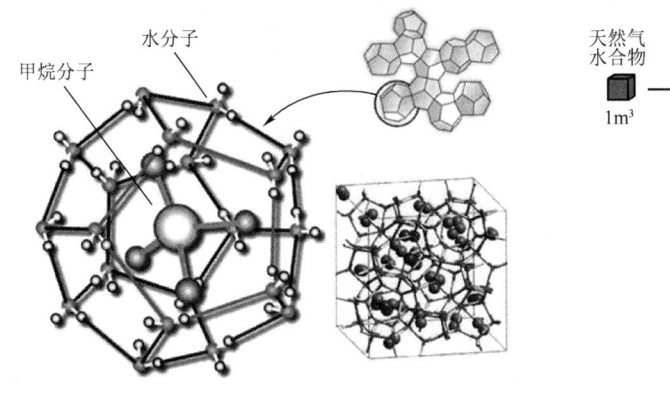

图6-35 笼形结构

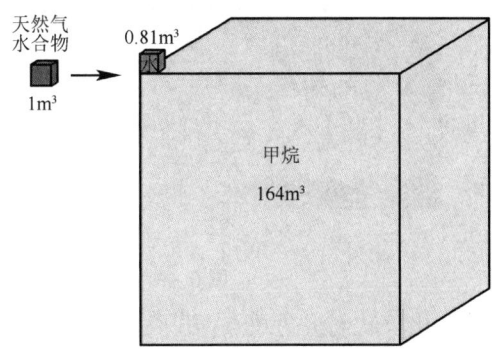

图6-36 天然气水合物组成示意图

### (二) 天然气水合物开采技术

目前,天然气水合物的开采技术主要有注热法、注化学试剂法、$CO_2$置换法、降压法、固态流化法,其中前4种为传统开采方法,属于原位分解出天然气的方法。

### 1. 注热法

注热法[图6-37(a)]是指在保持天然气水合物稳定带压力一定的情况下,通过注入热流体(蒸汽、热水、热盐水等)法、火驱法(同重油开采时采用的火烧油层法)、电磁制热、微波加热、太阳能加热等,对天然气水合物稳定层进行加热,破坏其氢键,使得天然气水合物分解为水和天然气,再利用管道将析出的天然气收集于储藏器内或使用采集常规天然气输气管道将其输送到船载储藏器。

但此方法难处在于不好收集,海底的多孔介质不是集中为"一片",也不是一大块岩石,而是较为均匀地遍布着,如何布设管道并高效收集是急于解决的问题。

### 2. 注化学试剂法

注化学试剂法[图6-37(b)]是通过向天然气水合物层中注入某些可以破坏天然气水合物相平衡条件的化学试剂(如甲醇、乙醇、盐水、丙三醇、乙二醇等),导致水合物分解。

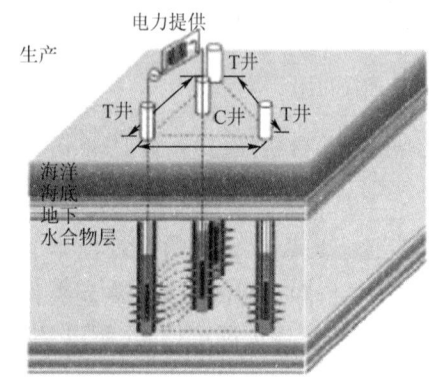
(a)注热法

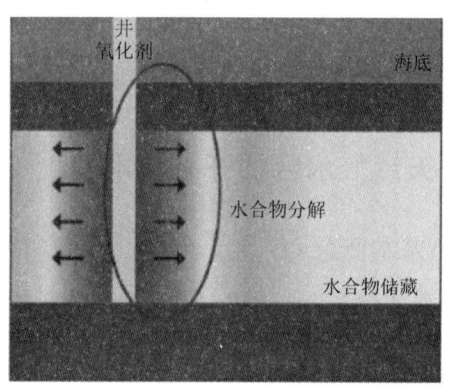
(b)注化学试剂法

(c)$CO_2$置换法

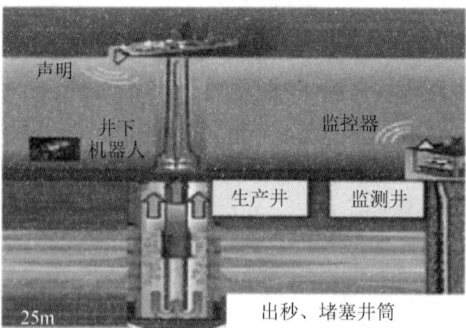
(d)降压法

图6-37 水合物传统开采方法的工艺原理示意图

注化学试剂法的缺点:开采过程中要消耗大量的抑制剂,需要巨大的经济投入,水合物分解产生水稀释抑制剂而降低其效果,从而使其产生对天然气水合物层的作用缓慢,同时还会伴随一些环境方面的问题。

### 3. $CO_2$置换法

$CO_2$置换法[图6-37(c)]是把二氧化碳气体注入到水合物储层,置换开采出天然气,同时把二氧化碳温室气体永久储存在海底的技术。将$CO_2$注射入海底的甲烷水合物储层,因

$CO_2$较之甲烷易于形成水合物,因而就可能将甲烷水合物中的甲烷分子"挤走",从而将其置换出来。

$CO_2$置换法具有降低地质灾害风险、封存$CO_2$以缓解温室效应的优点,但置换速率和置换效率较低制约了该方法的应用。

### 4. 降压法

降压法[图6-37(d)]是指在不主动改变水合物储层温度的条件下,通过降低天然气水合物稳定层的压力,促使其分解。最常见的降压法有两种:(1)采用低密度钻井液钻井;(2)当天然气水合物层下方存在游离气或其他流体时,通过泵出其水合物层下方的流体来降低储层压力。降压法可使与天然气接触的天然气水合物变得不稳定而分解,再利用管道将其收集储存。降压法无须连续激发,被认为是极具发展潜力且经济的天然气水合物开采方法。

### 5. 固态流化法

固态流化法是利用水合物在海底温度和压力相对稳定的条件下,采用采掘设备以固态形式开发水合物矿体,将含有水合物的沉积物粉碎成细小颗粒后,再与海水混合,采用封闭管道输送至海洋平台,而后将其在海上平台进行后期处理和加工,如图6-38所示。

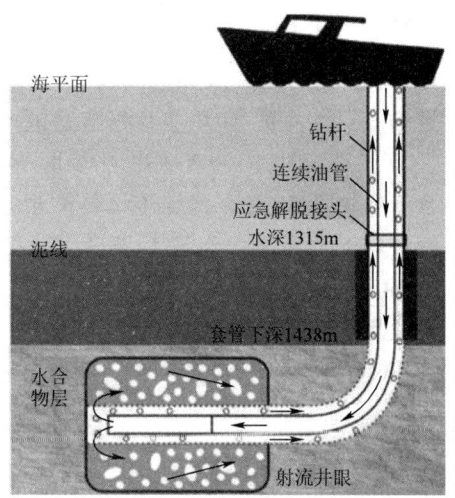

图6-38 天然气水合物固态流化法工艺原理示意图

固态流化法的优点:(1)由于整个采掘过程在海底水合物矿产富集区进行,未改变天然气水合物的原始温度、压力条件,类似于构建了一个由海底管道、泵送系统组成的人工封闭区域,起到了常规油气藏盖层的封闭作用,使海底浅层无封闭的天然气水合物矿体变成了封闭体系内分解可控的人工封闭矿体,使海底水合物不会大量分解,从而实现了原位开发,避免水合物分解可能带来工程地质灾害和温室效应;(2)同时利用天然气水合物在传输过程中温度、压力的自然变化,实现了在密闭输送管线范围内的可控有序分解。

思政案例

## 千里潜行　逐梦深海
### ——大国工匠韩超

海平面以下300m是水下机器人进行海底作业的主场。在它们的背后,有一群技术过硬、沉着冷静的操控者,36岁的韩超,就是我国自主培养的第一代水下机器人领航员。

不久前,我国自主设计建造的亚洲第一深水导管架——"海基一号"成功滑移下水并精准就位,韩超将通过操控水下机器人来剪切导管架上的湿拖缆。

瞬息万变的海流之中,韩超要寻找到机械手与湿拖缆刚好呈90°的位置,用恰当的力度和

速度剪切。一丝一毫的偏差,都有可能让两者粘连,造成机械手扯断、水下机器人锁死和整个项目的停工。

富媒体6-3 千里潜行
逐梦深海
——大国工匠韩超

韩超是中国第一位获得国际认证资质的水下机器人总监,从2007年至今,他和同事们牵引着机器人,"量身定制"着各种水下设施的建造、安装、调试等流程。

水下机器人由3万多个精密部件组成,重,可推动上千吨结构物的安装,轻,可巧拧两三毫米细的钢丝。韩超需要同时盯着主摄像头、后视摄像头、机械手摄像头等9块屏幕,并密切关注声呐、定位、油位、油压等数据信息,在心中勾勒出一幅立体的作业空间。

2021年3月,南海万顷波涛之上,"深海一号"大气田的主脐带缆敷设遇到难题,韩超指挥两台水下机器人,配合将缆体拉起离开海床,反方向回转后成功转到正确角度。在他和团队的密切协作下,"深海一号"7根脐带缆的安装作业提前22天顺利完成,中国人的脚印稳稳扎在了1500m的大海深处。

(资料来源:央视网)

## 复习题

1. 什么是油田开发方案?油田开发方案包括哪些内容?如何编制油田开发方案?
2. 油田为什么要注水开采?注水方式有哪些,它们分别适用于什么情况?
3. 什么是三次采油?它有哪些方法?
4. 什么是稠油?稠油主要有哪些特点?
5. 单井吞吐采油的每个吞吐周期分为哪三个阶段?为什么要焖井?焖井时间一般有多长?
6. 蒸汽驱油时主要形成哪三个带?蒸汽驱油的采油机理是什么?
7. 比较干式与湿式、正向与反向火烧油层法。
8. 微生物采油机理是什么?
9. 与陆地油田相比,海上油气田开发具有哪些特点?
10. 海上油气田生产系统包括哪几类?
11. 非常规油气与常规油气有何异同?
12. 如何有效开采致密油气、页岩油气、煤层气、天然气水合物?

# 第七章　油气储运技术

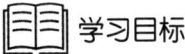　学习目标

【知识目标】
- 了解油气储运系统的概念、意义及作用。
- 熟悉矿场油气集输流程。
- 熟悉长距离输油输气管道的构成。
- 熟悉油气储存的方式。

【能力目标】
- 能够辨析油气矿场集输、长距离输油输气管道以及油气储存方式的异同。

思维导图

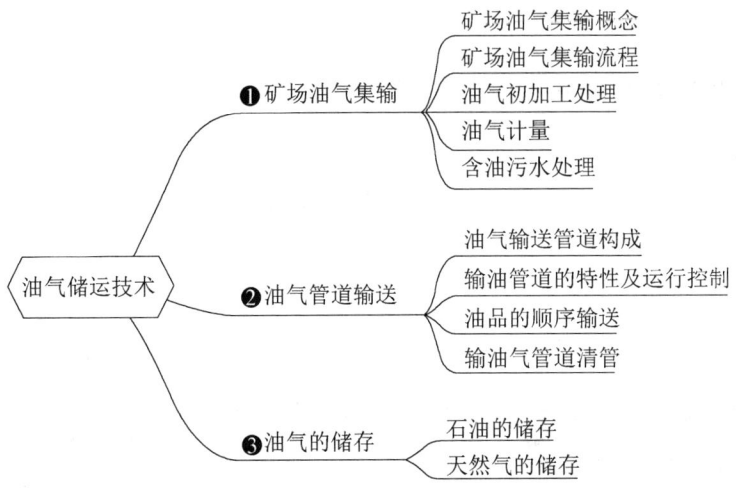

初识油气储运领域

　　油气储运（oil-gas storage and transportation）就是油气的集输、储存和运输的总称，即采用先进的工艺措施，将油井产物收集起来，经初加工处理，生产出尽可能多的合格原油和天然气，

按要求安全、经济地输送到指定地点进行储存或应用(图7-1)。

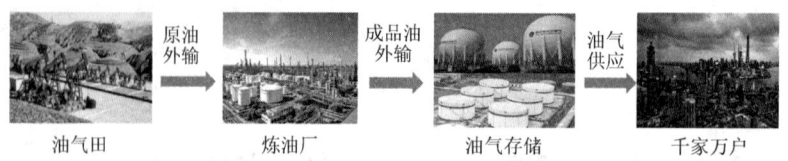

图7-1 油气储运示意图

油气储运的任务如下：
(1)把油井、气井产物高效、节能地处理成合格的天然气、原油、水和固体排放物；
(2)调节油气田的生产；
(3)把原油和天然气安全、经济地输送到各个炼油企业和用户；
(4)国家成品油和天然气销售系统安全、高效运行；
(5)实现国家的战略石油储备和商业石油储备。

油气储运的作用如下：油气储运是继油藏勘探、油田开发、采油工程之后的一个非常重要的阶段，是油田地面骨架工程之一，是连接产、运、销各个环节的纽带，是沟通石油工业与国民经济其他各部门的桥梁，是平衡供求领域的杠杆，对保障国家的经济稳定、发展具有非常重要的意义。

# 第一节 矿场油气集输

 问题导入

1. 油气井数量多、位置分散，如何高效收集油气？
2. 油气井产物不纯，可能含有什么杂质，如何有效处理才能向下游输送？

## 一、矿场油气集输的概念

矿场油气集输是指把各分散油井所生产的油气集中起来，经过必要的初加工处理，使之成为合格的原油和天然气，分别送往长距离输油管线的首站(或矿场原油库)或输气管线首站外输的全部工艺过程，如图7-2、图7-3所示。

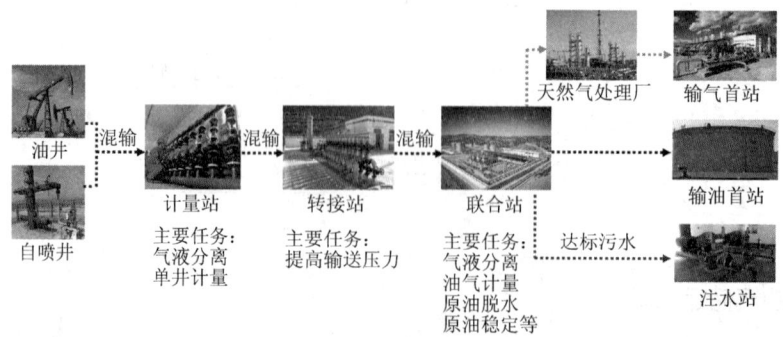

图7-2 油田地面集输示意图

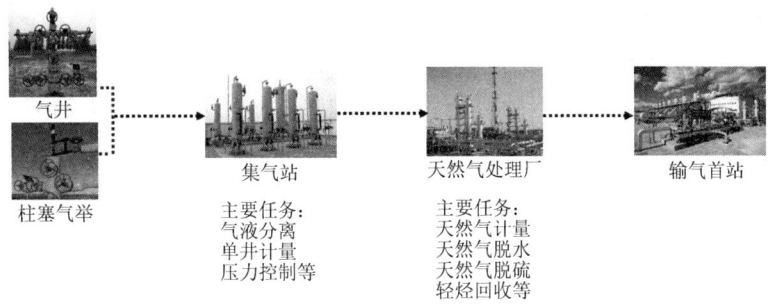

图 7-3 气田地面集输示意图

矿场油气集输的主要任务是尽可能多地生产出符合国家质量指标要求的原油和天然气,为国家提供能源保障;具体工作内容包括油气分离、油气计量、原油脱水、天然气净化、原油稳定、轻烃回收、含油污水处理等工艺环节。

## 二、矿场油气集输流程

### (一)原油矿场集输流程

原油矿场集输流程是油气在油气田内部流向的总的说明。它包括以油气井井口为起点到矿场原油库或输油、输气管线首站为终点的全部的工艺过程。原油集输流程可按不同方式划分。

**1. 按布站级数划分**

在油井的井口和集中处理站之间有不同的布站级数,据此可命名为一级布站流程、二级布站流程和三级布站流程。

一级布站流程是指油井产物经单井管线直接混输至集中处理站进行分离、计量等处理。该流程适用于离集中处理站较近的油井。

二级布站流程(图 7-4)是指油井产物先经单井管线混输至计量站,在计量站分井计量后,再分站(队)混输至集中处理站处理。该流程适用于油井相对集中、离集中处理站不太远、靠油井压力能将油井产物混输至集中处理站的油区,一般是按采油队布置计量站。

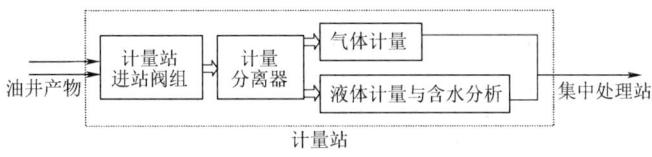

图 7-4 二级布站集输流程

三级布站流程是指油井产物在计量站分井计量后,先分站(队)混输至接转站,在接转站进行气液分离,其中的液相经加压后输至集中处理站进行后续处理,气相由油井压力输至集中处理站或天然气处理厂进行处理。该流程适用于离集中处理站较远、靠油井压力不能将油井产物混输至集中处理站的油区。

总体而言,二级布站流程是较合理的布站方式,其特点是密闭程度较高,油气损耗较少,能量利用合理,便于集中管理。但在实际应用中,要根据具体情况具体分析确定布站方式。

## 2. 按加热降黏方式划分

我国油田生产的原油多数是"三高(高含蜡、高凝点、高黏度)"原油,一般采用加热方式输送。按加热降黏方式的不同可分为井口加热集输流程、伴热集输流程(蒸汽伴热、热水伴热)、掺合集输流程(掺蒸汽、掺稀油、掺热水、掺活性水)和井口不加热集输流程等。

1) 井口加热集输流程

井口加热集输流程如图7-5所示。油井产物经井口加热炉加热后,进计量站分离计量,再经计量站加热炉加热后,混输至接转站或集中处理站。这是目前我国油田应用较普遍的一种集输流程。

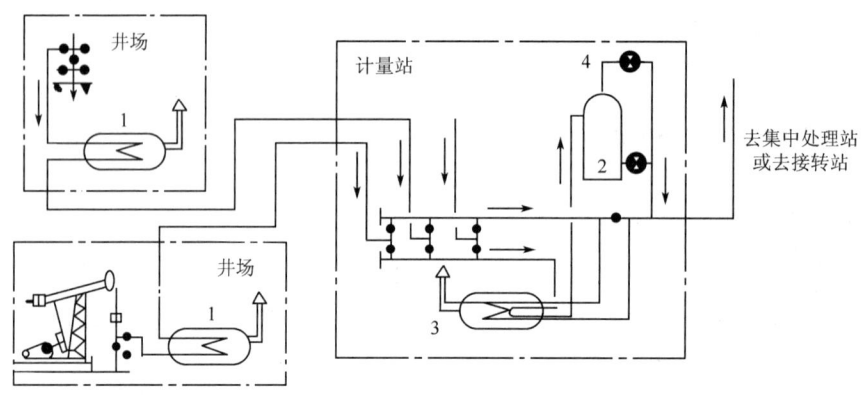

图 7-5 井口加热集输流程
1—井口水套加热炉;2—计量分离器;3—计量站水套加热炉;4—计量仪表

2) 伴热集输流程

伴热集输流程是用热介质对集输管线进行伴热的集输流程。按所用的伴热介质不同可分为蒸汽伴热集输流程和热水伴热集输流程。

图7-6所示为蒸汽伴热集输流程,通过设在接转站内的蒸汽锅炉产生蒸汽,用一条蒸汽管线对井口与计量站间的混输管线进行伴热。

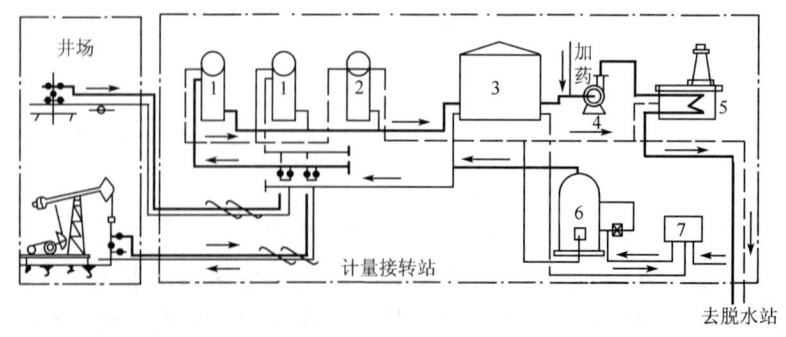

图 7-6 蒸汽拌热流程
1—生产、计量分离器;2—除油分离器;3—缓冲油罐;4—外输油泵;5—外输加热炉;6—锅炉;7—水池

图7-7所示为热水伴热集输流程,通过设在接转站内的加热炉对循环水进行加热。去油井的热水管线单独保温,对井口装置进行伴热;回水管线与油井的出油管线一起对油管线进行伴热。

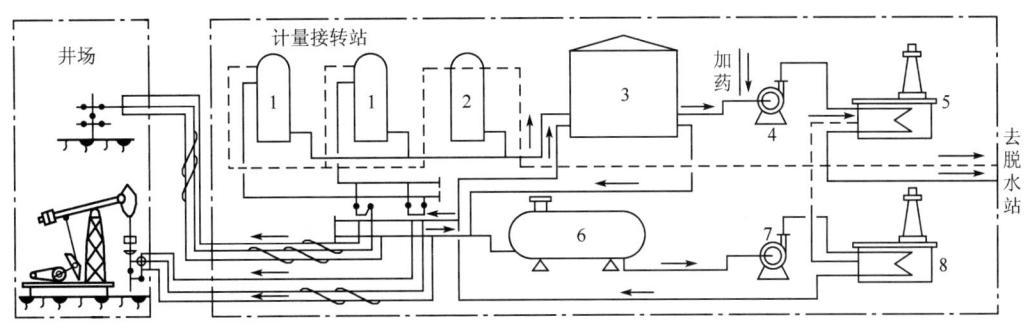

图 7-7 热水拌热流程

1—生产、计量分离器；2—除油分离器；3—缓冲油罐；4—外输油泵；5—外输加热炉；6—缓冲水罐；
7—循环水泵；8—循环水加热炉

这两种流程比较简单，适用于低压、低产、原油流动性差的油区的伴热集输，但需有蒸汽产生设备或循环水加热炉，一次性投资大，运行中热损失大，热效率较低。

3）掺合集输流程

掺合集输流程是将具有降黏作用的介质掺入井口出油管线中，以达到降低油品黏度，实现安全输送的目的。常用作降黏介质的有蒸汽、热稀油、热水和活性水等。

图 7-8 所示为掺稀油集输流程。稀油经加压、加热后从井口掺入油井的出油管线中，使原油在集输过程中的黏度降低。该流程适用于地层渗透率低、产液量少、原油黏度高的油井，但设备较多，流程复杂，需要有适合于掺合的稀油。

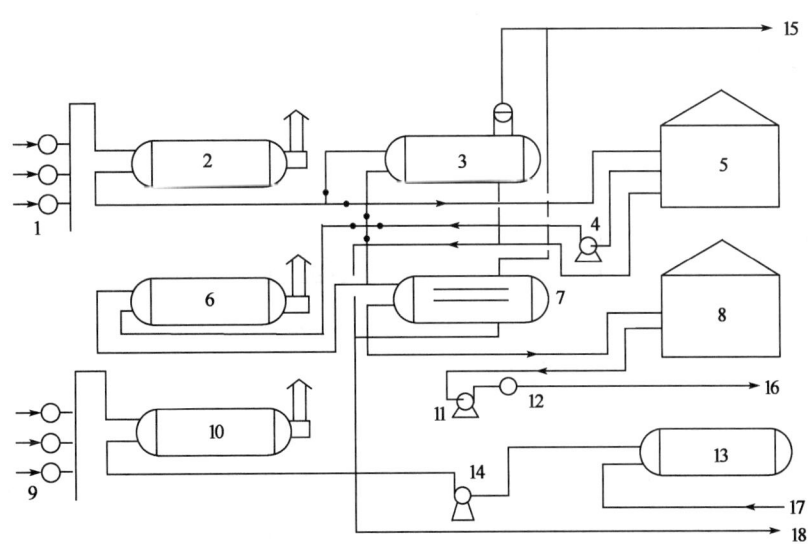

图 7-8 掺稀油集输流程

1—来油计量阀组；2—加热炉；3—三相分离器；4—脱水泵；5—沉降罐；6—脱水加热炉；7—电脱水器；8—净化油罐；
9—稀油分配计量阀组；10—稀油加热炉；11—外输泵；12—流量计；13—稀油缓冲罐；14—掺油泵；
15—天然气去气体净化站；16—净化原油外输；17—稀油进站；18—含油污水去污水站

图 7-9 所示为掺活性水集输流程。通过一条专用管线将热活性水从井口掺入油井的出油管线中，使原油形成水包油型的乳状液，使原来油与油、油与管壁间的摩擦变为水与水、水与管壁间的摩擦，以达到降低油品黏度的目的。该流程适用于高黏度原油的集输，但流程复杂，

管线、设备易结垢,后端需要有增加破乳、脱水等设施。

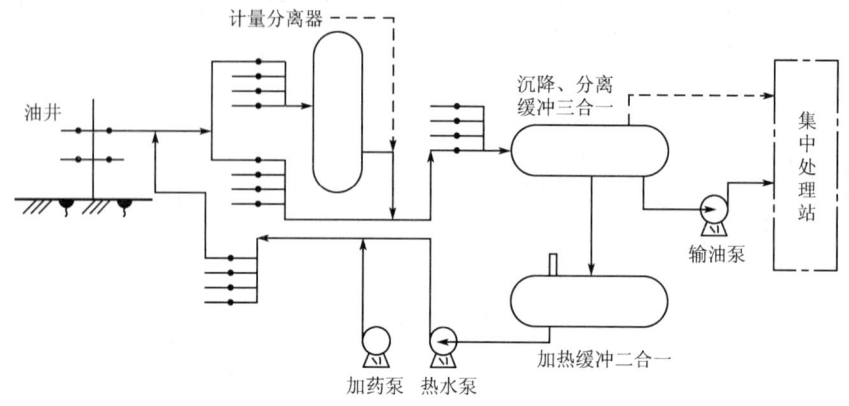

图 7－9　掺活性水集输流程

4) 井口不加热集输流程

图 7－10 所示的井口不加热集输流程,是随着油田开采进入中、后期,油井产液中含水不断增加而采用的一种集输方法。由于油井产液中含水的增高,一方面使采出液的温度有所提高,另一方面使采出液可能形成水包油型乳状液,从而使得输送阻力大为减小,为井口不加热、油井产物在井口温度和压力下直接混输至计量站创造了条件。

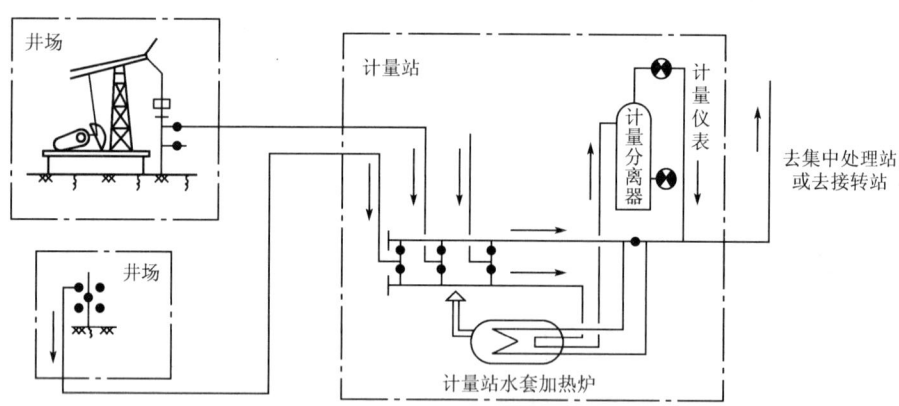

图 7－10　井口不加热集输流程

### 3. 按布管形式划分

按通往井口管线的根数可分为单管集输流程、双管集输流程和三管集输流程等。此外,还有环形管网集输流程、枝状管网集输流程、放射状管网集输流程、米字形管网集输流程等。

单管集输流程是指井口与计量站之间只有一条油井产物混输管线,如图 7－5 所示的井口加热集输流程。双管集输流程是指井口与计量站之间有两条管线,一条输送油井产物,另一条输送热介质,实现降黏输送,如图 7－9 所示的掺活性水集输流程。三管集输流程是指井口与计量站之间有三条管线,一条输送油井产物,另外两条实现热介质在计量站与井口之间的循环,如图 7－7 所示的热水伴热集输流程。

环形管网集输流程如图 7－11 所示,是用一条通往接转站或集中处理站的环形管道将油区各油井串联起来,实现二级或一级布站。该流程多用于油田外围油区的集输。

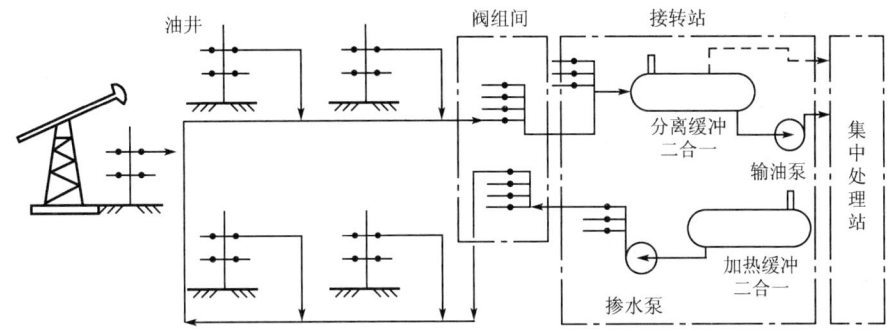

图 7-11　单管环形集输流程

### 4. 按油气集输系统密闭程度划分

按油气集输系统密闭程度可分为开式集输流程和密闭集输流程。

开式集输流程是指油井产物从井口到外输之间的所有工艺环节当中，至少有一处是与大气相通的，如图 7-12 中的 6、9、13 等储油罐处。这种流程运行管理的自动化水平要求不高，参数容易调节，但油气的蒸发损耗大，能耗大。

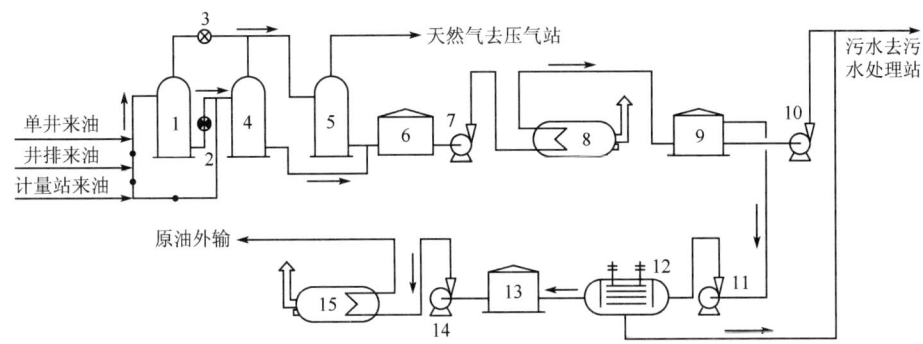

图 7-12　开式集输流程
1—计量分离器；2—液体流量计；3—气体流量计；4,5——级、二级油气分离器；6,9,13—储油罐；7,11——级、二级脱水泵；
8,15—脱水、外输加热炉；10—污水泵；12—电脱水器；14—外输油泵

密闭集输流程是指油井产物从井口到外输之间的所有工艺环节都是密闭的，如图 7-13 所示。这种流程减少了油气的蒸发损耗，降低了能耗，但由于整个系统是密闭的，若局部出现参数波动，会影响整个系统，要求运行管理的自动化水平较高。

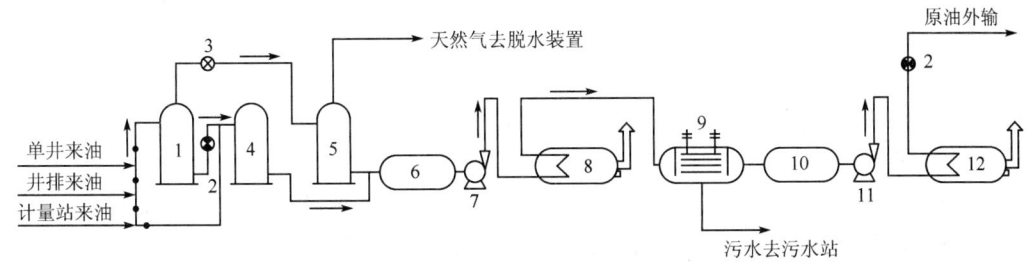

图 7-13　密闭集输流程
1—计量分离器；2—液体流量计；3—气体流量计；4,5——级、二级油气分离器；6,10—压力缓冲罐；
7—脱水泵；8,12—脱水、外输加热炉；9—电脱水器；11—外输油泵

## (二)天然气矿场集输流程

把从气井采出的含液(固)体杂质的高压天然气,变成适合矿场集输的合格天然气外输的设备组合称为采气工艺流程。采气2号流程是对采气全过程各个工艺环节之间关系及管路特点的总的说明。根据气井采出天然气的性质以及矿场集输的要求,采气工艺流程可分为单井(常温)采气工艺流程、多井(常温)集气工艺流程、低温回收凝析油采气工艺流程等。

### 1. 单井(常温)采气工艺流程

在单个采气井井场,安装一套天然气调压、加热、分离、计量和放空等设备的流程称为单井(常温)采气工艺流程,如图7-14所示。

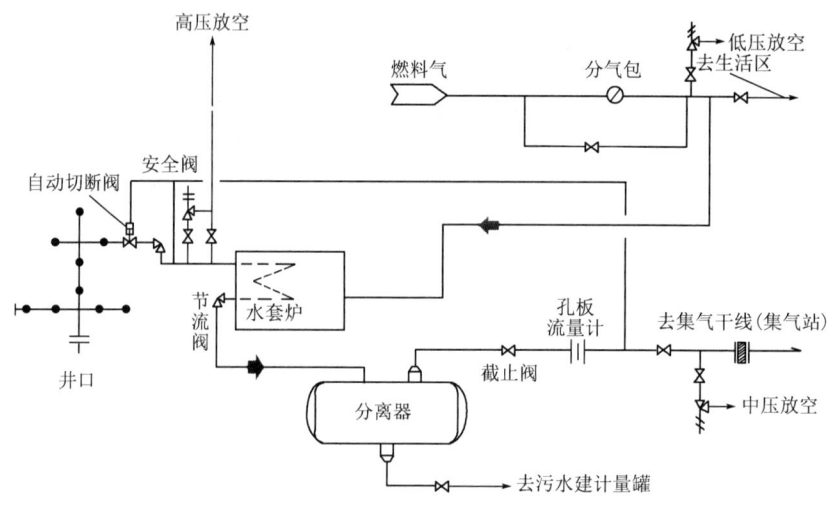

图7-14 单井(常温)采气工艺流程

1)工艺过程

油管出来的天然气经井口针型阀减压后进入保温套(水套炉)加热升温,再经节流阀减压到略高于输气压力后进入分离器,在分离器中除去液固体杂质后,天然气从分离器顶部出来经节流装置计量后从集气支线输出。分离出的液、固体从分离器下部放到计量罐计量后分别放入油罐和水池。如果只产水不产油,则液体直接从分离器放到水池中计量后回注废井中,以免污染环境。为了安全采气,流程上装有安全阀和放空阀,一旦设备超压,安全阀便自动开启泄压,也可打开放空阀紧急放空泄压。对产水量大的气井,如果开井采气困难,可以先用放空阀排水,待水减少、压力回升后再关放空阀,把气输入集气支线。缓蚀剂罐中储存有缓蚀剂,以便向含硫气井定期注入缓蚀剂。

2)适用范围

(1)适用于边远气井。气田边远部位一般井数少,如果要集中起来建集气站,则集气支线很长,浪费管材。

(2)适用于产水量大的气水同产井。产水量大的气井必须就地把水分离后输气,如果气水两相混输,输气阻力很大,导致气井井口压力上升,产气量减小。

(3)适用于低压气井。由于低压气井井口压力低,集气干线的压力波动影响很大,单井采气可避免这种影响,保持产气稳定。

## 2. 多井(常温)集气流程

把几口单井的集气流程集中在气田某一适当位置进行集中采气和管理的流程称为多井(常温)集气流程;具有这种流程的站称为集气站,如图7-15所示。

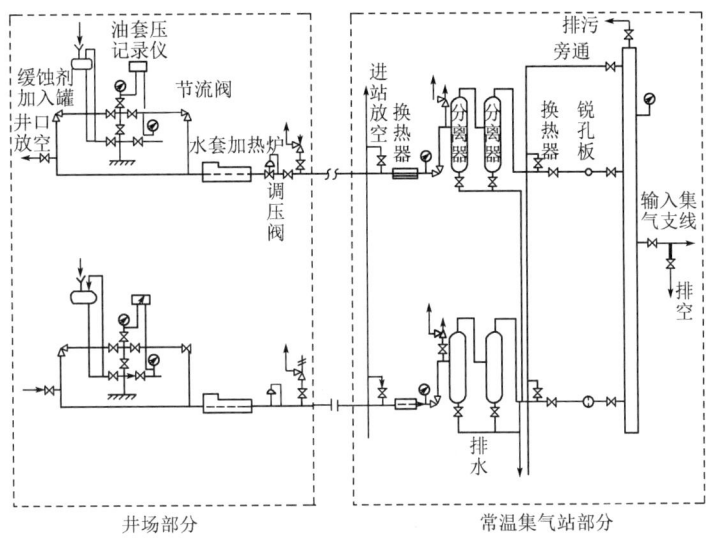

图7-15 多井(常温)集气工艺流程

1) 工艺过程

多井(常温)集气工艺包括两大部分:一是单井工艺,二是集气站工艺。各单井站经节流降压后输至集气站或由高压管线与集气站连接。在集气站的工艺过程一般包括:加热—降压—分离—计量等部分。其中,加热设备根据各单井的进站压力确定,当进站压力较低,在节流过程中不形成水合物时,集气站内的设备可简化为:节流—分离—计量,然后进入汇管输出。

2) 多井(常温)集气工艺流程的优点

(1) 管理集中,方便气量调节和自动控制;
(2) 减少管理人员,节省管理费用;
(3) 可实现水、电、气和加热设备的一机多用,节省采气生产成本。

## 3. 低温回收凝析油采气工艺流程

低温回收凝析油工艺流程主要用于含凝析油气藏的开发。它的特点是充分利用高压天然气的节流制冷,大幅度降低天然气的温度,使天然气中的重烃成分(丙烷、丁烷、戊烷以上组分)成液态凝析出来进行回收,如图7-16所示。

1) 工艺过程

如图7-16所示,从井口来的高压天然气经节流阀节流降压到设计进站压力后,进入常温分离器除去游离水和部分液态烃,天然气经计量装置计量后进入乙二醇混合室。在混合室中,天然气从喷嘴喷出,和从注入泵来的高压乙二醇混合,进入换冷器;在换冷器中,从乙二醇混合室出来的温度较高的天然气,与从重力式或旋风式低温分离器顶部出来的温度较低的天然气进行换热,使温度较高的天然气降温,温度较低的天然气升温。降温后的高压天然气经节流阀大幅度降压,温度急速降低(一般达-15～-25℃)。使天然气中的丙烷、丁烷、戊烷以上的重烃组分变成液态析出,在重力式或旋风式低温分离器中被分离出来。从低温分离器顶部出来的冷天然气,部分进入换热器与温度较高的天然气进行换热后,与另一部分没有进行换热的冷天然气汇合,经换热器升温至常温后输出。

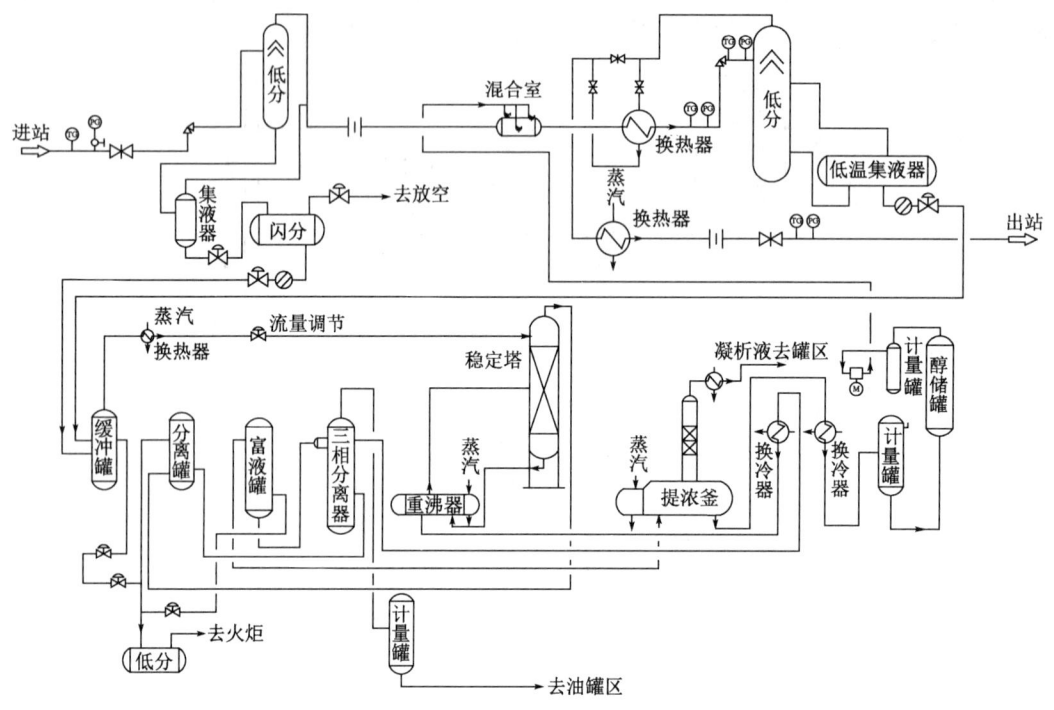

图7-16 低温分离回收凝析油流程

闪蒸分离器和低温集液器中的液态烃类、乙二醇和水,经过滤器除去固体杂质,进入凝析油稳定装置。在稳定装置中,凝析油被加热除去轻烃组分(丙烷、丁烷)后进入储油罐;乙二醇富液被压入提浓釜提浓再生,再生后的乙二醇被重新注入混合室。

2)适用范围

(1)天然气中有较高的凝析油含量,经济测算具有回收价值。

(2)天然气中凝析油含量较低,但在输气管道中析出影响正常输气或影响用户用气时。

(3)气井有足够高的剩余压力,一般进站压力在8MPa以上(不同地区或不同相对密度的天然气对剩余压力的要求会有差别)。

(4)有相当的气量,能满足工艺要求。

低温回收凝析油采气工艺流程具有不需要外来能源节流制冷,投资少,设备简单,操作方便,经济效益高的优点,单井或集气站都可以使用。

**(三)海上油气矿场集输流程**

目前通用的海上油气生产和集输系统流程主要有半海半陆式集输流程和全海式集输流程两种模式。

半海半陆式油气集输模式适用于离岸近的中型油田和油气产量大的大型油田。它是由海上平台、海底管线和陆上终端构成等部分组成的,如图7-17所示。

全海式集输流程是指油气的生产、集输、处理、储存均是在海上平台进行的,处理后的原油在海上直接装船外运。此流程适用于远离岸边的中小型海上油田。

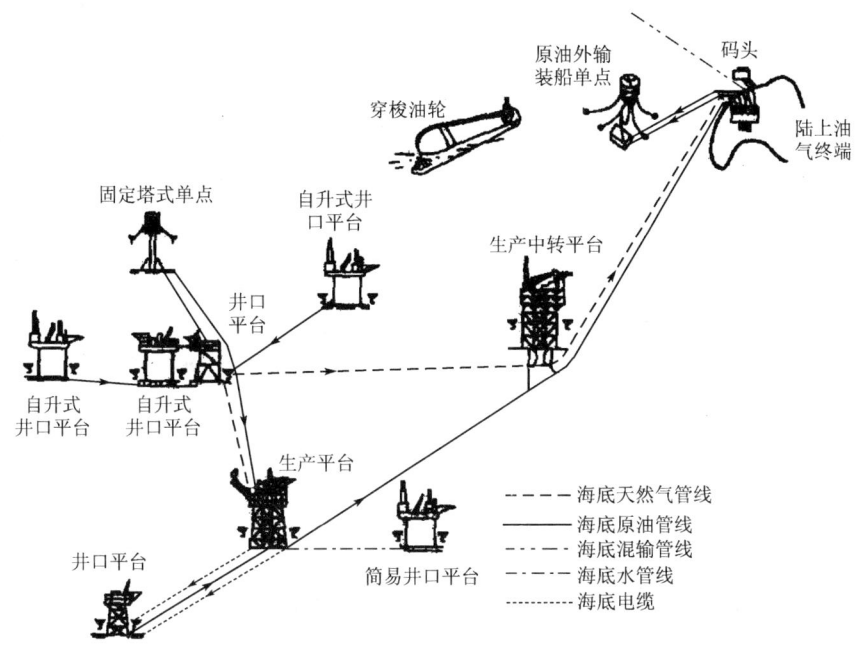

图 7 – 17 半海半陆式油气集输流程

## 三、油气初加工处理

在石油的开采过程中,伴随着原油的采出,同时也采出一定量的伴生气、水、泥砂等。在实际生产过程中,需对油井采出液进行必要的初加工处理,从而得到合格的原油和天然气。

### (一)油气分离

油气分离(oil-gas separation)是油田油气处理的首要环节,它是借助于油气分离器来实现油、气、水、砂等的分离。

油气分离器是油气田用得最多、最重要的设备之一,其类型很多。在生产实际过程中,应用较多的是卧式两相油气分离器和卧式油气水三相分离器等。

#### 1. 卧式油气两相分离器

卧式两相油气分离器的结构原理如图 7 – 18 所示,流体由油气混合物入口进入分离器,经入口分流器后,流体的流向和流速发生突变,使油气得到初步分离。在重力的作用下,分离后的液相进入集液部分,在集液部分停留足够的时间(我国规定:一般原油在分离器内的停留时间为 3min,起泡原油为 5~20min),使液相中的气泡上升到液面进入气相。集液部分的液相最后经原油出口流出分离器进入后续的处理环节。来自入口分流器的气体则分散在液面上方的重力沉降部分,使气体所携带的粒径较大的油滴( >100μm)靠重力沉降到气—液界面。未沉降下来的油滴则随气体进入除雾器,在除雾器内聚结、合并成大油滴,靠重力沉降到集液部分,脱出油滴的气体经气体出口流出分离器。

#### 2. 卧式油气水三相分离器

两相油气分离器只是简单地将油井产物分成气液两相。实际上,油井产物是油、气、水、砂的混合物,由于它们的密度不同,在油气分离的同时,也可实现水砂的分离,这就是油气水三相分离。

卧式三相油气水分离器的结构原理如图7-19所示,流体由油气混合物入口进入分离器,入口分流器把油气水混合物大致分成气、液两相。液相由导管引至油水界面以下进入集液部分,在集液部分油水实现分离,上层的原油及其乳状液从挡油板上层溢出进入油池,经出油口流出分离器。水经挡水板进入水室,通过出水口流出分离器。气体水平通过重力沉降部分,经除雾器后由气出口流出。

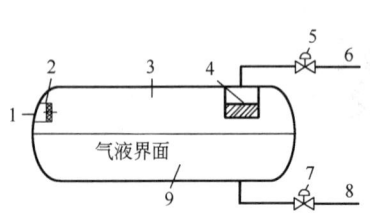
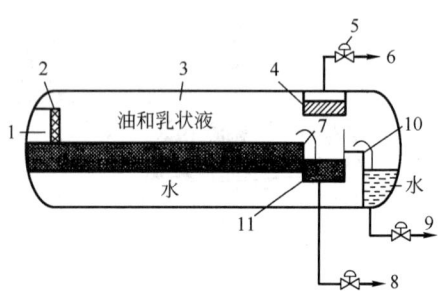

图7-18 卧式油气两相分离器
1—油气混合物入口;2—入口分流器;3—重力沉降部分;
4—除雾器;5—压力控制阀;6—气体出口;7—出油阀;
8—原油出口;9—集液部分

图7-19 卧式油气水三相分离器
1—油气混合物入口;2—入口分流器;3—重力沉降部分;
4—除雾器;5—压力控制阀;6—气体出口;7—挡油板;
8—出油口;9—出水口;10—挡水板;11—油池

**(二) 原油脱水**

石油的开采,伴随着产生大量的水。原油中的含水大都以游离水和乳化水两种形态存在。它们给油气集输、储运乃至石油加工带来了许多危害,因此,必须对原油进行脱水。

乳化水是水与原油形成的乳状液,其物理性质发生了很大的变化,因而是脱水的主要对象。乳化水通常有两种类型:一种是油包水型(W/O)乳化水,其水为分散相、油为连续相;另一种是水包油型(O/W)乳化水,其油为分散相、水为连续相。

原油脱水(crude oil dehydration)的方法很多,主要有热沉降脱水、化学脱水、离心法脱水、粗粒化脱水、电脱水等。实际脱水过程中,最常用的是热化学破乳脱水法和电脱水法。

1. 热化学破乳脱水

热化学破乳脱水就是将含水原油加热到一定的温度,并向原油中加入少量的化学破乳剂,从而破坏油水乳状液的稳定性,促使水滴碰撞、聚结、沉降,以达到油水分离的目的。

2. 原油电脱水

原油电脱水方法适合于处理含水量在30%左右的油包水型原油乳状液。它是将原油乳状液置于高压直流或交流电场中,在电场力的作用下,促使水滴的合并、聚结形成较大粒径的水滴,实现油水的分离。

原油电脱水过程中,水滴在电场中是以电泳聚结、偶极聚结、振荡聚结三种方式进行聚结合并的。其中,在交流电场中,水滴以偶极聚结、振荡聚结方式为主;在直流电场中,水滴以电泳聚结方式为主、偶极聚结方式为辅。

**(三) 原油稳定**

原油是多组分的碳氢化合物的混合物。在原油集输过程中,由于操作条件的变化,会使原油中的部分轻组分挥发,造成原油蒸发损耗。为了降低原油的蒸发损耗,充分利用油气资源,保护环境,提高原油储运过程中的安全性,须采用一系列工艺措施,将原油中挥发性强的轻组分(主要是 $C_1 \sim C_4$)脱出,降低原油的挥发性和饱和蒸气压,使原油保持稳定,这一工艺过程称为原油稳定。

原油稳定(crude oil stabilization)的方法很多,主要有闪蒸稳定法、分馏稳定法、大罐抽气法等。

闪蒸稳定法是将未稳定的原油加热到一定温度,然后减压闪蒸分离得到相应的气相和液相产物。这是目前应用较广的方法。闪蒸稳定法的原理流程如图 7-20 所示。

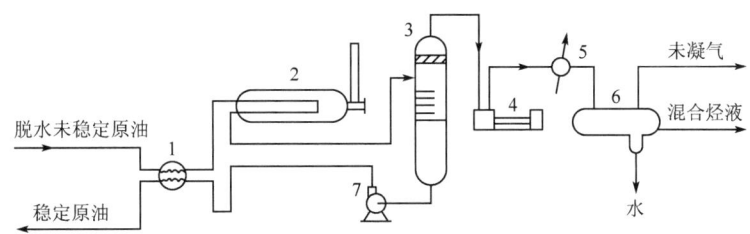

图 7-20 闪蒸稳定法的原理流程图
1—换热器;2—加热炉;3—闪蒸塔;4—压缩机;5—冷凝器;6—分离器;7—泵

分馏稳定法是根据原油中各组分挥发度不同的特点,利用精馏的原理将原油中的 $C_1 \sim C_4$ 组分脱出,达到稳定的目的。分馏稳定法的典型流程如图 7-21 所示。分馏稳定法的主要设备是稳定塔,稳定塔是一个完全的精馏塔,塔的上部为精馏段,下部为提馏段,塔顶有回流系统,塔底有重沸系统。这种方法设备多,流程较复杂,但稳定原油的质量好。

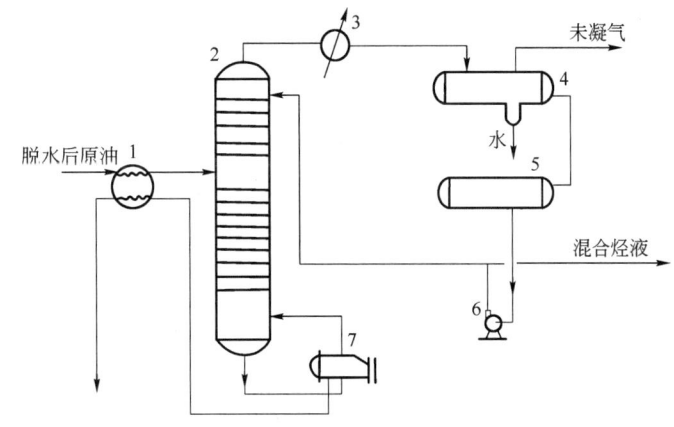

图 7-21 分馏稳定法的典型流程图
1—换热器;2—稳定塔;3—冷凝器;4—分离器;5—回流罐;6—泵;7—重沸器

大罐抽气法是利用原油处理站内的沉降脱水油罐,在罐顶安装抽气管线,利用压缩机自罐中抽出油蒸气,经增压、冷却、计量后输送至轻烃回收装置进行回收。

### (四)轻烃回收

轻烃是指天然气中所含的 $C_3$ 以上的烃类混合物,它们在天然气中以气态的形式存在,通过不同的工艺方法将它们以液态的形式回收称为轻烃回收。

轻烃回收(light hydrocarbon recovery)的方法较多,常用的有固体吸附法、液体吸收法及低温分离法等。

固体吸附法是利用固体吸附剂(如活性炭、活性氧化铝等)对各种烃类的吸附容量的不同,而使天然气中的各组分得以分离的方法。

液体吸收法是利用天然气中各组分在液体吸收油(如石脑油、煤油等)中的溶解度不同,而使天然气中的各组分得以分离的方法。

这两种方法是早期轻烃回收的较常用的方法,由于其投资高,能耗大,回收率低,现已逐步为低温分离法所替代。

低温分离法是利用天然气各组分冷凝温度不同的特点,在降温过程中使各组分得以分离的方法。这种方法的特点是使气体获得低温。通常低温获得的方法主要有制冷剂制冷、膨胀机膨胀制冷及两者混合使用的制冷方法等。

**(五)天然气净化处理**

天然气是很好的洁净能源和化工原料。天然气中含有水蒸气,有些还含有 $H_2S$ 和 $CO_2$(酸性气体)。酸性气体会使管线和设备腐蚀,同时也不符合化工原料的要求,必须进行脱除。在天然气中常含 $C_2$ 以上的组分,其中 $C_3$、$C_4$、$C_5$ 以上是液化气和稳定轻烃的组分,应予回收。

**1. 天然气脱硫**

天然气脱硫实际上是脱除气体中常含有的有机硫化合物和 $H_2S$、$CO_2$ 等酸性气体,也称天然气净化。

天然气工业中常把天然气含硫量少于 $1g/m^3$ 的称为净气,大于 $1g/m^3$ 的称为酸气。天然气所含的硫均以 $H_2S$ 的形式存在,它是一种腐蚀性极强的酸性介质,因而会损害设备及输送管道。与上述类似,也将含 $CO_2$ 较多的天然气称为酸气。当天然气中同时含有 $H_2S$ 和 $CO_2$ 时,其腐蚀性更为严重。另外也有人把脱去 $H_2S$ 的天然气称为"甜气"。

**2. 天然气脱水**

常规情况下,用溶剂吸收或者固体干燥剂吸附这两种方法从天然气中脱除水分。目前广泛使用的是三甘醇吸收脱水和分子筛吸附脱水。

**3. 天然气凝液回收**

天然气凝液(NGL)回收工艺主要有吸附法、油吸收法和冷凝分离法。

(1)吸附法是利用固体吸附剂对各种烃类吸附容量的不同,使天然气中各组分得以分离。

(2)油吸收法是利用天然气中各组分在吸收油中溶解度的不同,使不同烃类得以分离。

(3)冷凝分离法是利用天然气中各组分冷凝温度不同的特点,在逐步降温过程中将沸点较高的组分分离出来。

在以上方法中,冷凝分离法因其对原料气适应性强、投资低、效率高、操作方便等突出优点被广泛采用,其他方法应用较少。

冷凝分离法有浅冷($-20℃$ 左右)和深冷($-100℃$)两种;根据制冷方式的变化,又有外加冷源法、自制冷源法和混合制冷法等。这些方法虽有区别,但其工艺流程基本上由原料气增压、净化、冷凝分离、制冷、凝液稳定、切割等基本过程组成。

## 四、油气计量

油气计量是指对石油和天然气流量的测定。在油气田生产过程中,从井口到外输间主要分为油气井产量计量、外输流量计量和交接数量计量三种。

### (一) 油气井产量计量

油气井产量计量是指对生产井所生产的油量和气量的测定。目的是了解油气井生产状态，为油气井管理、油气层动态分析提供资料数据。

对于产量高的油气井，通常是每口井单独设置一套计量装置，称为单井计量。对于产量低的油气井，通常是 8～12 口油井共用一套计量装置，并对每口油井生产的油、气、水进行计量，油井日产量要定期、定时、轮换进行计量。这种计量方式称为多井计量。

油气井产量计量方法有两种：分离计量法和多相计量法。分离计量法是利用油气分离器先将油井产物分离成气相和液相，或者气相、油相和水相，然后分别计量各相的流量。由于计量精度受到分离质量的影响，且油气难以完全分离，因此，该法计量精度差，而且附属设备多，占地面积大。多相流量计法是自动分析检测油井产物的组成和流量，进而测定油井的产油量、产气量和产液量。它是将分离、计量合成一体完成，具有体积小、精度高、操作方便等特点，是计量发展的方向。

### (二) 外输流量计量

外输流量计量是对石油和天然气输送流量的测定。它是输出方和接收方进行油气交接经营管理的基本依据。计量要求有连续性，仪表精度高。外输原油一般采用高精度的流量仪表连续计量出体积流量，再乘以密度，减去含水量，求出质量流量。综合计量误差一般要求在 ±0.35% 以内。这就要求原油流量仪表要有较高的精度，同时也应定期进行标定。

### (三) 交接数量计量

交接数量计量是指油田内部各采油单元之间进行的油品输送流量的计量。它是衡量各采油单元完成生产指标情况，进而进行经济核算的依据。从计量方法上看，交接数量计量与外输流量计量基本相似，但由于这种计量是发生在油田内部各采油单元之间的，因此其计量精度不如外输流量计量要求高。

## 五、含油污水处理

目前，我国多数油田已进入开发晚期，大多采用注水方式开发，从而导致油井采出液含水量升高(有些油田的综合含水率已达90%)。在初加工处理过程中，油井采出液将脱出大量的含油污水。如果含油污水处理不合理就进行回注和排放，不仅会使油田地面设施不能正常运作，而且会因地层堵塞带来危害，影响油田安全生产，同时也会造成环境污染，因此必须合理地处理、利用含油污水。

### (一) 含油污水的特点

#### 1. 污水含油

污水含油量一般为1000mg/L左右，少部分油田污水含油量高达3000～5000mg/L，而且同一污水站瞬时污水的含油量也具有一定的波动性。一般来讲，污水中的含油是以浮油(油珠直径大于$100\mu m$)、分散油(油珠直径为$10～100\mu m$)、乳化油(油珠直径为$0.1～10\mu m$)和溶解油(油珠直径小于$0.1\mu m$)四种形态分布于水中的。

### 2. 污水含盐

含油污水中含有多种离子,主要包括 $Ca^{2+}$、$Mg^{2+}$、$K^+$、$Na^+$、$Fe^{2+}$ 等阳离子和 $Cl^-$、$HCO_3^-$、$CO_3^{2-}$、$SO_4^{2-}$ 等阴离子。这些离子之间相互结合,生成各种盐类。在一定的条件下,$CaCO_3$、$CaSO_4$、$MgCO_3$ 等溶解度较小的盐类易形成沉淀。它们如悬浮在水中,会使水浑浊;如沉积在管壁上,引起结垢。

### 3. 污水含气

污水中溶解有 $O_2$、$H_2S$、$CO_2$ 等多种有害气体。其中,$O_2$ 是很强的去极化剂,能使阳极的铁离子失去电子,生成 $Fe^{2+}$ 或 $Fe^{3+}$,进一步生成 $Fe(OH)_3$ 沉淀。同样,$H_2S$、$CO_2$ 等酸性气体也能与铁离子结合生成 $Fe(OH)_3$ 垢或 $FeS$ 沉淀。它们都会大大加剧金属设备和管线的腐蚀、结垢。

### 4. 污水含悬浮固体

污水中的悬浮固体是指污水中所含的固体悬浮物,其颗粒直径范围在 $1\sim100\mu m$ 之间,主要包括泥砂、各种腐蚀产物及垢、细菌、胶质、沥青质等。这些悬浮固体悬浮在水中,会使水浑浊,附着在管壁上,会形成沉淀,引起管壁腐蚀,回注于储油层,会使孔隙堵塞,影响油井产量。

综上所述,污水中的成分复杂,其显著特点是腐蚀性强、结垢快。生产中,应重点针对这类问题加以分析,采取有效措施加以处理。

### (二) 含油污水处理流程

含油污水处理工艺流程因污水水质、净化处理要求不同而异。按照处理工艺过程,大致可将其划分为自然除油—混凝沉降—压力过滤流程、压力式聚结沉降分离—过滤流程、浮选式流程及开式生化处理流程等。

#### 1. 自然除油—混凝沉降—压力过滤流程

自然除油—混凝沉降—压力过滤流程如图 7-22 所示。从脱水转油站送来的含油污水经自然除油初步沉降后,投加混凝剂进入混凝沉降罐进行混凝沉降。然后进入缓冲罐,经提升泵加压后进入压力滤罐进行压力过滤。滤后水再加杀菌剂,得到合格的净化水,外输用于回注;自然沉降罐和混凝沉降罐回收的原油进入污油罐,经油泵加压输送至油站;对压力滤罐进行反冲洗时,反冲洗水泵从反冲洗水罐提水,反冲洗排水进入回收水罐,经回收水泵均匀地加入自然除油罐中再进行处理。

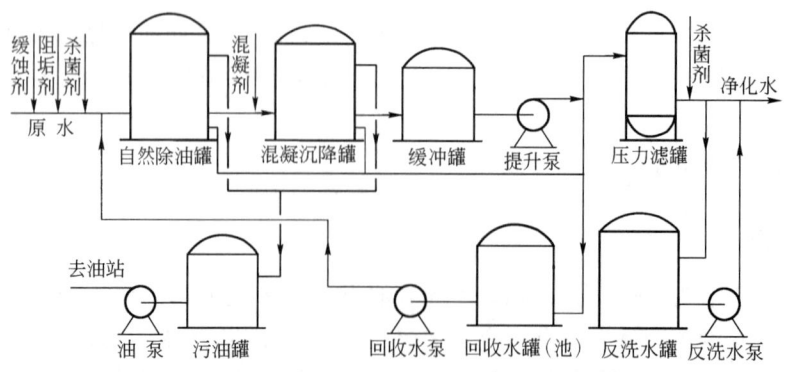

图 7-22 自然除油—混凝沉降—压力过滤流程

该流程处理效果良好,对污水含油量、水量变化波动适应性强,但当处理规模较大时,压力滤罐数量较多、操作量大,处理工艺自动化程度稍低。

**2. 压力式聚结沉降分离—过滤流程**

压力式聚结沉降分离—过滤流程如图 7-23 所示。它加强了流程前段除油和后段过滤净化。脱水站送来的污水,若压力较高,可进旋流除油器;若压力适中,可进接收罐除油。为了提高沉降净化效果,在压力沉降之前增加一级聚结(也称粗粒化)除油,使油珠粒径变大,易于沉降分离。或采用旋流除油后直接进入压力沉降。根据对净化水质的要求也可设置一级过滤和二级过滤净化。

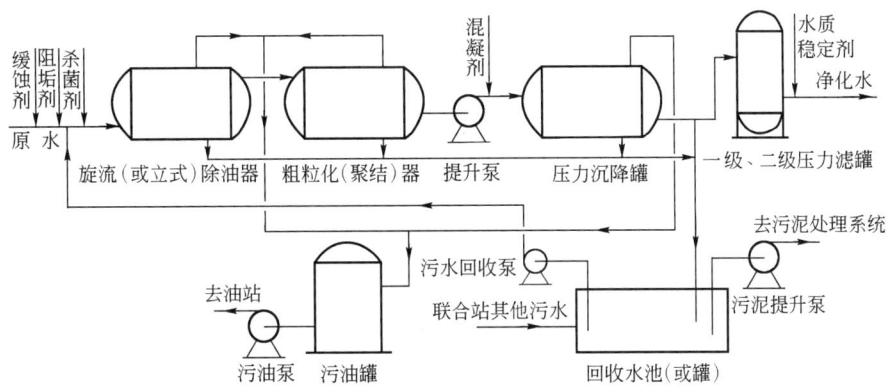

图 7-23 压力式聚结沉降分离、过滤流程

压力式聚结沉降分离—过滤流程处理净化效率较高,效果良好,污水在处理流程内停留时间较短,系统机械化、自动化水平稍高,但适应水质、水量波动能力稍低。

**3. 浮选式流程**

浮选式流程如图 7-24 所示。该流程首端大都采用溶气气浮,再用诱导气浮或射流气浮取代混凝沉降设施,后端根据净化水回注要求,可设一级过滤和精细过滤装置。

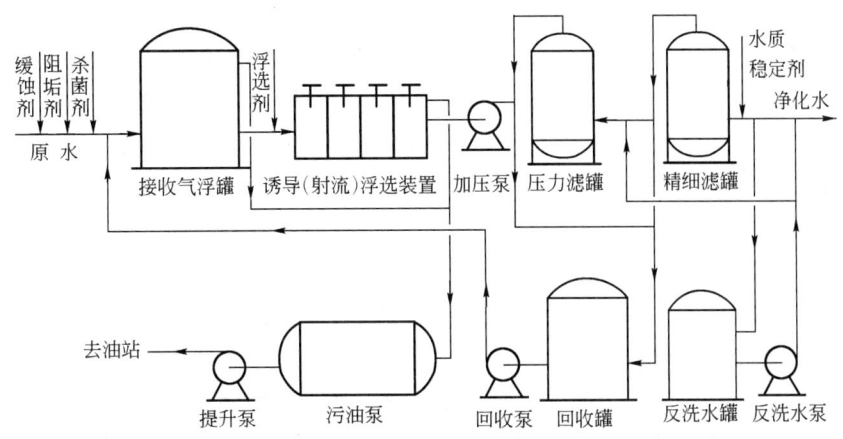

图 7-24 浮选式流程

浮选流程处理效率高,系统自动化程度高,现场预制工作量小,广泛应用于海上采油平台污水系统;在陆上油田,广泛用于稠油污水处理。但该流程动力消耗大,维护工作量稍大。

#### 4. 开式生化处理流程

开式生化处理流程如图7-25所示。它是针对部分油田污水采出量较大，不能完全回注，需要部分处理达标排放的实际设计的。含油污水经过平流隔油池除油沉降，再经过溶气气浮池净化，然后进入曝气池、一级生物降解池、二级生物降解池和沉降池，最后经提升泵提升至滤池进行砂滤或吸附过滤达标外排。

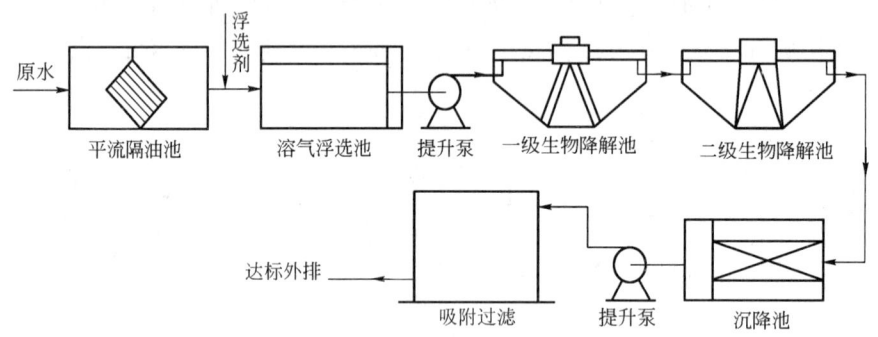

图7-25 开式生化处理流程图

总之，上述几种流程是目前含油污水较常用的流程。当然，由于各油田污水的具体情况不同，上述流程也并非是绝对的，实际应用中，应根据具体的情况选择合适的流程。

# 第二节 油气管道输送

问题导入

1. 油气产地通常都远离消费市场中心，如何将油气输送至下游？
2. 油气是否可以混输？
3. 输油输气管道如何维护保养？

油气管道输送(oil-gas pipeline transportation)是伴随着石油工业的发展而产生的。1865年10月，美国修建了世界上的第一条输油管道，该管道直径为50mm，长约10km。1886年美国又建成了世界上第一条长距离输气管道。该管道从宾夕法尼亚州的凯恩到纽约州的布法罗，全长140km，管径为200mm。

我国于1958年建设了第一条从新疆克拉玛依油田到独山子炼油厂原油输送管道。该管道全长147km，管径150mm。1963年又建设了第一条天然气输送管道。该管道从重庆巴县的九龙坡至巴南区，全长84.14km，管径400mm，简称巴渝线。1976年，我国建成了格拉成品油输送管道。该管道起于青海省的格尔木，止于西藏的拉萨，位于世界屋脊的青藏高原，是海拔最高的成品油管道。管道全长1080km，管径150mm。此后，随着大庆、胜利、华北、中原、四川等油气田的开发，兴建了贯穿东北、华北、华东地区的原油管道网，川渝天然气环网，忠武、陕京、涩宁兰等天然气管道以及西气东输天然气管道系统等。截止到2020年底，我国油气长输管线包括国内管线和国外管线，总里程达到 $16.5 \times 10^4$ km，其中原油管线为 $3.1 \times 10^4$ km、成品油管线 $3.2 \times 10^4$ km、天然气管道 $10.2 \times 10^4$ km。国内原油和成品油运输管网已实现西油东

送、北油南下、海油上岸,天然气则实现了西气东输、川气出川、北气南下。

# 一、油气输送管道构成

油气输送管道的类型很多,分类方法不一。按长度和经营方式分类,油气输送管道可分为油田内部的管道和长距离油气输送管道。按被输送介质的类型不同分类,油气输送管道可分为原油输送管道、成品油输送管道、天然气输送管道、油气混输管道等。按管道所处的位置不同分类,油气输送管道可分为陆上输送管道和海底输送管道等。下面主要介绍长距离输油管道和长距离输气管道。

## (一)长距离输油管道

### 1.长距离输油管道的构成

长距离输油管道由输油站、线路以及辅助配套设施等部分构成,如图7-26所示。

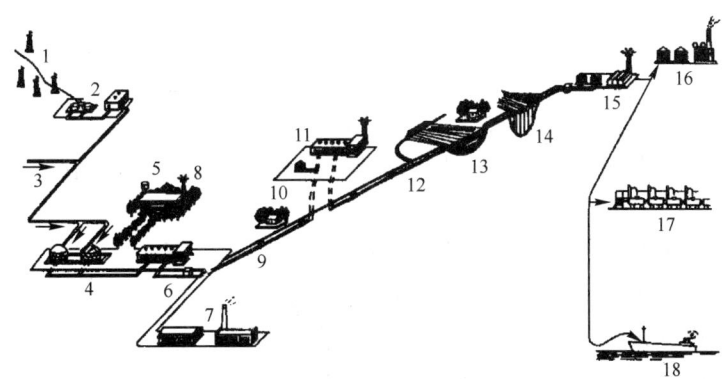

图7-26 长距离输油管道的构成

1—井场;2—转油站;3—来自井场的输油管;4—首站主要设施;5—调度中心;6—清管器发放区;7—首站锅炉房等辅助设施;
8—微波通信塔;9—线路阀室;10—宿舍;11—中间站;12,13,14—穿越铁路、河流、工程;15—末站;
16—炼厂;17—装卸栈桥;18—装卸港口

输油站的主要功能就是给油品加压、加热。按所处的位置不同,输油站可分为首站、中间站和末站。管道起点的输油站称为首站,它的任务是接收油田集输联合站、炼油厂生产车间或港口油轮等处的来油,经计量、加压、加热(对于加热输送管道)后输入下一站。首站一般具有较多的储油设备,以及加压、加热设备和完善的计量设施。

油品在沿管道的输送过程中,由于摩擦、散热、地形变化等原因,其压力和温度会不断地下降。当压力和温度降到一定程度时,为了使油品继续向前输送,就必须设置中间输油站,给油品增压、升温。单独增压的输油站称为中间泵站;单独升温的输油站称为中间加热站;既增压又升温的输油站称为热泵站。根据功能的不同,中间站通常设有加压、加热设施,一定的储油设施,清管器收发设施等。中间站应设有越站流程。

末站是位于管道终点的输油站(库),它的作用是接收管道来油、储存油品或向用户转运。末站一般设有较多的储油设备,以及较准确的计量设施、转输油设施和清管器收发设施。

长距离输油管道的线路部分包括管道本身,沿线阀室,通过河流、山谷等障碍物的穿(跨)越构筑物等。辅助设施包括通信、监控、阴极保护、清管器收发及沿线工作人员生活设施等。

### 2. 长距离输油管道的特点

与油品的铁路、公路、水路运输相比,管道运输具有独特的优点:

(1) 运输量大。不同管径和压力下管道的输油量见表7-1。

表7-1 不同管径和压力下管道的输油量

| 管径,mm | 529 | 720 | 920 | 1020 | 1220 |
|---|---|---|---|---|---|
| 压力,MPa | 5.4~6.5 | 5~6 | 4.6~5.6 | 4.6~5.6 | 4.4~5.4 |
| 输油量,$10^6$t/a | 6~8 | 16~20 | 32~36 | 42~52 | 70~80 |

(2) 运费低、能耗少,且口径越大,单位运费越低。国外几种方式运输油品的燃料能耗和成本比较见表7-2。

表7-2 国外几种方式运输石油的能源损耗和成本比较

| | 管道 | 铁路 | 内河 | 海运 | 公路 |
|---|---|---|---|---|---|
| 成本比 | 1 | 4.6 | 1.4 | 0.4 | 20 |
| 能源消耗比 | 1 | 2.5 | 2.0 | 0.53 | 8 |

(3) 输油管道一般埋在地下,比较安全可靠,且受气候、环境影响小,对环境污染小,其运输油品的损耗率比铁路、公路、水路运输的损耗率都低。

(4) 建设投资小、占地面积少。管道建设投资和施工周期均不到铁路的1/2。管道埋在地下,投产后有90%的土地可以耕种,占地只有铁路的1/9。

虽然管道运输有很多优点,但也有其局限性:

(1) 主要适用于大量、单向、定点运输,不如车、船运输灵活多样。

(2) 对一定直径的管道,有一经济合理的输送量范围。

(3) 有极限输量的限制。

## (二) 长距离输气管道

### 1. 长距离输气管道的构成

长距离输气管道的构成与长距离输油管道的构成类似,也包括首站、中间站、末站、干线管道以及辅助设施等部分,如图7-27所示。

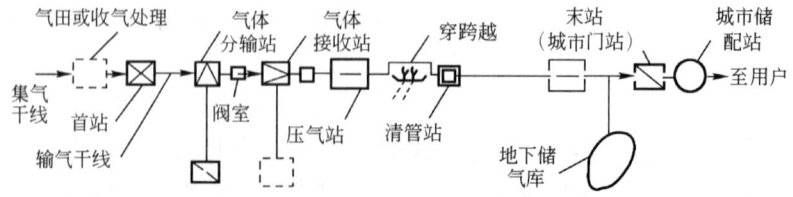

图7-27 长距离输气管道的构成

输气管道首站的主要功能是接收天然气处理厂的来气,进行分离(干燥、除尘)、调压和计量后送入输气干线。与输油管道不同,由于采气井的压力都比较高,且天然气采出、处理、输送的各环节都是密闭的,为了充分利用气井压力,通常情况下,长距离输气管道的首站大多不设增压设备,可依靠气井余压输至下一站,如陕京线的第一个增压站就设在离管线起点100km处。

根据功能不同,输气管道的中间站可分为接收站、分输站和压气站等。接收站的功能是接收沿线支线或气源的来气;分输站的功能是向沿线的支线或用户供气;压气站的功能是给气体增压。

输气管道末站的功能是接收管道来气,将其分离、调压、计量后送入用户配气站。若末站直接向城市输配气管网供气,末站也可称为城市门站。在有条件的地区,末站应建设地下储气库,以调节供气的不平衡。

与输油管道相同,输气管道在管路沿线每隔一定距离也要设中间截断阀,以便发生事故或检修关断沿线还有保护地下管道免受腐蚀的阴极保护站等辅助设施。通常需要与长距离输气管道同步建设另外两个子系统,即通信系统与仪表自动化系统,这两个系统是构成管道运行SCADA(supervisory control and data acquisition)系统的基础,SCADA系统的功能是对管道的运行过程进行实时监测、控制和远程操作,从而保证管道安全、可靠、高效、经济地运行。

### 2. 输气管道的特点

(1)输气管道是个自始至终连续密闭带压的输送系统,不像输油系统有时油品进入常压油罐。

(2)天然气管道更直接为用户服务,直接供给家庭或工厂。

(3)天然气密度小,静压头影响小于油品管道,设计时高差小于200m静压头可忽略不计,输气管道几乎不受坡度影响。

(4)天然气是可压缩的,因此不存在突然停输产生的水击问题。

(5)天然气管道比输油管道要更重视安全。

(6)天然气管道与城市煤气管道不同,天然气来自气井,起输的压力比城市煤气的高,天然气管道进入城市总站以后要减压到城市管网压力才能向城市供气。

## 二、输油管道的特性及运行控制

### (一)输油管道的特性

#### 1. 水力特性

油品在管道中流动的过程中,其压能逐渐降低,常称为压降。压降主要包括沿程压降(习惯上称为管道摩阻)、局部压降和位差压降。

(1)沿程压降:主要是指油品流过直管段时,由于油品与管壁、油品与油品之间的摩擦所消耗的压能。沿程压降可通过达西公式计算求得:

$$h_L = \lambda \frac{L}{d} \frac{v^2}{2g} \tag{7-1}$$

式中 $h_L$——管道的沿程阻力损失,m;

$\lambda$——沿程摩擦阻力系数,与流体的流态相关;

$g$——重力加速度,m/s$^2$;

$v$——油品的运动黏度,m$^2$/s;

$d$——管道的内直径,m;

$L$——管道的计算长度,m。

(2)局部压降:是指油品流过各种管件或阀件时所消耗的压能。长距离输油管道的压能损失以沿程阻力损失为主,局部阻力损失比较小,一般不单独计算,而是根据管道沿线的地形起伏情况不同,取干线长度的1%～2%作为沿线的局部摩阻损失的附加长度,合并在管道沿程摩阻损失的计算长度中一并计算。通常,在地形比较平坦的地段,取局部压降的附加长度为沿程压降计算长度的1%;在地形起伏比较大的地段取2%;其他地段可在1%～2%之间取值。

(3)位差压降:是指管道沿线地形变化引起的被输送油品在管道中动水压力的升高或降低。一定管段内的位差压降只与该管段的终点与起点的海拔高度有关,与管段的中间地形变化无关。管段的位差压降等于计算段终点与起点的海拔高度之差。

油品在管道输送的过程中,所消耗的压能是由泵机组提供的。为此,管道沿线应设置一定的输油泵站,以满足油流流动所消耗的压能。布置泵站时,通常是先根据管道的工作参数,在管道纵断面图上画水力坡降线,初步确定泵站的可能布置位置,再综合考虑管道走向的人文、地质、环境、交通、生活等情况对站址进行适当调整。

**2. 热力特性**

输送"三高"油品的常用方法是加热输送,其目的是提高油品温度,避免油流在管道中凝固;减少油品中石蜡、胶质等的析出及在管壁的凝结;降低油品黏度,减小管道压降。

油流在管道内流动过程中的温降与输量、环境温度、散热条件、油温等诸多因素有关,加热输油管道中油流温度沿线的变化规律可用舒霍夫温降公式计算,即

$$t_l = t_0 + (t_c - t_0) e^{\frac{-K\pi D}{GC}l} \tag{7-2}$$

式中　$G$——管道的质量输量,kg/s;

　　　$K$——油流通过管壁向管道铺设处周围环境的传热系数,W/(m²·℃);

　　　$l$——温度计算点离加热站出口的距离,m;

　　　$t_0$——管道周围介质的温度,℃;

　　　$t_c$——加热站的出站油温,℃;

　　　$t_l$——距出站$l$处的油温,℃;

　　　$C$——平均输送温度下油品的比热容,J/(kg·℃);

　　　$D$——管道的计算直径(对于无保温的管道,取钢管的直径;对于有保温层的管道,取保温层内外直径的平均值),m。

实际上,加热输油管道的热能和压能的供求是相互联系、相互影响的。增加热能的供应,输送温度升高,油品黏度降低,管道摩阻减少。增加压能供应,一方面输量增加,温降变慢;另一方面,在较高的压力下,可以输送温度较低的流体。在这相互联系和相互影响的两种能量中,热能是起主导作用的。因此对加热输油管应综合考虑其热力特性和水力特性,按热力特性计算全线所需的加热站数,按水力特性确定全线所需的泵站数,然后在管道的纵断面图上进行加热站、泵站布置并进行校核和调整。

**(二)输油管道的运行控制**

**1. 运行参数的调节与控制**

在输油管道的运行过程中,由于受到诸多因素的影响,其运行工况将发生一定程度的变化。因此在管道的实际运行过程中,有时需要对参数进行调节和控制。

调节一般以输送量作为对象,控制一般以泵站的进出站压力作为对象。

输送量调节的方法很多,常用的有改变泵的转速、车削泵叶轮、拆卸多级离心泵叶轮级数、

大小泵匹配、进出口节流等。

压力调节的目的是保证管道运行过程中的稳定性。压力调节的调节对象是输油站的进出站压力。压力调节的常用措施是改变输油泵机组的转速、节流和回流。

### 2. 输油管道中的水击及其控制

输油管道系统正常运行过程中，其流态是稳定的。但在实际生产过程中，需要进行泵的启停、阀门的启闭、流程的切换等操作。这些操作都将会使管道中的流体的流速发生突变，从而引起管内压力的突变，这种现象称为水击。

水击危害主要体现在两个方面：一是超压危害，可能使管道系统的压力超过管道的承压能力造成管道的破坏；二是减压损坏，可能使管道系统的压力低于正常工作压力，致使管道失稳变形。当然，水击产生的压力波也可能会向上游或下游传播，对上游或下游的泵站特性产生一定影响。因此，应采取有效措施对水击危害加以控制，常用的方法主要有泄压保护、调节阀自动调节、泵机组自动停运等保护措施。

泄压保护是在管道可能出现超压的位置，安装专用的泄压阀门，在出现水击超压时，打开泄压阀门从管道中泄放一定数量的液体，从而使管道内压力下降，避免水击危害。

调节阀自动调节保护是根据管道运行压力的变化自动对阀门的开启度进行调节，以满足保护管道系统的要求。调节阀自动调节保护大都与其他保护措施配合使用。

泵机组自动停运就是在泵站的吸入压力过低、出站压力过高时，通过自动控制系统停运一台或多台输油泵，以降低泵站的能量输出，减小泵站的输送量，使出站压力下降，进站压力升高。这种方法主要用于串联泵机组泵站的保护。

## 三、油品的顺序输送

油品顺序输送是指在一条管道内，按照一定的批量和次序，连续地输送不同种类的油品。由于经常性的变换输油品种，所以在两种油品交替时，在接触界面处将产生一段混油。混油产生的因素主要有两个：一是由于在管道横截面上，液流沿径向流速分布不均匀，使后边的油品呈楔形进入前面的油品中；二是由于管道内液体的紊流扩散作用。

### （一）混油的检测

为了指导顺序输送管道的运行管理，需要对两种油品交替过程中的混油情况进行检测。目前常用的混油浓度检测方法有密度法、超声波法、记号法等。

密度检测法是利用混合油品的密度与各组分油品的密度、浓度之间存在线性叠加关系的原理进行的。此法是在管道沿线安装能自动连续测量油品密度的检测仪表，通过连续检测混油密度的变化，检测混油浓度的变化。

超声波法检测是根据声波在不同密度油品中的传播速度不同的特性而进行的。在常温条件下，油品的密度越大，声波在油品中的传播速度就越快。混油浓度的超声波法检测，就是根据这一原理，在管道沿线安装超声波检测仪表，通过连续测量声波通过管道的时间，确定管内油流的密度，从而检测混油的浓度。

记号法检测是先将荧光材料、化学惰性气体等具有标识功能的物质溶解在与输送油品性质相近的有机溶剂中，制成标识溶液。使用时，在管道起点两种油品的初始接触区加入少量的标识溶液，该标识溶液随油流一起流动，并沿轴向扩散，在管道沿线检测油流中标识物质的浓度分布，即可确定混油段和混油界面。

### (二)减少混油量的措施

在油品的顺序输送中，我们总是希望尽量减少混油量，控制混油量的措施有很多，首先我们可以采用先进、合理的技术工艺措施来减少混油量(例如简化流程，加大交替油品的输量，采用密闭输送流程等)；其次是采取一些专门的措施来减少混油量，如机械隔离法和液体隔离法等。

机械隔离法是将一定的机械设施投放于两种油品中间，将两种油品隔离，以减少油品的混合。常用的隔离设施有橡胶隔离球和皮碗形隔离器等。

液体隔离法是在两种交替的油品之间注入隔离液，以减小混油量。常用作隔离液的物质有：与两种油品性质接近的第三种油品、两种油品的混合油、水或油的凝胶体、其他化合物的凝胶体等，其中凝胶体隔离液具有较好的应用特性。

### (三)混油的处理方法

处理混油量的方法主要有两种：一是在保证油品质量标准要求的前提下，分批将混油掺入纯净油中销售或降级使用。如在顺序输送汽油和柴油时，可把汽油浓度高的混油段接收在汽油混油储罐中，柴油浓度高的混油段接收在柴油混油储罐中，将两种混油分别小批量地掺入汽油和柴油的纯净油中销售。这种方法适用于混油程度较轻，且终点两种油品的销售量都较大的情况下。二是将混油就近输至炼油厂加工处理。这种方法适用于混油程度较重，或终点混合油品的纯净油销售量较小的情况下。

## 四、输油气管道清管

原油输送管道经过一定时间的使用，在管内壁会沉积一定厚度不易流动的石蜡、胶质、凝油、砂和其他杂质的混合物，造成原油管道实际输油管径变小、输送能力减弱、摩阻增加等问题，严重增加系统能耗，降低输送质量。同样天然气输送时，凝析油、水、硫分、机械杂质等会引起管道内壁腐蚀，增大管壁粗糙度，大量水和腐蚀产物的聚积还会局部堵塞和缩小管道的流通截面，因此就必须对管道进行定期清管作业。

常用的清管方法是物理法清管。物理法清管的原理是将清管器送入原油管道内并使其随原油输送而在管道内移动。由于清管器与管壁接触部分常由弹性材料制成且直径略大于管径，故在管道中其外沿与管道内壁可以做到弹性密封。当管输介质推动清管器前进时，清管器自身或其所带的机具会对管壁产生刮削和冲刷作用，从而清除管道内的结垢或沉积物。

常用的清管器有清管球、智能清管器、泡沫塑料清管器、皮碗清管器等，如图7-28所示。

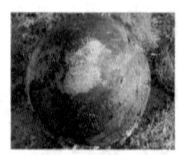   

(a)清管球　　　(b)智能清管器　　　(c)泡沫清管器　　　(d)组合式皮碗清管器

图7-28　清管器的类型

一般在输油输气站上设有清管器发送和接收系统，用以发放和接收清管器。通常的清管器收发系统包括发球装置和收球装置两个装置，如图7-29所示。发球装置：通过阀1正常输油输气。发球时打开球阀3和阀2，逐渐关小阀1，球被油流/气流带走；球发出后，打开阀1，关上阀 2 和球阀 3，恢复正常输油输气。收球装置：通过阀 4 正常输油输气。收球时，打开球阀 6 和阀 5，适当关小阀 4；球收到后，先开阀 4，后关阀 5 和球阀 6，恢复正常输油输气。

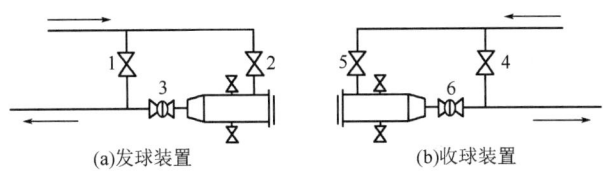

图 7-29　清管器收发系统

## 第三节　油气的储存

 问题导入

1. 油气井生产持续不间断，石油如何储存？
2. 城乡冬天用气量多、夏天用气量少，天然气如何储存？

### 一、石油的储存

用于接收、储存、中转和发放原油或石油产品的企业和生产管理单位是储油库（oil depot）。它是维系原油及其产品生产、加工、销售间的纽带，是调节油品供求平衡的杠杆，又是国家石油及其产品供应和储备的基地，对于保障国家能源安全、保障人民生活、促进国民经济发展起着非常重要的作用。

**（一）储油库的分类及作用**

**1. 储油库的分类**

（1）按管理体制和业务性质不同，可将储油库分为独立油库和企业附属油库两类，如图 7-30 所示。

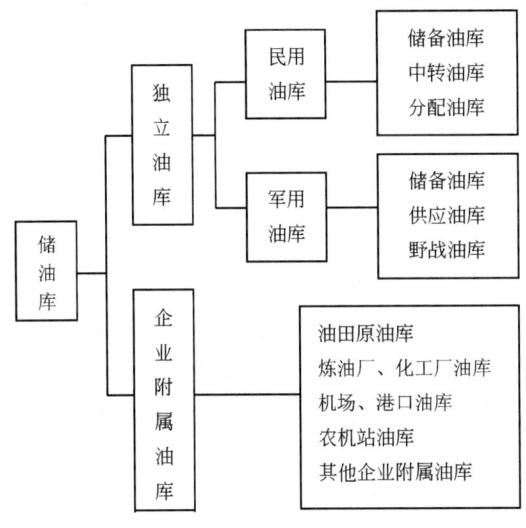

图 7-30　油库类型

独立油库是专门从事接收、储存和发放油品作业的独立自主经营核算的企业和生产管理单位。企业附属油库是各企业为了满足本部门生产、经营需要而设置的油库,如油田的原油库(首站)等。

(2)根据油库的储油能力不同,可将油库分为一级油库、二级油库、三级油库、四级油库和五级油库等。其划分标准见表7-3。

表7-3 石油库的等级划分

| 等级 | 总容量,m³ |
|---|---|
| 一级油库 | ≥100000 |
| 二级油库 | 30000~100000 |
| 三级油库 | 10000~300000 |
| 四级油库 | 1000~10000 |
| 五级油库 | <1000 |

除以上的分类外,油库还可按主要的建库形式分为地面油库、地下油库、半地下油库、山洞油库、水封石洞油库和海上油库等;按运输方式分为水运油库、陆运油库和水陆联运油库等;按照储存油品的种类分为原油库、成品油库、润滑油库等。

**2. 储油库的作用**

储油库的性质不同,其作用也不同,大体可分为以下四个方面:

(1)作为原油生产基地,用于集积和中转油品。矿场原油库、海上油库是一种集积和中转性质的油库。其业务特点是储存品种单一,收发量大,周转频繁。

(2)作为油品供应基地,用于协调消费流通领域的平衡。销售企业的分配油库和部队的供应油库都是直接面向油品消费单位的流通部门。其业务特点是油品周转频繁,经营品种较多,每次数量相对较少,一般是铁路或油轮(水运油库)来油,桶装、汽车罐车或油驳向外发油。

(3)作为企业附属部门,用于保证生产。炼油厂的原油库、成品油库以及机场、港口等油库是企业附属油库。它的主要任务是保证生产的正常进行。

(4)作为石油战略储备基地,保证国家非常时期需要。石油战略储备油库的主要任务是为国家储存一定数量的战略油料、以保证市场稳定和紧急情况下的用油。因储备库大多具有重要的战略意义,对油库本身的防护能力和隐蔽要求都较高。因此,储备库大都建成地下库或山洞库。

### (二)储罐的分类、结构和用途

**1. 储罐的分类**

储罐(storage tank)是目前应用最普遍的一种油气储存设备,其种类繁杂。

(1)按照储罐的建筑特点,储罐可分为地上储罐、地下储罐、半地下储罐和山洞罐。

(2)按照储罐的材质,储罐可分为金属储罐和非金属储罐两类。金属罐是用钢板焊成的储存设备,具有施工方便,安全可靠、耐用、适宜储存各类油品等优点。非金属罐类型很多,如砖砌储罐、石砌储罐、钢筋混凝土储罐等,主要用于储存原油和重质油料,其特点节省钢材,抗腐蚀性好,但施工周期长。

(3)根据储罐的形状,金属罐又分为立式圆柱形、卧式圆柱形和球形三类。立式圆柱形储罐按罐顶的结构又可分为固定顶储罐和活动顶储罐两类。固定顶储罐主要有锥顶罐和拱顶罐。活动顶储罐又可分为外浮顶和内浮顶两类。

(4) 按储罐的设计压力,可分为常压储罐(最高设计压力为6kPa)、低压储罐(最高设计压力为103.4kPa)和压力储罐(设计压力大于103.4kPa)。常压储罐主要用于储存原油、汽油、柴油等液体油料;压力储罐主要用于储存液化石油气、液化天然气等气体燃料;低压储罐用来储存常温下饱和蒸气压较高的轻石脑油等。

**2. 几种常用储罐的结构和用途**

1) 立式圆柱形钢油罐

立式圆柱形钢油罐由底板、壁板、顶板及一些油罐附件组成。按照罐顶的结构形式,立式圆柱形钢油罐又分成很多种,其中目前应用最广泛的是拱顶罐和内、外浮顶油罐。

拱顶罐结构示意图如图7-31所示。其罐顶为球缺形,球缺半径一般为油罐直径的0.8~1.2倍。罐底由厚度为5~12mm的钢板焊接而成,直接铺在基础上。罐壁由若干层圈板焊接而成。拱顶罐主要用于储存低蒸气压油料。为了保证储油安全、方便操作,拱顶罐还需设置许多附件,如呼吸阀、通气管、测量仪表、量油孔、人孔、投光孔、阻火器、空气泡沫产生器等。

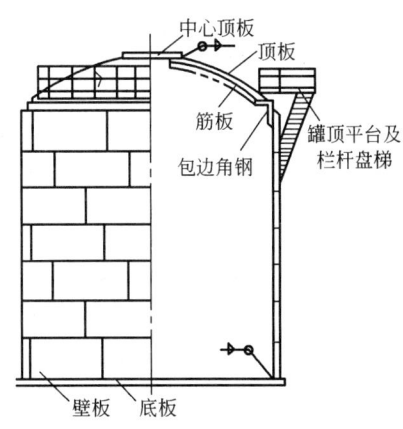

图7-31 拱顶罐结构示意图

浮顶罐的罐壁、罐底与拱顶罐相同,其罐顶浮在液面上,消除了油品上部的气体空间,减少了油品的蒸发损耗。浮顶罐的浮顶是由浮盘和密封装置组成的。浮盘的结构形式有单盘式和双盘式两种。单盘式浮顶的周边为环形浮船,中间为单层钢板,双盘式浮顶有上下两层盖板。

内浮顶罐是在拱顶罐内加装内浮顶构成的,内浮顶罐的油罐附件比外浮顶罐少得多。由于有固定顶盖的遮挡,浮盘上不会聚积雨水,而且可以避免风沙、尘土对油品的污染,因而不必设置排水折管、紧急排水口等。

2) 卧式圆柱形钢储罐

卧式圆柱形钢储罐主要是由筒体和封盖组成,如图7-32所示。卧式圆柱形钢储罐的特点是能承受较高的正压和负压,有利于减少油品蒸发损耗;可在工厂成批制造,然后直接运往工地安装;便于搬运和拆迁,机动性较大。这种储罐在油田常用作脱水器、分离器、分离缓冲罐、放空罐等。

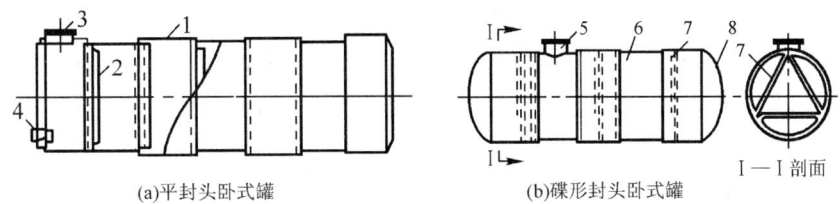

图7-32 卧式罐示意图

1—筒体圈板;2—加强圈;3,5—人孔;4—进出油管;6—筒体圈板;7—三角支撑;8—碟形封头

3) 球罐

如图7-33所示,球罐主要由球壳、支柱及附件组成。主要用于储存液化石油气、丙烷等

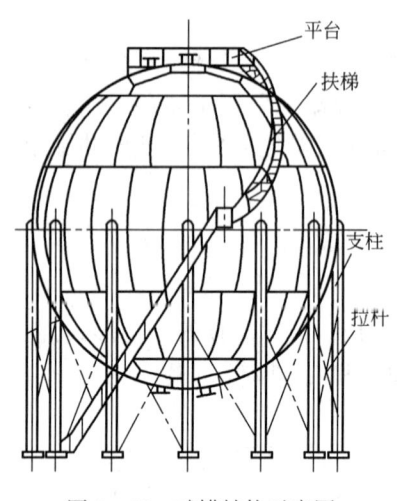

图 7-33 球罐结构示意图

石油化工原料。其特点是承压能力强,节省钢材,占地面积少,密封性能好,所储油料的蒸发损耗少。

4) 常压低温储罐

常压低温储罐主要用来储存液化石油气和液化天然气。目前应用较多的是双金属式低温罐和预应力混凝土低温罐两种类型。

图 7-34 所示为储存液化天然气的双拱顶双壳体的金属罐,内罐壳体通常采用耐低温镍钢材料,外罐壳体采用普通碳钢,内外层之间填充珍珠岩绝热层。它的内罐是封闭的,因而消除了因超装或地震引起的液体外溢问题。

吊顶双壳体预应力混凝土储罐如图 7-35 所示,它的外壳用混凝土代替金属壳,储罐的内罐提供了一个"开顶",这种储罐仅有一个压力源,运行安全、操作方便,是目前广泛应用的形式之一。

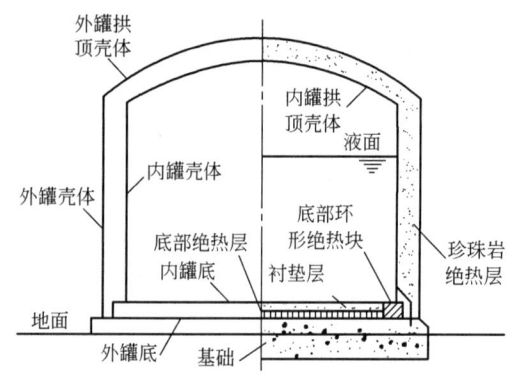

图 7-34 双拱顶双壳体的金属罐

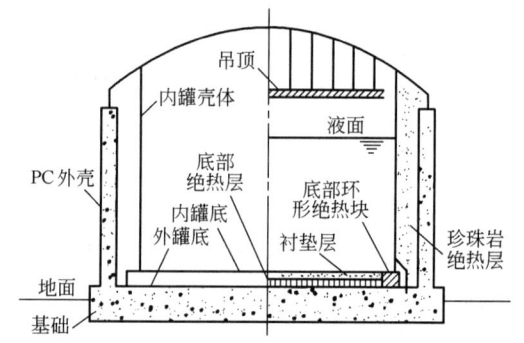

图 7-35 吊顶双壳体预应力混凝土储罐

## (三) 油品的装卸作业

### 1. 铁路装卸作业

1) 铁路装卸系统

铁路装卸油方式是目前我国成品油装卸的主要形式,主要有轻油装卸系统和黏油装卸系统。

轻油装卸系统主要用于装卸各种型号的汽油、煤油等密度较小的油品,主要由装卸油鹤管、抽真空设备、放空扫线设施,以及集油管道、输油管道等组成,如图 7-36 所示。

黏油装卸系统主要用于装卸各种型号的润滑油、燃料油等黏度较大的油品,多采用下部装卸,如图 7-37 所示。

2) 铁路装卸油设施

铁路油罐车是散装油品铁路运输的专用车辆。按其装载油品的性质,可分为轻油罐车、黏油罐车、液化气罐车三种类型。轻油罐车是运输汽油、煤油、柴油等油品的专用车,罐体外一般涂成银白色。黏油罐车用于运送原油、润滑油等黏度较大的油料。大多数黏油罐车设有加热装置和排油装置。一般运输原油的罐车外表涂成黑色,运送成品黏油的罐车外表涂成黄色。

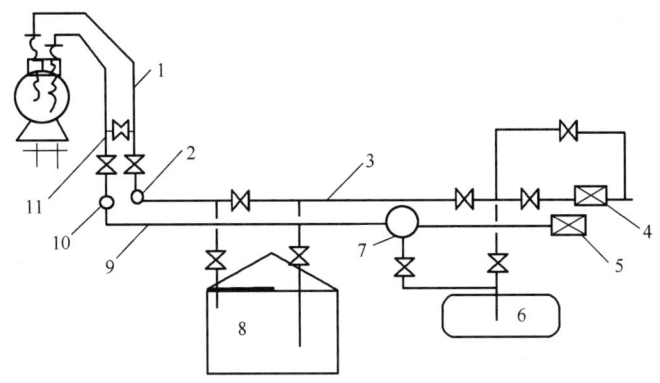

图 7-36 轻油装卸系统
1—装卸油鹤管;2—集油管;3—输油管;4—输油泵;5—真空泵;6—放空罐;7—真空罐;8—零位油罐;9—真空;
10—扫舱总管;11—扫舱短管

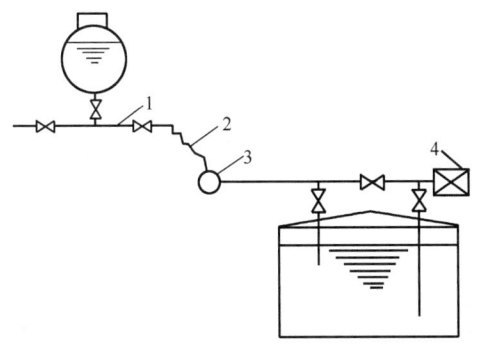

图 7-37 黏油装卸系统
1—油罐车下卸器;2—软管;3—集油管;4—油泵

液化气罐车用于运送常温下加压液化的石油烃类产品,如丙烷、丙烯等。

栈桥是铁路油罐车装卸油品作业的操作平台,其桥面一般高于轨面3.5m,宽1.5~2m,上部设置安全护栏,两端和沿栈桥每隔60~80m处,设置上、下栈桥的梯子。栈桥有单侧操作和双侧操作两种。

鹤管是铁路油罐车上部装卸油品的专用设备,目前常用的有固定式万向鹤管、Dg100-I型轻油装卸鹤管、气动鹤管、卸油臂等。鹤管一般布置在栈桥两侧,鹤管间距一般为6m或12m。

**2. 水路装卸作业**

油品的水路运输具有载运量大,能耗少、成本低,投资少的特点。下面介绍几种水路装卸油设施。

1) 油船

油船是油料水上运输的主要工具。根据油船有无自航能力可将其分为油轮和油驳。油轮带有动力设备,可以自航,一般还设有输油、扫舱、加热以及消防等设施。油驳是指自身不带动力设备,依靠拖船牵引并利用油库的油泵和加热设备进行装卸和加热的油船。

2) LNG(LPG)运输船

LNG(LPG)运输船是运送液化天然气(液化石油气)的专用船舶,其上的液货舱是独立于船体的圆柱形或球形结构,一般采用低温的碳钢或镍合金钢制作,通常有全压式、半压/半制冷式、半压/全制冷式、全制冷式四种形式。

3) 港口和装卸油码头

港口是供船舶进出、运输、锚泊及装卸作业的场所。主要包括装卸油码头、泊位、装卸设施、辅助设施等。装卸油码头是供船舶停靠进行装卸作业的水工建筑物。其类型很多,主要有近岸式固定码头、近岸式浮码头、栈桥式固定码头、外海油轮系泊码头等。

近岸式固定码头多利用天然海湾顺海岸建筑而成,这种码头具有整体性好,结构坚固耐久施工作业比较简单。

近岸式浮码头是由趸船、趸船的锚系和支撑设施、引桥、护岸等部分组成,建在水位经常变动的港口,船舶可随水位涨落而升降。

栈桥式固定码头主要由引桥、工作平台和靠船墩等部分组成。这种码头借助引桥将泊位引向深水处。它停靠的船只多、吨位大,但修建困难。

近年来,油轮的吨位不断增加,十几万吨乃至几十万吨级的油轮已经普遍使用。随着油轮吨位的增加,船型尺寸和吃水也相应加大,近岸式码头已不能适应巨型油轮的需要,因此,油码头开始向外海发展。目前,外海油轮系泊码头主要有浮筒式单点系泊设施、浮筒式多点系泊设施、岛式系泊设施等三种形式。

### 3. 公路装卸作业

油料的公路运输也是我国油料输送系统的一个有效补充,可分为散装运输和整装运输等。公路装卸作业的主要设施有汽车油罐车、装油台和装卸油鹤管。

汽车油罐车是散装油品公路运输的工具,其载油部分主要由罐体、量油孔、装油口、人孔、安全阀、排水阀、排油阀等部件组成;可用于装载各种油料和液化石油气等载重量为3~20t不等。

装油台是为汽车油罐车灌装的工作平台,主要有通过式、倒车式和圆亭式等结构形式,装油台一般设有加油栓和流量表。

向汽车油罐车装汽油、煤油和轻柴油等油品时,应采用能插到油罐车底部的灌油鹤管,这样既可减少油品的蒸发损耗,又可减少静电积聚。汽车油罐车装卸油鹤管与铁路罐车的基本类似,在此不做过多介绍。

### (四)储油库安全技术

#### 1. 储油库的"五防"

储油库的"五防"主要是指防火、防爆、防雷电、防静电和防毒等。

油气都是易燃易爆物质,在储运过程中,要特别注意防火、防爆。防火、防爆历来是储油库防控的重点,其措施很多,主要有制定防火安全规章制度、加强防范意识、加强火种管理、规范操作程序、完善消防设施等。

雷击也是危及油气站库安全的一大隐患。雷击不仅会造成建筑物及各种设施的损坏,还可能引起火灾、爆炸事故,造成人员伤亡等,后果是严重的。其危害可分为直接雷击、间接雷击和雷电波侵入等。目前,常用的防雷装置有避雷针、避雷线、避雷网、避雷带、避雷器等,其中,在储油罐上广泛应用的是避雷针。避雷针的保护范围与避雷针的高度、数目、相对位置、雷云高度以及雷云对避雷针的位置等因素有关。

在油气储运过程中,介质的流动、搅拌、沉降、过滤、冲刷、喷射、灌注、飞溅、剧烈晃动以及发泡等相对运动,会引起静电的产生。若静电荷不能有效的释放,就会积聚放电,引起可燃气体的燃烧或爆炸。其中,危害较大的有接地容器内部的静电引爆、喷射含微粒气体时的静电引爆、灌装绝缘容器时的静电引爆三种情况。防静电危害的措施主要有控制介质流速、采用合适的加油方式、保证接地良好、添加抗静电剂、加速静电的泄流等。

油品及其蒸气都具有一定的毒性,特别是含硫油品及添加四乙基铅的汽油毒性更大,可造成呼吸系统的损害、视觉系统的损伤、局部皮肤的损伤等。因此工作中,应做好防毒工作,其措施主要有加强油品的管理、减少油蒸气的挥发,加大检查、监督的力度,及时进行设备的维修和保养,改进和加强工作区域的通风,降低油蒸气浓度等。

**2. 储油库消防技术**

储油库储存大量的油品,库容一般较大,一旦发生火灾,情况复杂,危害较大;而且油罐火灾也不同于其他火灾,有其自身的特点,例如火灾的突发性、高辐射性、燃烧和爆炸交替进行等,因此应高度重视储油库消防技术。下面重点介绍几种常用的有关灭火系统。

1) 泡沫灭火系统

泡沫灭火系统是利用泡沫灭火剂来扑灭油罐火灾的方法。目前常用的是空气泡沫灭火系统。按灭火设备的布置情况,可分为固定式空气泡沫灭火系统、半固定式空气泡沫灭火系统、移动式空气泡沫灭火系统等。

固定式空气泡沫灭火系统主要由泡沫液泵、泡沫液储罐、泡沫液比例混合器、泡沫产生器及泡沫管道等部分组成,各部分设备都是相对固定的,如图7-38所示。此系统灭火时不需铺设管线和安装设备,操作简单,启动迅速,出泡沫快;但一次性投资大,且当油罐塌陷或爆炸,安装在油罐上泡沫发生器遭到破坏时,整个系统将失效。

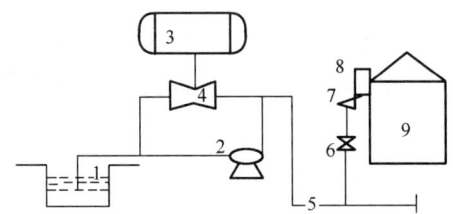

图7-38 固定式空气泡沫灭火系统示意图
1—蓄水池;2—泡沫液泵;3—泡沫液储罐;4—泡沫液比例混合器;5—泡沫混合液管道;6—阀门;7—空气吸入口;8—泡沫产生器;9—油罐

半固定式空气泡沫灭火系统在油罐上设有固定的泡沫产生器及部分附属管道,其他设施是可移动的。使用时,将装有泡沫液的消防车开赴现场,自蓄水池或消防栓取水,临时铺设水龙带向固定在油罐上的泡沫产生器供应泡沫混合液,实施灭火。

移动式泡沫灭火系统是由泡沫枪、泡沫炮或泡沫钩管、泡沫管架等设备代替固定在油罐上的泡沫产生器,使用灵活、投资少,但操作复杂,灭火的准备时间长。

2) 烟雾自动灭火

烟雾自动灭火是将烟雾剂装在漂浮于油面上的发烟容器内,当油罐着火时,通过自动控制系统使烟雾剂进行燃烧反应,同时产生大量云雾状惰性气体喷射在油面上,从而切断油蒸气向燃烧区扩散,阻止氧气向燃烧区补充,以达到窒息灭火的目的。

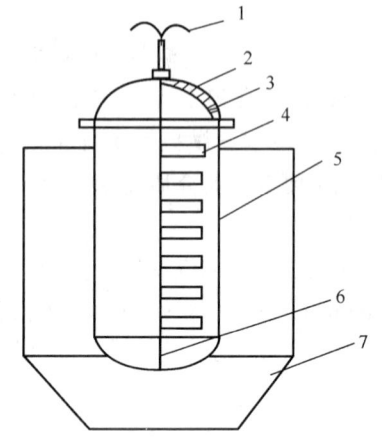

图 7-39 烟雾自动灭火装置构造示意图
1—探头;2—发烟器头盖;3—喷孔;4—烟雾剂盘;
5—发烟器筒体;6—导火索;7—浮漂

烟雾自动灭火装置主要由发烟器和浮漂两部分组成的,如图 7-39 所示。发烟器主要由头盖、筒体和烟雾剂盘三部分组成。头盖上装有探头、喷孔、密封薄膜、导火索和导流板。探头内装有导火索,用探头帽罩住,再用低熔点合金封闭。当油罐起火后,罐内温度达到110℃左右,探头帽自行脱落,导火索立即将烟雾灭火剂引燃。

**3. 储油库的消防冷却系统**

消防冷却系统的作用:一是冷却着火罐,使其温度降低,火势减弱,确保罐壁不因钢板软化而坍塌;二是冷却着火罐的邻近罐,确保其不因热辐射而着火或爆炸。消防冷却系统主要是由消防栓、水龙带、消防泵和水枪等设备组成。

## 二、天然气的储存

天然气的储存,是调节天然气的生产、运输、销售及应用等各环节之间不平衡的必要手段。

### (一) 储气罐储气

储气罐储气主要是利用储罐等设施来储存天然气的,主要用于加气站、配气站等,调节短期内民用气量的不平衡。目前,常用的储气罐按储气压力可分为低压储气罐和高压储气罐两种。

低压储气罐的特点是其容积随储气量的变化而变化,储气压力不变。按密封方式不同,低压储气罐可分为湿式储气罐和干式储气罐两种。

高压储气罐的储气容积不变,储气压力随储气量的变化而变化。按其形状可分为立式圆柱形、卧式圆柱形和球形。这种储气罐没有活动部件,其结构比较简单。

### (二) 管道储气

天然气管道储存有输气干线末端储气和利用管束储气两种方式。管道储气容量较小,主要供城市昼夜或小时调峰用。

### (三) 地下储气库储气

由储气罐构成的储气站,储气量小,调节能力差,一般只能调节用气量在一天中不同时间内的不均衡。对于用气量在一年中不同季节内的用气量不均衡,可通过改变油气田的产气量、建造大型储气库来解决。

**1. 地下储气库的类型**

地下储气库(underground gas storage)的类型很多。根据其作用的不同,可将地下储气库分为现场储气库和市场储气库两类。其中现场储气库多建于产气区或接近输气干线的首站,主要起补充气源,使管道在平稳流量下运行的作用;市场储气库,通常建在天然气消费城市附近,用于城市季节用气不平衡的调峰。

按照建库的地质条件或地层特点的不同,可将地下储气库分为多孔介质储气库和洞穴储气库两类(图7-40)。多孔介质的储气库是利用砂岩晶体及多孔碳酸盐之间的天然孔隙储存天然气,如建在枯竭的油田、气田、凝析气田和含水层的储气库。洞穴储气库是利用地下盐层等建造的储气库。

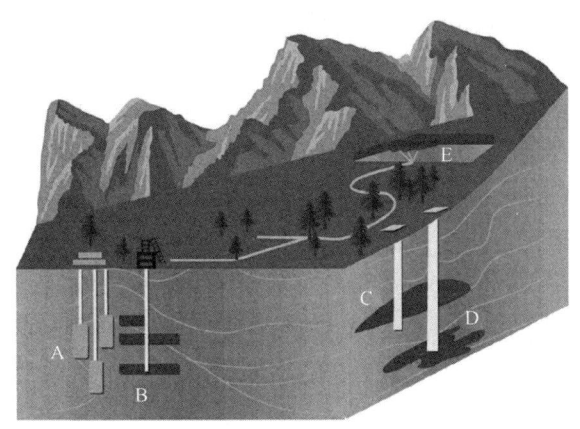

图7-40 地下储气库示意图
A—盐穴;B—废弃矿坑;C—含水层;D—枯竭油气藏;E—废弃岩洞

### 2. 地下储气库的构成

地下储气库主要由地下储气层、与地面集输管线系统相连的注采井、压缩机站和脱水站、与上游气源和下游城市用气相连接的输气干线、观察井、分离器、加臭设施、压力调节及计量设施等部分构成(富媒体7-1)。

地下储气库内的气体主要由气垫气、工作气、未动用气三部分组成的。气垫气也称基本气、垫底气或缓冲气,其作用是使储气库保持一定的压力,保证调峰季节储气层能够提供所需的供气量;同时,也可减缓库内水的推进,提高产量,降低压缩机站的功率。工作气也称顶部气、循环气或有效气,是随着采注季节的交替而不断注入或采出的气体。多数储气库并不总是在满负荷下运行。根据当地条件和运行压力可以储存额外的天然气,这部分气体即为未动用气。

富媒体7-1 地下储气库

## (四)液化天然气储气

在常温常压下,天然气是以气态的形式存在的。在一个大气压下,冷却至大约-162℃时,天然气由气态转变成液态,称为液化天然气(liquefied natural gas,LNG)。LNG无色、无味、无毒且无腐蚀性,其体积约为气态天然气体积的1/600,重量仅为原重量的45%左右,是优质的化工原料和工业及民用燃料。

### 1. 液化天然气的特点

1)便于运输

天然气液化后的体积与重量都减小了,运输的经济性和可靠性也相应地提高了。目前,天然气从产地到市场的运输方法有两种:一是通过输气管道将天然气直接送往用户,其输送管径大,设备多,距离长,管理难度大,运行成本高。另一种是先将天然气经过净化处理(除去其中的氧气、二氧化碳、硫化物和水汽等),在-160℃的低温下使其变成液态,成为液化天然气;再用专门的LNG槽车、轮船等运输工具将其运往使用地区,在使用地区建设接收终端,将LNG

重新还原为气态,通过配气管道将天然气送往用户。这种方法使边远、沙漠、海上等油气田天然气的远距离运输成为现实,安全可靠,适应性强,投资少,风险性小。

2) 储存效率高

由于天然气液化后的体积变为原体积的 1/600,其储存成本大幅度降低。据统计,按储存相同的标准气体体积计算,建设液化天然气储存设备的投资仅为建设天然气储存设备投资的 1/80。

3) 可调节用气负荷

城市居民冬季与夏季用气量的不平衡;以天然气为原料的化工厂检修或输气管网出现故障等,都会造成定期或不定期的供气的不平衡,建设 LNG 储罐可起到削峰填谷的作用。

4) 可实现能源综合利用

液化天然气生产过程中释放出的冷量可回收利用。例如可将 LNG 汽化时产生的冷量,用作冷藏、冷冻、温差发电等。按目前 LNG 生产的技术水平,可回收利用天然气液化生产过程所耗能量的 50%。另外,低温液化还可分离 $C_2$、$C_3$、$C_4$、$C_5$ 等轻烃类,以及 $H_2S$、$H_2$ 等化工原料。

5) 燃料性能好

LNG 是优质的车用燃料。与汽油相比,它具有辛烷值高、抗爆性好、燃烧完全、排气污染少、发动机寿命长、降低运输成本等优点;与压缩天然气(CNG)相比,它具有储存效率高、加一次气行驶路程远,车装钢瓶压力小、重量轻,建站不受供气管网限制等优点。

6) 生产使用安全

LNG 的燃点是 650℃,比汽油的燃点高 230 多度;爆炸浓度范围为 4.7% ~ 15%,比汽油的爆炸浓度范围(1% ~ 5%)高出 2.5 ~ 4.7 倍;相对密度为 0.47 左右,比汽油的相对密度(0.7 左右)低 30% 多,与空气的相对密度相比更小,稍有泄漏立即飞散,不致引起自燃爆炸。正是由于 LNG 具有低温、轻质、易蒸发的特性,其使用的安全性较高。

7) 有利于环境保护

现代城市的污染,大量来自烧煤和车辆排放的尾气。若汽车改烧 LNG,其有害物的排放大为减少。据测试资料,LNG 汽车与汽油车相比:CH 减少 72%,$NO_x$ 减少 39%,CO 减少 24%,$SO_2$ 减少 90%。

**2. 天然气液化的工艺流程**

液化天然气工艺主要包括天然气的预处理、液化、储存、运输、利用五个环节,如图 7-41 所示。天然气经过脱水、脱烃、脱酸性气体等净化处理后,通过膨胀制冷工艺,使其在 -162℃ 下变为液体;天然气在液体状态下完成从生产地到使用地的运输,在使用地重新还原为气体后向用户配气。

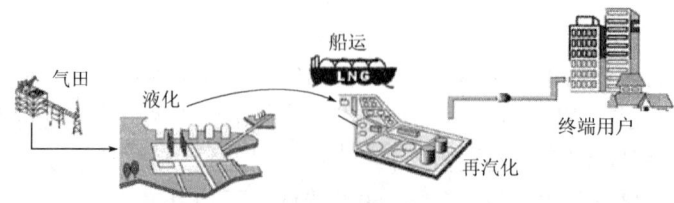

图 7-41 LNG 工艺过程

在LNG工艺过程中,天然气的液化是关键环节,目前,多采用膨胀制冷液化工艺,如图7-42所示。该工艺利用天然气输送干线管网的剩余压力,先将天然气送至换热器1冷却;被冷却后的天然气,大部分进入涡轮膨胀机膨胀制冷,降温后的气体进入换热器2;与没有减压的天然气混合换热后,经节流阀3节流膨胀,降压液化后进入储罐4储存;与此同时,储罐4上部蒸发的天然气,由压缩机压缩到输气管网的压力,与涡轮膨胀机出来的天然气混合进入换热器作为冷媒,最后流经换热器2和1送入管网。

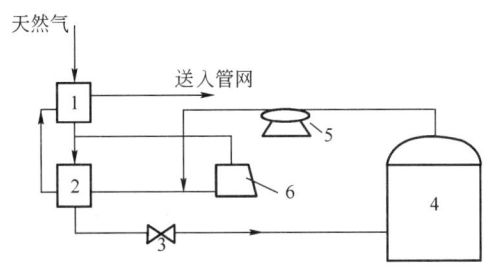

图7-42 膨胀法制冷工艺流程
1、2—换热器;3—节流阀;4—储罐;5—压缩机;6—涡轮膨胀机

### 思政案例

## 聚焦解决油气储运难题　展现巾帼"她"力量
### ——齐鲁工匠张春荣

作为中石化开发板块唯一的女技能大师,现河采油厂集输大队的高级技师张春荣,参加工作二十多年来始终扎根一线,坚持学以致用,聚焦解决油气储运难题,矢志创新攻关,累计创效6200多万元。

张春荣坚持着眼于行业领先,立足岗位创新创效,努力创造更大价值。针对原油稳定系统轻烃拔出率低、耗能大的难题,提出并实施天然气压缩机残液不停机回收工艺和"加热炉流体形态"优化方案,使联合站每天多产轻烃1.6t,年节省天然气$55 \times 10^4 m^3$,累计创效816万元。针对清罐油泥砂含水高、处理费用高,严重影响污水罐排泥这一难题,提出引入叠螺式压滤装置对清罐油泥砂进行预脱水的建议,实施后,污泥含水由95%降至45%以下,年节省清罐污泥处理费用218万元。

多年的一线工作,让张春荣练就了快速判断分离器分离效果等5项绝活,成为油田集输系统操作规范;提出产、输、分、沉节点分析和"321"原油脱水全过程控制法,取得节能降耗和减本增效双重效果;修订技术标准23项,在集输站库信息化建设中全面应用;主持编写的《集输工(信息化)》等3部教材在中石化或胜利油田推广应用。

张春荣倾心带徒授艺,先后到胜利油田12个二级单位基层班站授艺解难28次,解决生产难题95个。被聘为胜利油田兼职培训师和5家二级开发单位的"新员工成长导师"。近年来,她先后带徒68人,1人在中石化技能竞赛中获得金奖,15人在油田技能竞赛中获奖,27人晋升为技师、高级技师,创新实施的"点题、破题、汇题"岗位练兵三步法等4项成果获山东省职工培训教育创新成果一等奖。曾荣获"全国五一劳动奖章""全国三八红旗手""省劳动模范""齐鲁工匠""齐鲁首席技师"等称号。

在中国石化胜利油田现河采油厂集输大队,坐落着目前胜利油田唯一一座油气集输创新培训综合基地——"张春荣创新工作室"。走进工作室,"融智创新、智造光荣"8个闪光大字展示了这个创新团队的精神。

以"春荣创新工作室"为依托,她积极发挥工作室技术攻关、技术创新、技术交流、传授技艺的引领作用,带领团队成员研制的组合式注水泵柱塞,解决了从箱体侧填料取不出、工作量大的难题。研制的采出水密闭取样装置已在现场推广应用30套。

近年来,张春荣带领团队提出合理化建议286条,完成创新成果61项,撰写论文35篇,主持完成的5项成果获全国能源化学系统创新成果奖,5项获国家优秀QC管理成果一等奖,2项获全国设备管理与技术创新成果二等奖,7项成果获省部级奖励,取得国家发明专利1项、国家实用新型专利24项。

(资料来源:中国山东网-感知山东)

## 复习题

1. 油气储运工程的概念是什么?
2. 石油集输的主要内容是什么?
3. 什么是原油稳定?
4. 原油脱水的方法有哪些?
5. 天然气净化包括哪些?
6. 天然气净化包括哪几步?
7. 长距离输油管道的优缺点有哪些?
8. 管道长距离输送时如何清洁保养?
9. 长距离输气管道的组成有哪些?
10. 供气调峰的措施有哪些?
11. 商品天然气的储存方法有哪些?

# 第八章 石油炼制与石油化工

📖 **学习目标**

【知识目标】
- 了解石油产品的分类及使用要求。
- 熟悉燃料油的炼厂加工工艺。
- 熟悉石油化工产品的特点及用途。

【能力目标】
- 能够简述炼厂燃料油加工装置的工艺原理与流程。

**思维导图**

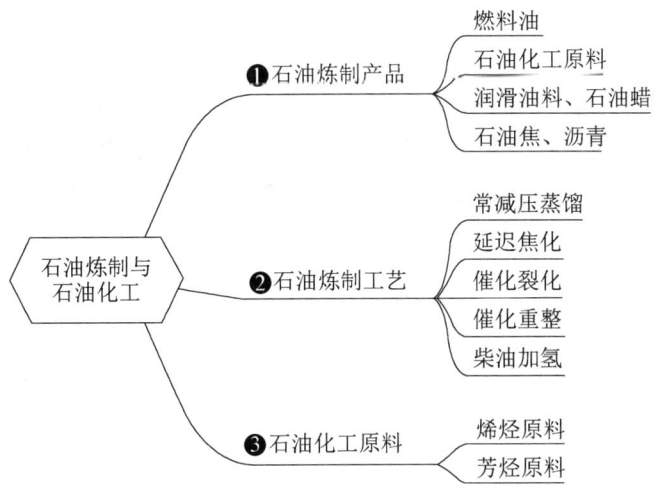

 初识石油加工领域

原油从地下开采出来后,在现场要进行原油的预处理,除去在开采过程中所携带的盐分和水,然后才能输送至炼油厂进行石油炼制过程。因为产地不同,距离地表深度不同,开采方法不同,开采时期不同,原油所含有的杂质含量也各有不同。所以大多的原油从采油厂输送至炼

油厂的专用储罐,再经过严格规定的比例进行调和,形成性质均一、稳定的调和原油,才能进入石油炼厂进一步加工。

炼厂的生产单位是加工装置,千万吨级的炼厂至少有二十个的配套装置,装置间的加工关系分为链条型和并列型。链条型加工装置间存在着工序的先后顺位,上游装置的产品是下游装置的原料,所以上游装置运行是否稳定,直接会影响到下游装置的生产状态。并列型装置间虽然互不干扰,但如风、水、电、蒸汽等资源是共用的,用量的变化也会互相影响。

依据装置内加工介质的变化,加工装置分为物理加工装置和化学加工装置。化学加工装置伴随着高温高压,加之装置的原料或产物都是易燃易爆物料,所以对安全生产的要求极高,设备材料的选择、工艺参数的确定、施工作业以及员工安全培训都要严格审定和监督。在生产过程中,人员与装置的对话通过分布式控制系统(DCS)中的温度、压力、流量、物位四大参数来实现。这四大参数每两秒钟跟踪装置的运行状态,使生产员工及时掌握装置的运行状态。物理加工装置多是指原油及油品调和装置、常减压蒸馏装置、产品成型装置等;其他二次、三次等多次加工装置均属于化学加工装置。

# 第一节　石油炼制产品及生产工艺

## 问题导入

1. 燃料油主要包含哪几种?它们的主要性能指标有哪些?
2. 车用汽、柴油生产装置的加工原理是什么?

## 一、石油炼制产品

我国的炼油厂主要分为燃料油型、燃料—润滑油型和燃料—化工型炼油厂。新中国成立初期因为国民生产对润滑油的需求不多,国内的炼油厂大多属于燃料油型,主要生产车用汽油、煤油和车用柴油。随着社会和科学技术的发展,润滑油、石油蜡、沥青、石油焦及化工料的需求量越来越多,从20世纪60年代开始,国内开始建设燃料—润滑油型和燃料—化工型炼油厂。石油炼制产品主要分为以下六大类。

### (一)燃料油

石油炼厂的燃料油主要分为车用汽油、车用柴油和航空煤油。燃料油占整体石油炼制产品的80%,其中车用汽油和车用柴油在燃料油的占比约为95%,所以石油炼厂的主要任务是生产车用汽油和车用柴油。

#### 1. 车用汽油

1)馏程

对于液态纯物质,其饱和蒸气压等于外压时的温度,称为该液体在该外压下的沸点。对于石油馏分这类组成复杂的混合物,油品沸点随汽化率增加而不断增加。因此油品的沸点应以一个温度范围表示,即称为沸程。在某一温度范围内蒸馏出的馏出物称为馏分。它还是一个混合物,只不过包含的组分数目少一些,温度范围窄的称为窄馏分,温度范围宽的称为宽馏分。

如图8-1所示,将100mL的油品放入仪器中进行蒸馏,经过加热、汽化、冷凝等过程,油品中低沸点组分易蒸发出来,随着蒸馏温度的不断提高,较多的高沸点组分也相继蒸出。蒸馏时流出第一滴冷凝液时的气相温度称为初点(或初馏点),馏出物的体积依次达到10%、20%、30%……90%时的气相温度分别称为10%点(或10%馏出温度)、30%点……90%点,蒸馏到最后达到的气体的最高温度称为干点(或终馏点)。从初点到干点这一温度范围称为馏程,在此温度范围内蒸馏出的部分称为馏分。馏分与馏程或蒸馏温度与馏出量之间的关系叫原油或油品的馏分组成。

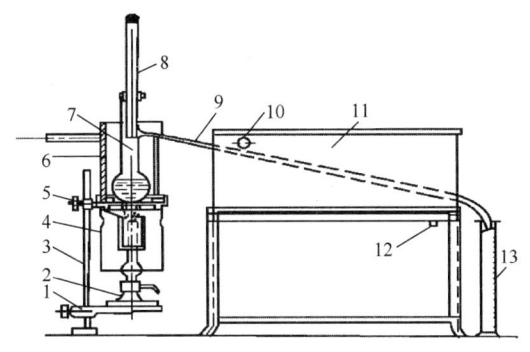

图 8-1 石油产品的馏程测定器
1—托架;2—喷灯;3—支架;4—下罩;5—石棉垫;6—上罩;7—蒸馏烧瓶;8—温度计;9—冷凝管;10—排水支架;11—水槽;12—进水支架;13—量筒

汽油的初馏点和10%馏出温度反映汽油的启动性能,我国车用汽油10%馏出温度≤70℃,此温度过高,说明汽油内轻组分的含量不够多,发动机不易启动。

50%馏出温度反映发动机的加速性和平稳性,我国车用汽油的50%馏出温度≤120。此温度过高,发动机不易加速,当行驶中需要加大油门时,汽油就会来不及完全燃烧,致使发动机不能发出应有的功率。

90%馏出温度(≤190℃)和干点(≤205℃)反映汽油在汽缸中蒸发的完全程度,这个温度过高,说明汽油中重组分过多,使汽油汽化燃烧不完全,这不仅增大了汽油耗量,使发动机功率下降,而且会造成燃烧室结焦和积炭,影响发动机正常工作,另外还会稀释和冲掉汽缸壁上的润滑油,增加机件的磨损。

2)抗爆性

汽油的抗爆性是表明汽油在汽缸中的燃烧性能,是汽油最重要的使用指标之一。它说明汽油能否保证在具有相当压缩比的发动机中正常地工作,这对提高发动机的功率、降低汽油的消耗量等都有直接的关系。爆震是汽油在汽油机中的一种不正常燃烧。正常情况下,发动机压缩终了时的混合气温度达 300~450℃ 和压力达 $7 \times 10^5 \sim 15 \times 10^5$ Pa,此时气体中的烃类被氧化并生成一些过氧化物,经火花塞点燃后,火焰呈球面状以 30~70m/s 速度向四周扩散,此时火焰经过的区域,温度、压力均衡上升,活塞工作正常。在某些情况下,当火花塞点燃混合气后,在火焰尚未传播到的混合气中,因受高温高压影响已形成大量自燃点较低的过氧化合物,在多个部位猛烈自燃,出现许多燃烧中心,同时燃烧是以爆炸方式进行,使火焰速度高达 1500~2500m/s,温度、压力剧增,形成冲击波,如同重锤敲击活塞和气缸各部件,发出金属撞击声,此时由于火焰瞬间经过,使得某些部位的燃料燃烧不完全,排出带黑烟废气,此即爆震现象。爆震会损坏气缸部件,缩短发动机寿命,增加油耗量。

产生爆震主要与汽油化学组成和馏分有关,如果汽油中含有过多容易氧化的组分,形成的过氧化物又不易分解,自燃点低,就很容易产生爆震现象。另外爆震还与发动机的工作条件和机械结构(主要是压缩比)、驾驶操作和气候条件等有关。汽油机的压缩比越大,压缩过程终了时混合气的温度和压力就越高,这就大大加速了未燃混合气中过氧化物的生成和积聚,使其更容易自燃。一定压缩比的发动机必须使用与其相匹配的辛烷值的汽油,方能保证在不发生爆震的情况下,产生最大功率。汽油发动机的热功效率与其压缩比有关。如图 8-2 所示,压缩比是指气缸吸气末期时活塞移动到下止点时最大容积 $V_1$ 与汽缸压缩末期活塞移动到上止点时最小容积 $V_2$ 的比值。压缩比大,发动机的效率和经济性就好,但要求汽油要有良好的抗爆性。

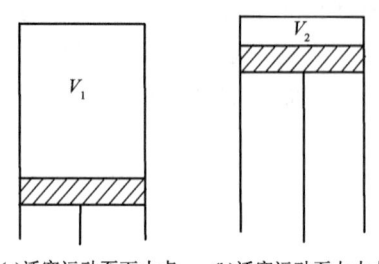

图 8-2 吸气与压缩时气缸的容积

汽油的抗爆性用辛烷值表示。试样在燃烧相当的标准燃料中,异辛烷(2,2,4-三甲基戊烷)的体积分数即为该试样的辛烷值,这里的燃烧相当指的是爆震强度相当。在测定车用汽油的辛烷值时,人为选择了两种烃作为标准物:一种是异辛烷(2,2,4-三甲基戊烷),它的抗爆性好,规定其辛烷值为 100;另一种是正庚烷,它的抗爆性差,规定其辛烷值为 0。在相同的发动机工作条件下,如果某汽油试样的抗爆性与含 92% 异辛烷和 8% 正庚烷组成的标准混合物燃料的抗爆性相同,此汽油试样的辛烷值即为 92。汽油的辛烷值越高,其抗爆性越好。辛烷值分马达法和研究法两种。马达法辛烷值(MON)表示重负荷、高转速(900r/min)时汽油的抗爆性;研究法辛烷值(RON)表示轻负荷、低转速(600r/min)时汽油的抗爆性。同一汽油的 MON 低于 RON。一些国家还采用抗爆指数来表示汽油的抗爆性,抗爆指数等于 MON 和 RON 的平均值。我国车用汽油的商品牌号是以研究法辛烷值来划分的(GB 17930—2016《车用汽油》)。

汽油由烃类组成,对分子量大致相同的不同烃类其辛烷值大小顺序如下:正构烷烃＜环烷烃＜正构烯烃＜异构烷烃和异构烯烃＜芳香烃。含芳香烃、异构烷烃多的轻质汽油辛烷值高。烷烃分子的碳链上分支越多,排列越紧凑,辛烷值越高。对于烯烃,双键位置越接近碳链中间位置,辛烷值越高。同族烃类,分子量越小,沸点越低,辛烷值越大。汽油的干点降低,辛烷值会升高。

提高汽油辛烷值的途径一般有以下三种:

(1)改变汽油的化学组成,增加异构烷烃和芳香烃的含量。这是提高汽油辛烷值的根本方法。一是改进工艺,如采用催化裂化、催化重整、异构化等加工过程来实现;二是调整工艺操作条件,如降低汽油干点,改变反应温度、反应时间,强化异构化、芳构化反应等。

(2)加入少量提高辛烷值的添加剂,即抗爆剂。汽油抗爆剂根据其化学性质可分为不同种类,目前常见的主要有醇类、醚类、金属类、胺类、酯类和复配类。按应用特性又可分为金属有灰型和有机无灰型。

(3)调入其他的高辛烷值组分,如含氧有机化合物醚类及醇类等。这类化合物常用的有甲醇、乙醇、叔丁醇、甲基叔丁基醚(MTBE)等,其中 MTBE 在近些年来更加引起人们的重视。MTBE 不仅单独使用时具有很高的辛烷值(RON 为 117,MON 为 101),在掺入其他汽油中可使其辛烷值大大提高,而且在不改变汽油基本性能的前提下,能改善汽油的某些性质。

3) 安定性

汽油在常温和液相条件下抵抗氧化的能力称为汽油的氧化安定性,简称安定性。安定性差的汽油易出现颜色变深、生成黏稠胶状沉淀物。使用这类汽油,将严重影响发动机正常工作,例如不蒸发的胶状物会沉积在油箱、导管、滤清器、进气阀等机件上,造成堵塞,影响供油;高温下胶状物变成积炭,聚积在进气阀、气缸盖和活塞顶等部位,增加了爆震的可能性。

车用汽油安定性的评定指标有实际胶质和诱导期。

4)腐蚀性

汽油的腐蚀性表征汽油对金属的腐蚀能力。汽油的主要组分是烃类,任何纯烃对金属都无腐蚀作用,但若汽油中含有一些非烃杂质,如硫及含硫化合物、水溶性酸碱、有机酸等,都对金属有腐蚀作用。评定汽油腐蚀性的指标有硫含量、铜片腐蚀、水溶性酸碱等。

**2. 车用柴油**

1)燃烧性能

柴油的燃烧性能用蒸发性和抗爆性表示。

柴油的蒸发性能用黏度、馏程和闪点来表示。柴油雾化程度越好,雾化后液滴的直径越小,液滴数量越多,其蒸发总表面积就会显著增加,因而蒸发速度也就迅速增大。柴油的雾化性能与馏分组成相关,馏分较轻、黏度较小的组分雾化和蒸发速度快,有利于柴油机汽缸中混合气的形成,使燃烧速度快,启动性好。但馏分过轻易造成自燃点过高,不利于混合气自燃,易形成爆震;馏份较重的燃料在燃烧过程中易形成积炭,既增加燃料消耗量,又缩短发动机使用寿命。

2)低温流动性能

柴油的低温流动性能不仅决定着柴油机燃料供给系统能否在低温下完成供油任务,而且与柴油在低温下的储存、运输等作业能否正常进行有着密切的关系。我国评定柴油低温流动性能的指标是凝点和冷滤点。凝点是在国家标准规定的条件下,试样开始失去流动性时的温度。冷滤点是在国家标准规定的条件下,当油品通过过滤器的流量每分钟不足20mL时的最高温度。在欧洲一些国家习惯用冷滤点来标号柴油,我国习惯用凝点来规定柴油牌号,如5#、0#、-10#、-20#、-35#、-50#。我国南方个别省份的炼厂因为常年温度较高,会生产少量10#、20#车用柴油满足企业内部自用,因为热值较高,续航里程较长,但是要兼顾好发动机的雾化效果和90%、95%蒸发温度不超标。

3)腐蚀性、安定性

柴油中的硫化合物在燃烧后都生成$SO_2$和$SO_3$,与烃类燃烧生成的水蒸气一起会在汽缸壁上形成硫酸薄膜,腐蚀汽缸及其他机件。$SO_2$和$SO_3$还能促使汽缸内生成沉积物,形成硬度更高的积炭,加大发动机的磨损破坏作用。控制柴油中的硫含量,最有效的方法是加大柴油加氢装置精制反应深度,减少原料中延迟焦化柴油的比例,或是减少成品柴油中直馏柴油的调和量。GB 19147—2016《车用柴油》中规定车用柴油硫含量不高于10mg/kg。

影响车用柴油安定性的主要原因是油品中存在着不饱和烃以及含硫、含氮化合物等不安定组分。评价安定性的指标主要有总不溶物和10%蒸余物残炭。总不溶物反映了柴油在受热和有溶解氧的作用下发生氧化变质的倾向;多环芳烃可以加速柴油氧化变质,多环芳烃多存在于10%蒸余物残炭中。

**3. 航空煤油(喷气燃料)**

喷气燃料是航空飞行器喷气式发动机的燃料。喷气式发动机在高空、低温和低气压下工作。喷气燃料必须要具有较大的热值和密度,实现燃烧平稳、迅速、安全,且不产生积炭,不腐蚀机件。

### (二)润滑油

润滑油是以直馏减压馏分为原料,多用丁酮—苯溶剂脱蜡,再经过精制脱除杂质后调和而成。如果使用环境苛刻还需要对润滑油基础油进行进一步的精制、加工和提纯。虽然润滑油的产量仅占原油加工量的2%左右,但其品种多达上千种。总体来说润滑油分为四大类:内燃机润滑油、齿轮油、液压油和工业设备用油,其中内燃机润滑油用量最大,约占润滑油总量的70%以上。润滑油对内燃机有润滑、冷却、密封、卸荷及减震等保护作用。内燃机润滑油的质量要求很多,主要有黏度、抗氧化安定性、黏温性和低温流动性等。

### (三)石油蜡、石油焦、沥青

#### 1. 石油蜡

石蜡主要包括液蜡、石蜡、微晶蜡。液蜡一般是指 $C_9 \sim C_{16}$ 的正构烷烃,室温下呈液态,由常减压蒸馏装置常二线直馏轻柴油馏分经分子筛脱蜡工艺而得到。石蜡又称为晶形蜡,是从减压馏分中经过脱油、精制而得到的固态烃类,其烃类碳原子数为 $C_{17} \sim C_{35}$,平均分子量为 300~450。微晶蜡(又称地蜡)是减压渣油经丙烷脱沥青后进一步精制加工得到的产品,碳数为 $C_{36} \sim C_{60}$,平均分子量为 500~800。石蜡的应用较为广泛,橡胶制品、电信器材、复写纸、装饰板、食品药品的包装、化妆品等的原料中都会用到石蜡。评价石蜡的主要性能指标一般有熔点、含油量和安定性。

#### 2. 石油焦

石油焦是直馏减压渣油经延迟焦化而制得的黑色或暗黑色的固体,元素组成上含碳90%~97%,含氢1.5%~8.0%,其余为少量的硫、氮、氧和金属,广泛应用于冶金、化工等部门,作为制造石墨电极或生产化工产品的原料,也可直接用作燃料。评价石油焦产品质量的指标主要有挥发分、硫含量和灰分等。

#### 3. 沥青

沥青多数是直馏减压渣油经过溶剂脱除蜡油以上组分后再经过氧化制得,在常温下是黑色或黑褐色的黏稠的液体、半固体或固体。沥青按用途可分为道路沥青、建筑沥青、防水防潮沥青以及其他专用沥青等。评价沥青质量的指标主要有针入度、延度、软化点和脆点等。

### (四)化工原料

在石油炼制的产品中,燃料油、汽油、煤油、柴油约占80%;润滑油虽然分类和品种上千种之多,但产量很少,约占原油的3%;沥青主要用于道路、建筑及防水等,但国民经济建设已经过了基础建设时期,沥青的需求量也大大降低,低于石油产品总量的2%;用于医药、化妆品的包装和绝缘的石油蜡,其产量约占石油产品总量的2%;用于炼铝和炼钢用的电极的石油焦,约占石油产品总量的3%;剩下约占石油产品总量10%的产品是化工原料。

炼油厂一次加工的化工原料是指蒸馏装置排出的气体烃类和干点低于200℃的石脑油,二次加工的化工原料多是各个化学反应装置排出的烃类气体。这些烃类气体统一回收进入气体分离装置,分离出各种单体气体烃作为化工原料外售。另外由石脑油、轻柴油、加氢裂化装置的尾油,进入乙烯装置裂解炉生成更多的低分子气体烃类,经过气体分离后,得到品种较多的化工原料。

在这些化工原料中,产量和应用较多的有乙烯、丙烯、丁二烯、苯、甲苯、二甲苯等。乙烯聚合反应可生成聚乙烯,可生产薄膜、吹塑注塑容器、管材、绝缘材料等。丙烯聚合生成聚丙烯,耐热性能、强度、耐磨性较强,广泛用于强度和温度较高的吹塑、吹膜、注塑制品,也在不断替代工程塑料用于电脑、家电和汽车零部件。丁二烯加成和聚合反应,可生成丁苯、顺丁橡胶,大部分应用于各种车辆和飞机轮胎,也可以用于鞋底、胶管、胶垫等制品。天然气和氨气可以合成尿素——农用化肥,长期使用不会使土壤劣化;也可以合成浓硝酸,是军工、化工的主要原料。

## 二、石油炼制工艺

### (一)常减压蒸馏工艺

常减压蒸馏是原油加工的第一道工序。它是根据原油中各组分的沸点(挥发度)不同,用加热和降压的方法从原油中分离出各种石油馏分。其中常压蒸馏系统蒸馏出低沸点的气体、汽油、煤油、柴油等馏分,而沸点较高的蜡油、渣油等馏分留在未被分出的常压渣油中。常压渣油经过进一步加热后,送入减压蒸馏系统,使常压渣油在避免裂解的较低温度和较低的压力下进行分馏,分离出润滑油和减压渣油馏分。

常减压蒸馏装置分为初馏、常压和减压三大系统。

#### 1. 初馏系统

如图 8-3 所示,脱盐原油经过换热升温后进入初馏塔,在一定的温度和压力下,气体从塔顶引出后经过空冷、水冷冷却进入初馏塔顶回流罐,在罐内完成油、水、气三相的分离,污水在初顶罐的分水包排污线排出;气体从罐出口端顶部引出回收再利用(一般作为气分装置原料);油相经过初顶回流泵加压后,部分作为冷回流返回初馏塔顶部,以稳定塔顶的温度和压力,另一部分作为初顶汽油产品出装置。脱除了初顶汽油的塔底油,由初底泵抽出后进入常压系统。

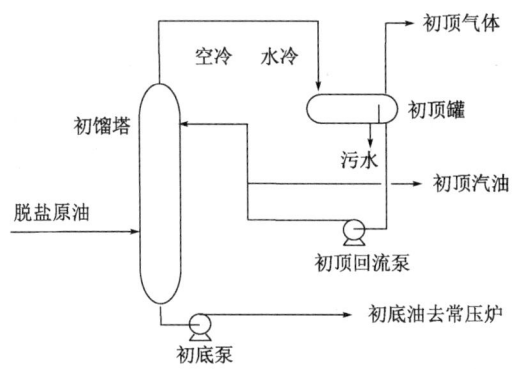

图 8-3 初馏系统工艺流程

#### 2. 常压系统

如图 8-4 所示,从初馏塔底来的初底油经换热升温后进入常压炉加热至360℃进入常压塔,进料在塔内完成馏程切割的过程,即把初底油切割成常顶气体、常顶汽油、煤油、轻柴油、重柴油及常压渣油等馏分。

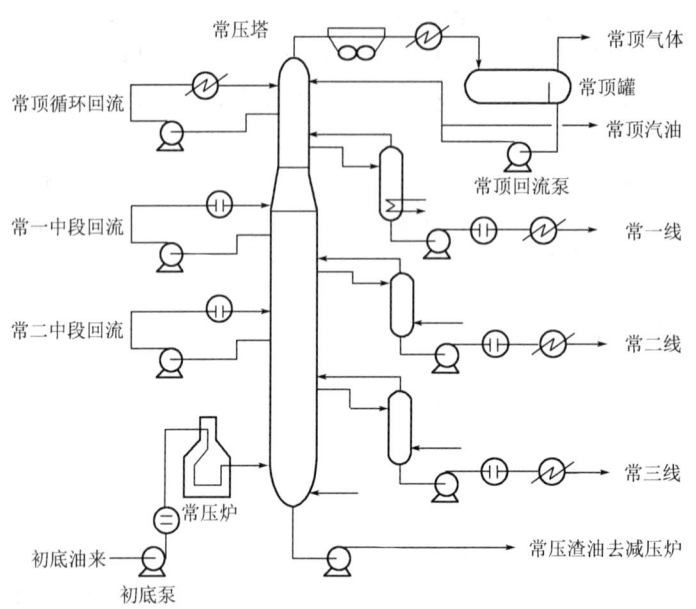

图 8-4 常压系统工艺流程

常顶汽油的加工过程与初顶汽油完全相同,与初顶汽油相比,常顶汽油在组成上要偏重一些。从常压塔顶引出的气体经过空冷器、水冷器冷却后,进入常顶回流罐,在罐内完成油、水、气三相的分离过程,气相从常顶罐顶部引出作为常顶气体产品出装置;水相从常顶罐分水包排污线排出;油相从常顶罐积油间引出,经过常顶回流泵加压后,部分作为塔顶冷回流返回塔顶,以稳定塔顶的温度和压力,部分作为常顶汽油产品出装置。

常一线从常压塔的常一线抽出板液相抽出,自压进入常一线汽提塔的上部,汽提塔是板式塔,塔底设有再沸器,热源是装置的自产过热蒸汽,有些装置用常二和常三线作为再沸热源。通过调节再沸力度,调整进入汽提塔轻组分的汽化量,汽化的轻组分从汽提塔顶引出返回常压塔常一线抽出板的上方塔板,汽提塔底部引出最终的常一线产品出装置。常一线一般作为航空煤油原料。

常二线从常压塔的常二线抽出板液相抽出,自压进入常二线汽提塔的上部,塔底注入的自产过热蒸汽与进料形成逆向接触,通过调节过热蒸汽的注入量来改变汽提塔内油气分压,进而改变进入汽提塔轻组分的汽化量,汽化的轻组分从汽提塔顶引出返回常压塔常二线抽出板的上方塔板,汽提塔底部引出最终的常二线产品出装置。常二线一般作为轻柴油原料。

常三线的加工过程与常二线相同,只是抽出和返回塔板位置不同。常三线一般生产重柴油原料。

常顶循环回流从常压塔顶部相应抽出板引出,经过常顶循环回流泵加压,水冷器冷却后,返回常压塔顶部抽出板的上方塔板。

常一中段回流从常压塔常一中抽出板引出,经过常一中泵加压、水冷器冷却后,返回常压塔常一中抽出板的上方塔板。

常二中段回流从常压塔常二中抽出板引出,经过常二中泵加压、水冷器冷却后,返回常压塔常二中抽出板的上方塔板。

**3. 减压系统**

如图 8-5 所示,从常压塔底来的渣油,经过常底泵加压后,进入减压炉加热升温后进入减压塔,通过加热和降压两种手段,使常底渣油进行汽化冷凝分馏,从塔顶到塔底产品依次为减顶油气、减一线、减二线、减三线、减四线、减五线和减压渣油。塔内的低压(塔顶压力一般不大于3kPa)由塔顶的抽真空系统来实现。与常压塔不同的是,减压塔是填料塔,不设塔板和浮阀,塔内从底到顶全部是填料和格栅,这样的设计是为了减少塔内的压力降,促成塔内的压力均低,以促进重油汽化。

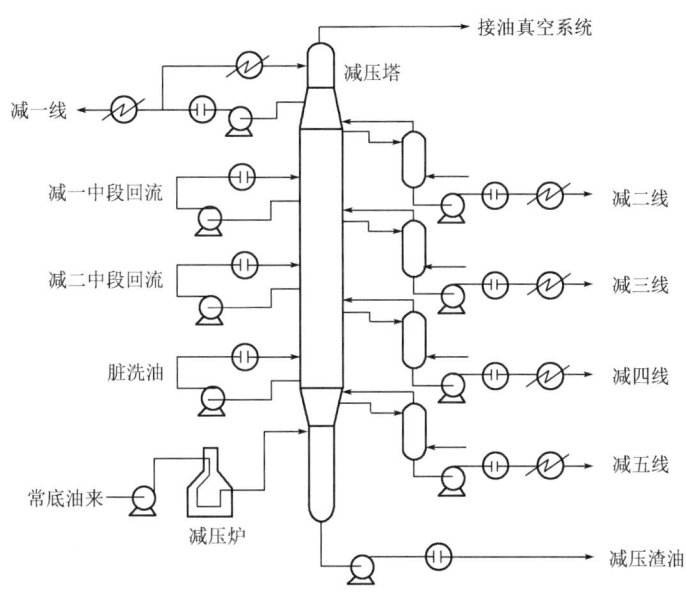

图8-5 减压系统工艺流程

减压塔顶没有冷回流,将减顶循环回流和减一线合二为一,减一线既出产品,又担负着调节减压塔顶温度和压力的任务。减一线在馏程上接近于常三线,但在平均密度上要比常三线大一些,也是作为重柴油的原料出装置。

减压二、三、四、五线的加工过程与常二、三线相同,也是通过汽提过程将本侧线大塔抽出液中轻组分汽化返塔来提浓本侧线产品。减压二、三、四、五线均作为润滑油原料出装置。

减压塔底引出减压渣油,部分作为本装置加热炉燃料油,大部分输送至重油裂解装置进一步加工。

### (二) 延迟焦化工艺

延迟焦化装置是炼厂重要的重质油加工装置之一,装置的原料主要是常减压蒸馏装置的减压渣油,经过延迟焦化工艺裂解后得到裂解气、汽油、柴油、蜡油和石油焦等馏分,工艺过程中发生了裂解、缩合反应,气体和液体产品中都含有大量的烯烃,产品安定性差,容易发生氧化和聚合反应。行业内认为,聚合反应是由烯烃、芳烃共同作用的结果。

延迟焦化装置中烃类发生的热反应是个复杂的平行顺序反应,即裂解反应和缩合反应动态进行,裂解反应使得产物中烃类分子越来越小,缩合反应生成分子越来越大的稠环芳烃,最终生成焦炭。延迟焦化工艺的任务是确定好反应时间和反应条件,实现良好的反应深度,使平行—顺序反应中的汽油、柴油馏分产率最高。

延迟焦化工艺流程如图8-6、图8-7所示,从常减压蒸馏装置来的减渣,先进入焦化装置的原料缓冲罐,罐内保持稳定的温度、压力、液位高度,由对流泵引出原料进入加热炉的对流室加热升温后进入分馏塔底部人字挡板的上方,落入塔底后经辐射泵加压、加热炉辐射室加热升温后从底部进入焦炭塔,在塔内完成裂化和结焦过程,焦炭塔内裂解的过热油气从塔顶引出,进入分馏塔底部人字挡板下方,与上方进入的新鲜原料在人字挡板处进行充分的热交换。分馏塔从塔顶往下产品依次是裂解气、汽油、柴油、蜡油等馏分,塔底油全部引出返回至辐射室重新加热裂解。

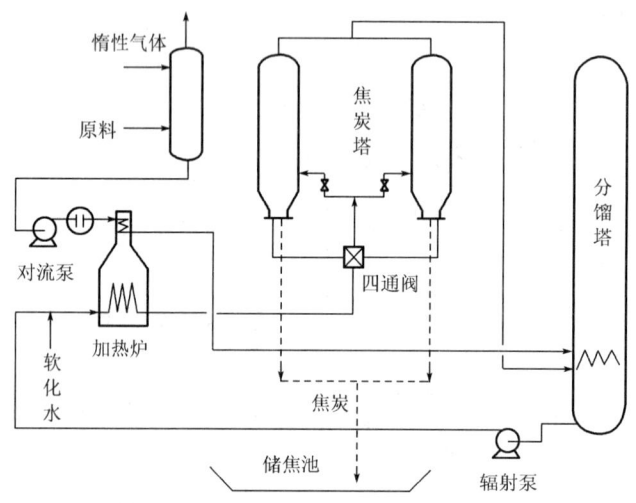

图8-6 延迟焦化反应系统工艺流程

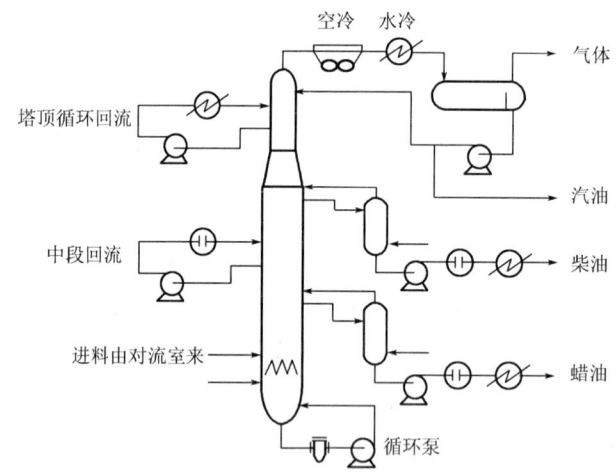

图8-7 延迟焦化分馏系统工艺流程

焦化汽油的杂质含量较多,不适合生产航煤原料,且汽油中烯烃含量较多,易发生氧化反应,所以油罐储存时间不可过长,一般直输到下一道工艺继续加工。

焦化柴油的烯烃、芳香烃含量均较直馏柴油(常减压蒸馏装置产品均为直馏产品)高,且十六烷值较低,所以焦化柴油需要进行芳烃开环和烯烃饱和生成烷烃的反应过程,以达到国家标准对车用柴油的要求。

焦化蜡油在馏程上相当于减压侧线油,其组分中不饱和烃较多,并含有少量的焦炭,不易作润滑油溶剂脱油脱蜡装置的原料,主要是催化裂化和加氢裂化装置的原料。

### (三)催化裂化工艺

催化裂化是重质馏分油在500℃左右、2~4atm、与催化剂接触的条件下,发生裂化反应生成气体、汽油、柴油、回炼油、油浆和焦炭等产物的加工过程。

**1. 反应—再生系统**

原料油经喷嘴雾化与来自再生系统的高温催化剂接触随即汽化并发生反应，一方面通过裂解等反应生成气体、汽油等较小分子的产物，另一方面发生缩合反应生成分子量更大的物质，直至生成焦炭。焦炭沉积在催化剂的表面上使催化剂的活性下降。因此，经过一段时间的反应后，必须烧去催化剂上的积炭使催化剂的活性得以恢复。这种利用空气烧去催化剂上积炭的反应称为"再生"。一个工业催化裂化装置必须包括反应和再生两部分。

裂化反应是吸热反应，而再生反应是强放热反应，为了维持一定的温度条件，必须在反应时向系统供热，而在再生时又要从系统取热。以催化剂做载热体，在解决周期性的供热和取热问题的同时，也解决了催化裂化装置周期性的反应和再生。反应—再生系统的示意流程如图8-8所示。

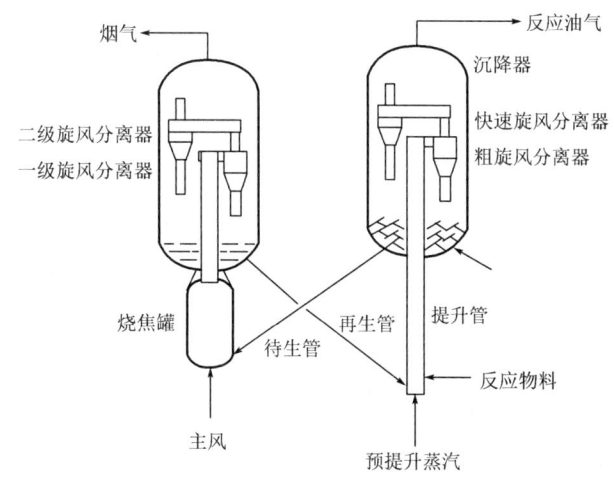

图8-8 反应—再生系统工艺流程

经换热升温的原料油与雾化蒸汽混合后经过提升管底部的喷嘴，被分散成粒径很小的油滴，与来自再生器的高温催化剂接触，随即汽化并进行反应。反应生成的油气携带着催化剂沿提升管上升，上升过程中继续发生反应。反应产物在提升管出口经粗旋风分离器，使油气和催化剂迅速分离以减少不理想的二次反应。携带少量催化剂的油气进入反应沉降器后沿沉降段上升，大部分催化剂在重力作用下沉降分离，含很少量催化剂的油气经沉降器顶部快速旋风分离器，使油气中的催化剂进一步分离回收。脱除了催化剂的油气由旋风分离器的升气管到达沉降器顶部，引出后去分馏塔。

从粗旋风分离器、沉降段及快速旋风分离器料腿回收下来积有焦炭的催化剂（称待生催化剂）进入沉降器底部汽提段。汽提段内装有多层人字形挡板，在底部通入过热汽提蒸汽，待生催化剂颗粒的孔隙内部和颗粒之间吸附的油气，在汽提蒸汽的作用下被置换出来返回上部，这样既减少了产品损失，也降低了再生系统的烧焦负荷。经汽提后的待生催化剂通过待生斜管进入再生系统，进行再生烧焦过程。

提升管反应器是原料油和催化剂接触发生催化反应的场所，是装置的核心设备。提升管反应器油气停留时间为2~4s，时间较短，有效降低了二次反应，显著提高产品收率。

汽提后的待生催化剂，经待生斜管进入再生系统烧焦罐的下部，由主风机提供空气进行烧焦反应,使催化剂的活性得以恢复。烧去焦炭的催化剂(称再生催化剂)和再生烟气一起进入一级旋风分离器进行快速分离,分离下来的催化剂经旋分器料腿落入底部料位处。夹带了部分催化剂的再生烟气经升气管进入二级旋风分离器,进一步回收被再生烟气夹带的催化剂。回收下来的催化剂经旋分器料腿也进入底部料位处,并通过再生斜管运至提升管反应器进口处,至此催化剂完成流化循环。反应器和再生器必须达成热量平衡、压力平衡和物料平衡,才能保证正常的催化剂流化,使反应系统和再生系统得以平稳运行。

### 2. 分馏系统

典型的催化裂化分馏系统如图8-9所示。来自沉降器顶部的高温油气从底部进入分馏塔,与塔底抽出的返塔油浆在人字形挡板处逆流接触,脱除油气的过剩热量,同时洗涤油气中夹带的催化剂粉尘以免堵塞塔盘。分馏塔按照沸点不同,分离成气体、汽油、轻(重)柴油、回炼油和油浆等产品。

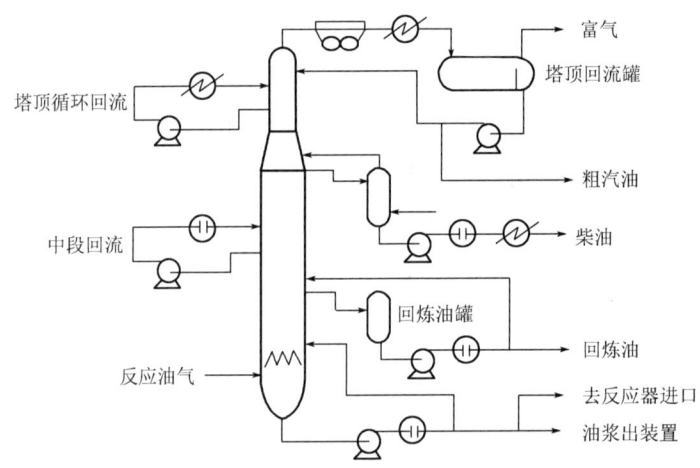

图8-9 催化裂化分馏系统工艺流程

从分馏塔顶部引出的油气,经空冷器、水冷器冷却后进入分馏塔顶回流罐。未冷凝的油气(称为富气)去富气压缩机;冷凝冷却下来的粗汽油用泵送往吸收稳定系统作为吸收剂。轻柴油从分馏塔相应塔板引出,经过汽提加工后作为柴油原料出装置。回炼油从分馏塔引出流入回炼油罐,用泵抽出后分为两路,一路返回至上一层塔板作为中段回流;大部分去提升管反应器进行回炼。油浆从分馏塔底用泵抽出升压后一部分去提升管回炼,一部分放回分馏塔底部人字挡板的上方,一部分作为副产品经冷却器降温后送出装置。

### 3. 吸收稳定系统

从分馏塔顶回流罐来的富气中带有汽油组分,而粗汽油中则溶解有$C_3$、$C_4$甚至$C_2$组分,吸收稳定系统的任务就是把压缩富气分离成干气、液化气,回收压缩富气中的汽油组分,并将粗汽油加工成蒸汽压合格的稳定汽油。典型的催化裂化吸收稳定的工艺流程如图8-10所示。

从分馏系统来的富气经压缩机加压和冷却后,进入平衡罐,罐温和罐压促使干气呈气相,液化气呈液相。在平衡罐出口端顶部引出气相从底部进入吸收塔,与上部进入的粗汽油形成逆向接触,相似相溶作用使得上升气相中的液化气组分被粗汽油吸收沿塔板落入塔底,引出后返回平衡罐。吸收塔顶部引出较为纯净的干气从底部进入再吸收塔,与上部进入的贫吸收剂

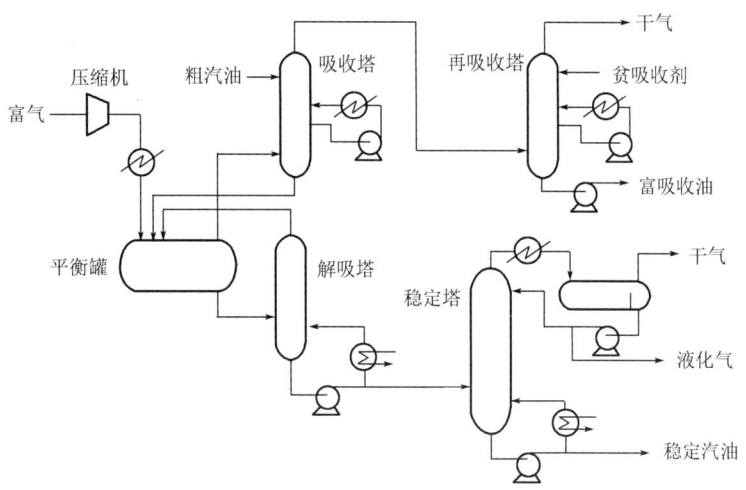

图 8-10 催化裂化吸收稳定系统工艺流程

形成逆向接触,贫吸收剂是柴油组分,吸收由干气物理携带的粗汽油,沿着塔板落入塔底,引出后返回分馏塔柴油抽出板的上方。从再吸收塔顶部引出的干气纯度达到了工艺要求,作为化工料出装置。因为低温高压有利于吸收,所以吸收塔和再吸收塔都设置了中段回流取热系统。

从平衡罐出口端底部进出液相进入解吸塔,塔底部设有再沸系统,升温促使进入解吸塔液相中的干气解吸并上升至塔顶,引出后返回平衡罐。从解吸塔底部引出的液相组分经泵驱动后,进入稳定塔,塔底部设有再沸系统,升温促使液相进料中的液化气解吸并上升至塔顶,从塔顶引出后进入塔顶回流罐,经过塔顶回流系统提浓后,作为液化气产品出装置。稳定塔底引出蒸气压合格的稳定汽油去产品精制系统,脱硫后输往油库作为成品汽油的调和组分。

### (四)催化重整工艺

催化重整装置加工的是常减压蒸馏装置来的直馏汽油和延迟焦化装置来的焦化汽油,两种汽油的混合物作为原料,经过加氢精制脱除杂质,再经过结构重整,生成高辛烷值汽油输往油库,作为成品汽油的调和组分。

#### 1. 预分馏

预分馏系统的作用是为后续的重整原料切除小于等于 $C_6$ 的组分,从而满足馏分组成的要求。这是因为小于等于 $C_6$ 的组分易发生加氢裂化反应生成 $C_3$、$C_4$ 或更低的低分子烃,降低液体汽油产品收率,使装置的经济效益降低。另外,小于等于 $C_6$ 环烷烃异构脱氢后,易生成苯,苯为剧毒。GB 17930—2016《车用汽油》中规定车用汽油中苯含量不高于 0.8%(体积分数)。

如图 8-11 所示,直馏汽油和焦化汽油按着严格的比例混合形成性质均一稳定的原料进入预分馏塔,塔顶馏出不适宜重整进料的轻馏分,塔底馏出物去预加氢。塔顶馏出物经空冷器和水冷器后进入塔顶回流罐,罐顶引出不凝气;罐内冷凝生成的油相,一部分作为塔顶冷回流返塔以稳定塔顶的温度和压力;一部分作为拔头油副产品出装置。

#### 2. 预加氢

如图 8-12 所示,预分馏塔塔底馏出物经预分馏塔底泵送出,与氢气混合,经过预加氢换热器换热、预加氢炉加热,然后进入预加氢反应器,在预加氢催化剂的作用下发生了加氢脱硫、脱氮、脱氧、脱金属和烯烃饱和反应,使原料油中的含硫、含氮、含氧有机化合物进行分解,生成

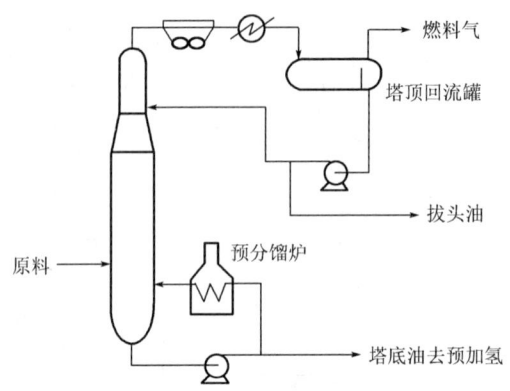

图 8-11 催化重整预分馏工艺流程

相应的 $H_2S$、$NH_3$、$H_2O$,它们在后续的高压油气分离器和蒸发脱水塔塔顶回流罐中排除;原料中的烯烃加氢饱和生成相应的饱和烃类;原料中的含铅、砷、铜等微量金属有机物经加氢还原后,生成单质吸附在催化剂床层上。脱除杂质的烃类产物经换热、冷却进入预加氢高压油气分离罐,罐顶部引出氢气部分循环使用,部分作为废氢排出;罐底部排出污水以及溶解的硫化氢、氨气;罐中下部引出液相作为重整原料换热去蒸发脱水塔。

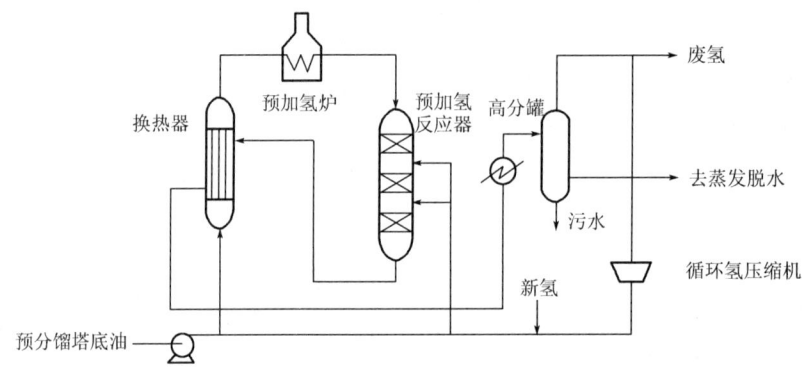

图 8-12 催化重整预加氢工艺流程

### 3. 蒸发脱水

蒸发就是进一步有效的脱除预加氢精制油中的硫化氢、氨和水分,使其符合重整进料的要求。另外,重整进料要求蒸发塔底馏出物水含量要严格控制,以免破坏水氯平衡。

如图 8-13 所示,预加氢高压分离罐内的油相进入蒸发塔,塔顶馏出物经空冷器、水冷器冷却后进入塔顶回流罐,完成油、水、气三相的分离,水相从回流罐底部的分水包排污线排出;罐顶引出的不凝气($C_4$ 及以下气体烃)作为化工原料出装置;罐内油相一部分回流返塔,以稳定塔顶的温度和压力,一部分作为轻烃($C_5$、$C_6$)送出装置;脱水塔底油作为合格的原料进入重整反应系统。

### 4. 重整反应

如图 8-14 所示,重整原料经重整进料泵升压,与循环氢混合后,加热升温后进入重整第一加热炉、重整第一反应器,接着进入重整第二加热炉、重整第二反应器、重整第三加热炉、重整第三反应器、重整第四加热炉、重整第四反应器。

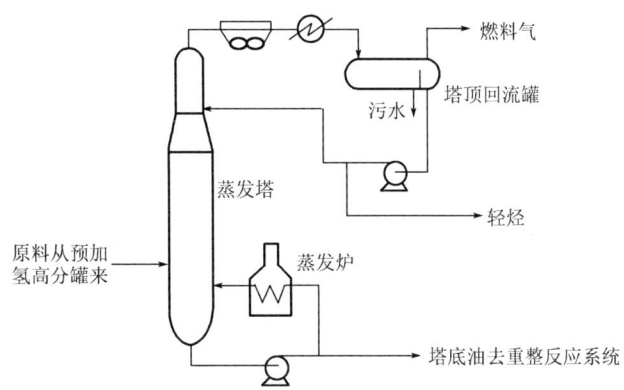

图 8-13 催化重整蒸发脱水塔工艺流程

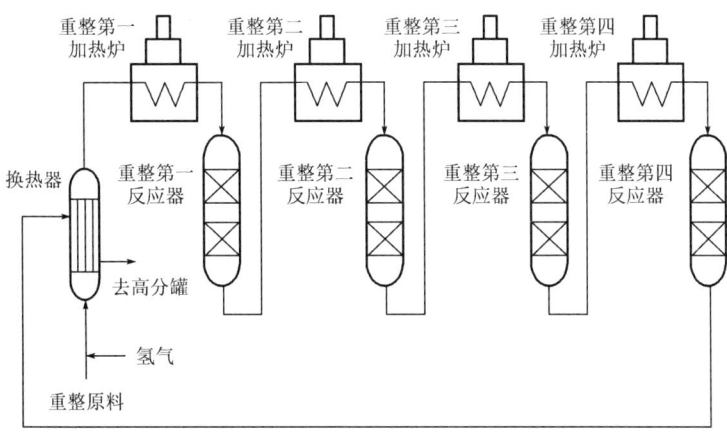

图 8-14 重整系统工艺流程

重整反应器是催化重整反应发生的主要场所。工业重整催化剂主要是贵金属催化剂,它是由活性组分、助催化剂和载体构成。反应器内主要发生了芳构化和异构化两种不同类型的理想反应,因此要求催化剂对这两种反应均要有选择性,即要求重整催化剂具备脱氢和异构化两种活性功能,一般由元素周期表中第Ⅷ族的金属元素——铂来实现环烷烃脱氢生成芳香烃、烷烃脱氢生成烯烃等脱氢反应功能,也称金属功能;由卤素如氟、氯等元素提供烯烃环化、五元环异构等异构化、加氢裂化反应功能,也称酸性功能。重整催化剂的这两种功能在反应中是有机配合的,并应保持一定平衡。否则会影响催化剂的整体活性及选择性,也会影响反应产物的烃类组成和辛烷值。研究表明:正构烷烃在催化剂的作用下转化成芳香烃的历程中,分别经历了几个阶段的反应过程,它们有正构烷烃异构生成异构烷烃、正构烷烃脱氢生成烯烃、烯烃异构生成异构烯烃、异构烷烃脱氢生成异构烯烃、异构烯烃脱氢生成环戊烷烃、环戊烷烃异构生成环己烷烃、异构烯烃脱氢生成环己烷烃、环己烷烃脱氢生成芳香烃等,但总速率取决于反应进程中阶段最慢的反应。为了达成理想产物产率最高的结果,需要催化剂增强活性和选择性使反应较慢的反应速率提高,这就要求重整催化剂的金属功能和酸性功能必须适度配合,以达到整体反应的平衡。

催化剂活性组分中的金属功能由金属铂来提供,而铂是固定装填在反应器的床层中,其活性和总量是保持不变的。活性组分中的酸性功能主要由氯气提供,氯的亲水性较强,如果反应系统中有水存在,将会导致氯在催化剂上的含量不稳定,从而降低催化剂活性中的酸性功能,因此通过向反应系统中注氯或注水,或者控制水和氯的相对浓度,进而控制催化剂酸性功能的强度,并与金属功能达至平衡,最终促成芳香烃的最大产量。

#### 5. 稳定塔

如图8-15所示,从第四反应器底部引出的反应油气,经过冷却器冷后进入重整高压分离罐,罐内实现氢气和油气的分离,罐顶引出的氢气纯度较高,大部分去循环使用供给重整反应系统和预加氢反应系统,其余部分作为副产氢气产品出装置。高分罐底的重整生成油经过换热升温后进入稳定塔,塔顶油气经冷却进入稳定塔顶回流罐,罐顶引出不凝气作为化工原料出装置;罐底液化气经塔顶回流泵,部分返塔以稳定塔顶的温度和压力,部分作为液化气化工料出装置;稳定塔底的汽油组分经冷却后作为高辛烷值汽油调和组分输往油库。

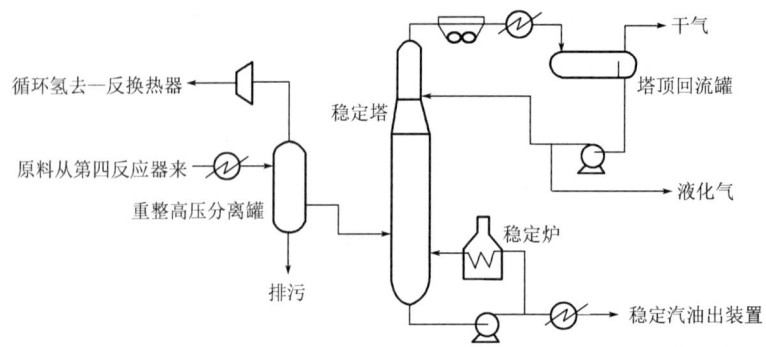

图8-15 催化重整稳定塔工艺流程

### (五)柴油加氢工艺

柴油加氢装置的原料是延迟焦化装置的焦化柴油和催化裂化装置的催化裂化柴油。这两种柴油的特点是不饱和烃含量较多,十六烷值较低,性质不稳定,且硫、氮杂质含量比较多,必须需要精制脱除杂质和提高十六烷值才能得到国家标准柴油的规定指标。

#### 1. 反应系统工艺流程

如图8-16所示,来自延迟焦化装置的焦化柴油,和来自催化裂化装置的催化裂化柴油,按着一定的比例进行调和,使之组成和性质均一稳定,然后通过离心泵打入装置的原料缓冲罐,在一定的温度、压力、液位的前提下,罐内原料与氢气混合后进入反应加热炉,经过加热的原料从精制反应器顶部进入反应器,在反应器内发生加氢脱硫、脱氮、脱氧和脱金属和烯烃饱和反应。

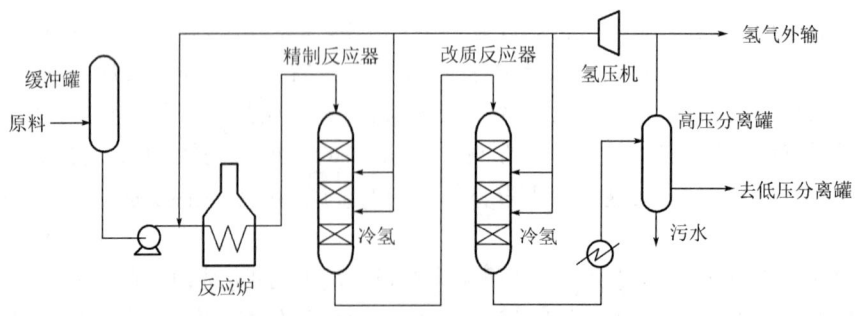

图8-16 柴油加氢反应系统工艺流程

从精制反应器底部引出的精制原料从顶部进入改质反应器,完成提高十六烷值的化学反应,从改质反应器底部引出的反应产物经过冷却进入高压分离罐,在高分罐内完成油、水、气的三相分离过程,气体主要是氢气,从罐顶引出进入循环氢系统;高压分离罐底部排出污水;油相进入到低压分离罐。

石油产品的烃类族组成直接影响油品性质,而十六烷值则是柴油燃烧性能的重要指标,在烃类族组成成分中,烷烃(尤其是长直链烷烃)的十六烷值最高,环烷烃次之,而芳香烃(尤其是稠环芳香烃)的十六烷值最低;同类烃中,同碳原子数而异构化程度低的化合物具有较高的十六烷值,芳香烃环数越多的烃类具有越低的十六烷值。因此,芳香烃、环烷烃含量低,烷烃含量高的柴油具有较高的十六烷值。在柴油中,只要减少萘系的比例,就可以提高柴油的十六烷值。

$$\text{萘} \xrightarrow{(1)} \text{四氢萘} \xrightarrow{(2)} \text{丁基苯} \xrightarrow{(3)} \text{苯} + C_4H_{10}$$

萘在加氢过程中的反应

上式中的第(1)(2)(3)步为萘在加氢条件下的主要反应历程,第(1)步反应,由萘生成四氢萘,十六烷值几乎没有变化;第(2)步反应,由四氢萘生成丁基苯,则十六烷值大大地提高;第(3)步反应,由丁基苯裂成苯和丁烷,生成非柴油组分。而改质反应器内的催化剂,刚好既能阻止第(3)步反应,又能促进第(1)、(2)步反应的进行,使生成的丁基苯留在了柴油馏分中,既提高十六烷值,又减少了加工损失。

**2. 分馏系统工艺流程**

如图8-17所示,从高压分离罐来的油相进入低压分离罐内,完成气体烃与油相的分离,罐顶部引出气体烃作为化工料出装置;低压分离罐下部排出的精制油进入分馏塔,分馏塔底设置了再沸系统,促使进塔物料中轻组分不断气化上升,并从塔顶引出,冷却后进入塔顶回流罐,在塔顶罐内完成油、水、气三相的分离,燃料气排入全厂低压燃料气管网;罐底部排出污水;油相(粗汽油)部分回流返塔,以稳定塔顶的温度和压力,部分粗汽油出装置,一般作为原料进入催化重整装置的重整反应系统进一步加工。

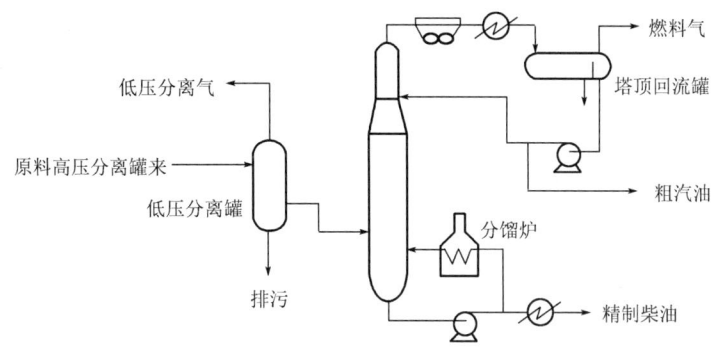

图8-17 柴油加氢装置分馏系统工艺流程

设置低压分离罐的目的是分离出大部分的气体烃,分离出溶解在油里的溶解氢及硫化氢;同时也缓解了高压分离罐到分馏塔的压降,稳定分馏塔的操作。分馏塔底油经塔底泵加压后部分经过塔底再沸炉加热后循环返塔,以稳定塔底温度,达成精馏的效果,促使柴油的闪点和

10%点馏出温度合格,部分塔底油作为合格柴油冷却后出装置。加氢柴油输往油库后,与直馏柴油及柴油添加剂按着各调和组分物化性质计算出的比例进行调和,最终生产出炼厂成品柴油。

## 第二节 石油化工原料及加工流程

 问题导入

1. 石油炼厂生产的烯烃主要有哪些?可以进一步生产哪些产品?
2. 由催化重整装置产出的芳烃原料有哪些?可以进一步生产哪些产品?

从石油或石油气(炼厂气、油田气、天然气)制得的基本化工原料是庞大的石油化工工业的基础。这些基本化工原料主要是乙烯、丙烯、丁烯、丁二烯、苯、甲苯、二甲苯等。

### 一、重要的烯烃———乙烯、丙烯、丁烯、丁二烯

乙烯、丙烯、丁烯、丁二烯等小分子烯烃具有双键,化学性质活泼,是基本有机化学工业和高分子聚合物的重要原料,用途广泛。在小分子烯烃中,以烯烃最为重要,产量也最大,其产量常作为衡量一个国家基本有机化学工业发展水平的标志。因此在石油裂解工业的设计中,丙烯、丁烯及戊烯等往往作为副产品生产。

工业上获取低级烃类的主要方法是将烃类热裂解,即将石油系烃类原料在管式炉中经高温作用,使烃类分子发生多种反应,生成分子量较小的烯烃、烷烃、炔烃、氢气等。烃类热裂解过程是很复杂的,目前已知烃类热裂解的化学反应有脱氢、断链、二烯合成、异构化、脱氢环化、脱烷基、叠合、歧化、聚合、脱氢交联和焦化等一系列反应。为了对这样一个反应系统有一个概括认识,将烃类热裂解过程中的一些主要产物及其变化关系用图8-18来说明。

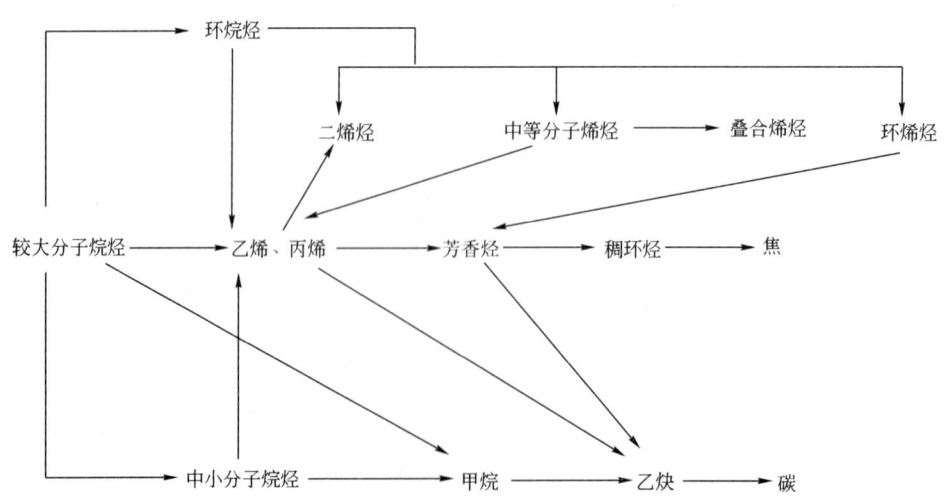

图8-18 烃类热裂解过程中的一些主要产物及其变化示意图

裂解气是复杂的混合物,要从这样复杂的混合气体中分离出高纯度的乙烯、丙烯等产品,需要一系列的净化与分离过程。国内外大型裂解气分离装置广泛使用深冷分离法,即利用裂

解气中各种烃的相对挥发度不同,在低温下将除了氢和甲烷以外的其他烃类都冷凝下来,然后在精馏塔内进行多组分精馏分离,利用不同的精馏塔,将各个烃逐个分离出来。工业上一般将冷冻温度等于或低于 -100℃ 的称为深度冷冻。图 8-19 是深冷分离流程示意图。其分离过程可概括为三部分。

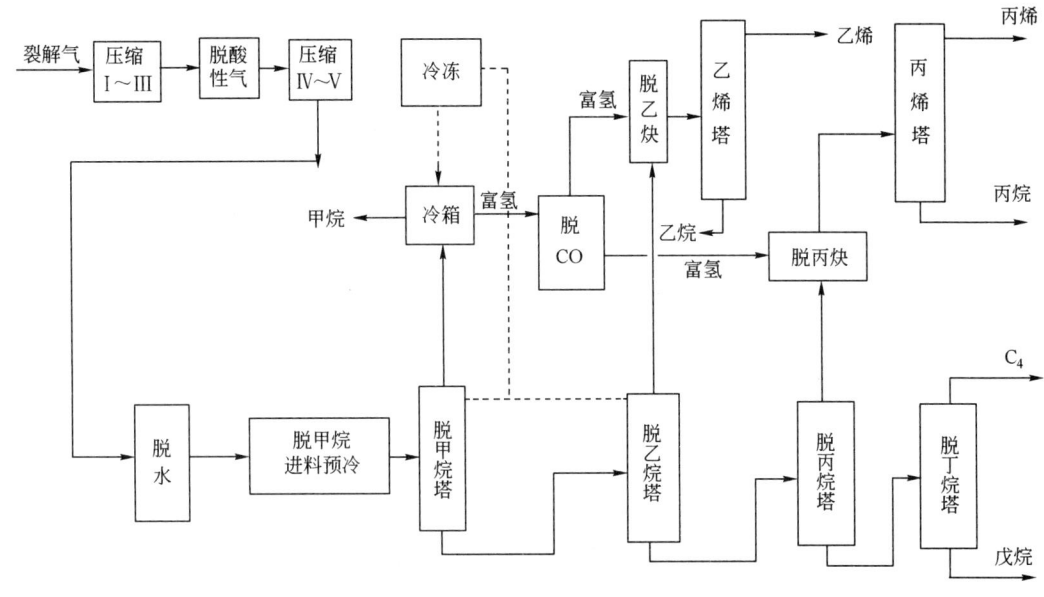

图 8-19 深冷分离流程示意图

(1) 气体净化系统:包括脱酸性气体(二氧化碳、硫化氢以及少量有机硫化物等)、脱水、脱炔和脱一氧化碳。

(2) 压缩和压缩系统:使裂解气加压降温,为分离创造条件。

(3) 精馏分离系统:包括一系列的精馏塔,以分离甲烷、乙烯、丙烯、$C_4$ 馏分以及 $C_5$ 馏分。

**(一) 由乙烯得到的化工产品**

由乙烯得到的产品可分为三大类。第一类包括乙烯的聚合和齐聚,大约占乙烯产量的 60%,用于生产聚合物。第二类是乙烯的加成反应产物及其衍生物。第三类产品是乙烯的其他反应如烷基化、氧化、羰基化等反应产物。由乙烯得到的若干化工产品如图 8-20 所示。

**(二) 由丙烯得到的化工产品**

丙烯是仅次于乙烯的另一类重要的脂肪族原料。它是热裂解生产乙烯得到的副产物,或在炼油厂中是催化裂化装置中副产气体,其收率可达 10%~22%(质量分数),可用于生产聚丙烯、丙烯腈和异丙醇等产品,其中生产聚丙烯是丙烯的主要用途。聚丙烯作为通用热塑性树脂,其特点是机械强度优良,软化温度高,耐低温性、耐氧化性以及电性能均较好。由丙烯得到的若干化工产品如图 8-21 所示。

**(三) 由丁烯得到的化工产品**

副产品丁烯除用来生产汽油高辛烷值组分如异辛烷、甲基叔丁基醚外,还可用来生产 1,3-丁二烯、顺丁烯二酸酐等化工原料。

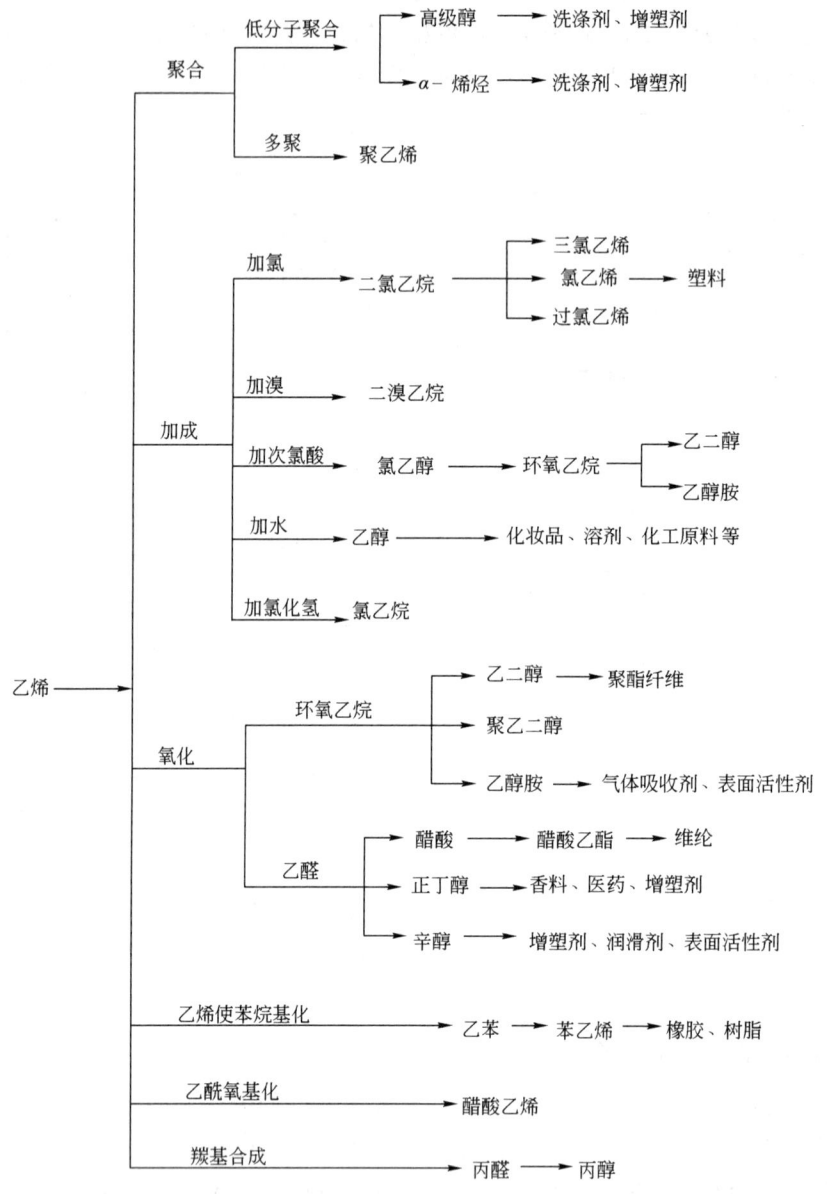

图 8-20 由乙烯得到的若干化工产品

(1) 1,3-丁二烯是生产顺丁橡胶和 SBS 弹性体的原料。1,3-丁二烯可由正丁烯氧化脱氢制得，其反应为：

$$C_4H_8 + \frac{1}{2}O_2 \longrightarrow C_4H_6 + H_2O$$

(2) 顺丁烯二酸酐又称马来酸酐，简称顺酐，主要用来生产热固性树脂、不饱和聚酯，还可用于合成增塑剂（顺丁烯二酸二丁酯）、润滑油添加剂（无灰分散剂）、农药等的合成原料。

### (四) 由丁二烯得到的化工产品

丁二烯的重要工业用途是合成橡胶，用于顺丁橡胶、丁苯橡胶、丁腈橡胶等的制备。另外，

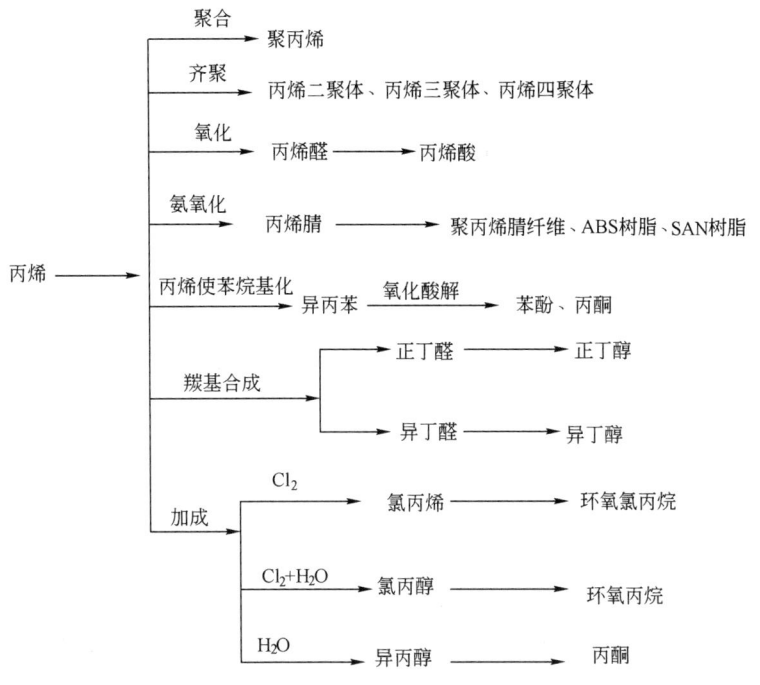

图 8-21 由丙烯得到的若干化工产品

丁二烯与二氧化硫作用,接着加氢制得四亚甲基砜(环丁砜),可用来从石油加工厂的烃馏分中萃取芳香化合物。

## 二、重要的芳香烃——苯、甲苯、二甲苯

由催化重整得到苯、甲苯、二甲苯混合物,用精馏的方法分离,是获得石油芳香烃的重要来源。典型的催化重整得到的苯、甲苯、二甲苯混合物中含甲苯约50%(质量分数,下同),二甲苯35%~45%,含苯仅有10%~45%,然而对苯的需求量较大,因而开发了将甲苯转化为苯的氢化脱烷基方法。

### (一)由苯得到的化工产品

苯的最大用途是与乙烯反应制取乙苯,由乙苯、过氧化氢可以制得环氧乙烷和苯乙烯;第二大用途是与丙烯生成异丙苯,然后再将其转化为苯酚和丙酮;第三大用途是制造环己烷,环己烷是生产尼龙的原料。

### (二)由甲苯得到的化工产品

甲苯的主要用途有氢化脱烷基制取苯,通过歧化反应得到苯和二甲苯。经硝化的二硝基甲苯可用作爆炸物组成的胶凝剂和防水剂;进一步硝化则得到三硝基甲苯(TNT),是一种黄色炸药。

### (三)由二甲苯得到的化工产品

二甲苯氧化可制得苯酐或对苯二甲酸。苯酐主要用于制备增塑剂;对苯二甲酸不仅是生产聚酯纤维涤纶的原料,也是生产模制树脂的原料。

> 思政案例

## 石油化工技术的开拓者
### ——石油赤子侯祥麟

侯祥麟(1912年4月4日—2008年12月8日),战略科学家、中国科学院院士、中国工程院院士,广东省汕头市人。他1935年毕业于燕京大学,获学士学位;1938年加入中国共产党,1948年获美国卡乃基理工学院博士学位。我国石油化工技术的开拓者之一。领导研制成功原子弹工业分离铀235装置急需的油品和导弹所需的特种润滑油、脂;指导研究解决了国产喷气燃料对喷气发动机镍铬合金火焰筒的烧蚀问题等。

1950年10月1日是新中国成立一周年,清华大学师生都到天安门参加庆祝游行。在男生一片白色衬衣的海洋中,唯有一件鲜红色的衬衣格外醒目。这是侯祥麟。他参加学生的排练,一起唱歌、跳集体舞,还热情地教大家跳起"土风舞"。此时,他刚从美国回到阔别6年的祖国,在清华大学化工系做教授。也就在一年前,38岁的麻省理工学院副研究员侯祥麟,放弃了原本可以续签下去的合同。

红衬衫表明了侯祥麟的不凡。整整55年后,2005年9月25日,身负众多任职和荣誉的93岁的侯祥麟,在人民大会堂这样回顾了自己:"我是一个平凡的人,做的事情也是平凡的⋯⋯,我做的事情是一名共产党员应该做的,我和石油打交道已经60多年了,预期在我的余生还会保持这个深厚的缘分。"这场"侯祥麟先进事迹报告会"的听众之一、时任国务院总理温家宝评价道:"侯老最常讲的两个字是'平凡',但是在平凡中有不平凡的事迹。侯老的可贵之处,就是这么多年一贯坚持为国家为人民的理想和信念,一贯坚持献身科学。"

侯祥麟与石化专业结缘,据说起因于中学时候的一次化学课。老师讲到原子核有巨大的能量,释放出来威力无穷。侯祥麟觉得,要是把原子核能量释放出来打日本就很好了。"因为是化学老师告诉我们这事,我就以为这是化学的事,直到上大学才知道原来这个是物理学的领域。"他后来回忆说。

侯祥麟是广东揭阳人,1912年生,1935年毕业于燕京大学化学系,1938年加入中国共产党。1944年他受党组织委派留学美国,临行前夜,到重庆红岩村看望了董必武。董老嘱托:现在形势越来越好,日本侵略者可能不久就要垮台。咱们党也需要一些科技人才,希望你们出去留学的人好好学些技术,回来好好为新中国建设服务。此后,侯祥麟就读于美国卡耐基理工学院化学工程系,并获博士学位。

回国后的侯祥麟面对的是一片战争的疮痍,而且当时中国原油产量几乎为零,学炼油的侯祥麟在20世纪60年代之前,主要精力是研究人造油。而随着中苏关系紧张,从苏联进口的石油制品尤其是军需油品数量锐减,特别是航空煤油几乎断顿,国防安全直接受到威胁。这时,担任石油科学研究院副院长的侯祥麟承受着前所未有的压力。他带领科研人员,攻克了国产航空煤油研制和生产难关;又在很短时间里,为中国的第一颗原子弹、第一颗氢弹以及导弹等尖端武器,研制出了特种润滑油品。以白手起家,艰苦创业,经过十多年的艰苦奋斗,到20世纪60年代中期,中国的石油工业已经成为国家发展建设的动力之源。

1978年,66岁的侯祥麟被任命为石油工业部副部长。

1994年,在他倡议下成立了中国工程院;经他的努力,中国于1997年成功举办了第15届世界石油大会。

1996年,侯祥麟获得了"何梁何利科学与技术成就奖"。他捐出50万元奖金,在中石油、中石化两个总公司和石油化工科学研究院协助下,成立了"侯祥麟基金",奖励研究院和几所高校炼油与石油化工专业年轻教师和学生。侯先生每年都亲自参加评奖工作。每当他听到受奖人的创新性成果,看到每年受奖人的水平都有提高,非常高兴。这是他感到对祖国的进步有所促进产生的由衷喜悦。

侯祥麟是科学家,也是老党员,还是一位党的高级领导干部。侯祥麟平静地看待自己的历史:"我和中国一起走过了20世纪几乎全部的历程,往事历历在目。能够见证历史,以个人的微薄力量参与其中,是我的幸运。"侯祥麟丰满厚重的人生经历,不仅留下了一串闪光的科研硕果,也给我们留下了一笔宝贵的精神财富。

(资料来源:澎湃新闻客户端)

## ● 复习题

1. 车用汽油和车用柴油是如何标号的?
2. 炼厂车用汽油的加工流程是什么?
3. 炼厂柴油加工装置是如何控制十六烷值的?
4. 加氢精制装置的加工原理是什么?
5. 延迟焦化工艺和催化裂化工艺的区别是什么?
6. 常减压蒸馏装置柴油下一步的加工工艺是什么?
7. 催化重整装置为什么要拔出小于等于碳六组分?
8. 芳香烃原料是在哪个装置产生的?
9. 延迟焦化汽油与催化裂化汽油有什么区别?
10. 催化裂化装置的原料是100%的减压渣油吗?

# 参 考 文 献

[1] 陈鸿.石油工业通论[M].北京:石油工业出版社,1995.

[2] 中国石油教育协会《祖国石油》编写组.祖国石油[M].北京:石油工业出版社,2003.

[3] 张厚福,张万选.石油地质学[M].3 版.北京:石油工业出版社,1999.

[4] 陈荣书.石油及天然气地质学[M].武汉:中国地质出版社,1994.

[5] 潘钟祥.石油地质学[M].北京:地质出版社,1986.

[6] 胡见义.非构造油气藏[M].北京:石油工业出版社,1986.

[7] 邹才能,陶士振,袁选俊,等."连续型"油气藏及其在全球的重要性成藏、分布与评价[J].石油勘探与开发,2009,36(6):669-682.

[8] 邹才能,张光亚,陶士振,等.全球油气勘探领域地质特征、重大发现及非常规石油地质[J].石油勘探与开发,2010,37(2):129-144.

[9] 邹才能,朱如凯,吴松涛,等.常规与非常规油气聚集类型、特征、机理及展望:以中国致密油和致密气为例[J].石油学报,2012,33(2):173-187.

[10] 赵靖舟.非常规油气有关概念分类及资源潜力[J].天然气地球科学,2012,23(3):393-406.

[11] 李茂林,黎文清.油气田开发地质基础[M].北京:石油工业出版社,1981.

[12] 吴顺和.石油地球物理勘探(上册)[M].北京:石油工业出版社,1987.

[13] 陆基孟.地震勘探原理(下册)[M].东营:石油大学出版社,1993.

[14] 熊琦华.测井地质基础[M].北京:石油工业出版社,1987.

[15] 中国天然气集团公司 HSE 指导委员会.井下作业 HSE 风险管理[M].北京:石油工业出版社,2004.

[16] 周金葵.钻井液工艺技术[M].北京:石油工业出版社,2009.

[17] 周金葵,李效新.钻井工程[M].北京:石油工业出版社,2007.

[18] 谷凤贤,刘桂和,周金葵.钻井作业[M].北京:石油工业出版社,2011.

[19] 吴奇.井下作业监督[M].北京:石油工业出版社,2003.

[20] 聂海光,王新河.油气田井下作业修井工程[M].北京:石油工业出版社,2002.

[21] 刘丁曾.多油层砂岩油田开发[M].北京:石油工业出版社,1986.

[22] 史绍德.油层物理[M].北京:石油工业出版社,1989.

[23] 胡太和.油田开发[M].北京:石油工业出版社,1991.

[24] 中国石油天然气总公司劳动局.采油工艺[M].北京:石油工业出版社,1996.

[25] 万仁溥,等.采油技术手册(修订本)(第八分册):稠油热采工程技术[M].北京:石油工业出版社,1998.

[26] 中国石油天然气总公司劳资局.采油工程[M].北京:石油工业出版社,1994.

[27] 王正江.辽河油田钻采工艺研究院技术汇编[M].北京:石油工业出版社,2004.

[28] 姜继水.提高石油采收率技术[M].北京:石油工业出版社,1999.

[29] 陈涛平.石油工程[M].北京:石油工业出版社,2000.

[30] 阎凤岐.石油企业精神[M].北京:石油工业出版社,1996.

[31] 严大凡,张劲军.油气储运工程[M].北京:中国石化出版社,2003.
[32] 苗承武.高效油气集输与处理技术[M].北京:石油工业出版社,1997.
[33] 刘德绪.油田污水处理工程[M].北京:石油工业出版社,2001.
[34] 王光然.油气储运技术[M].东营:中国石油大学出版社,2005.
[35] 王光然.油气储运设备[M].东营:中国石油大学出版社,2005.
[36] 郭光臣,董文兰,张志廉.油库设计与管理[M].东营:石油大学出版社,1991.
[37] 冯叔初.油气集输[M].东营:石油大学出版社,1988.
[38] 袁宗明,等.城市配气[M].北京:石油工业出版社,2004.
[39] 林世雄.石油炼制工程[M].北京:石油工业出版社,2000.
[40] 梁文杰.石油化学[M].东营:石油大学出版社,1995.
[41] 侯祥麟.中国炼油技术[M].北京:中国石化出版社,1991.
[42] 张旭之.丙烯衍生物工艺学[M].北京:化学工业出版社,1995.
[43] 陈长生.石油加工生产技术[M].北京:高等教育出版社,2006.
[44] 郑哲奎,温守东.汽柴油生产技术[M].北京:化学工业出版社,2012.
[45] 刘朝全,姜学峰,戴家权,等.疫情促变局 转型谋发展:2020年国内外油气行业发展概述及2021年展望[J].国际石油经济,2021,29(1):28-37.
[46] 刘朝全,姜学峰,吴谋远,等.石油市场逐步复苏能源转型持续推进:全球油气行业2021年回顾及2022年展望[J].国际石油经济,2022,30(1):2-13,18.
[47] 韩景宽,李育天.我国油气管网建设"十三五"回顾及"十四五"展望[J].石油规划设计,2021,32(1):1-4,66.
[48] 高鹏,高振宇,赵赏鑫,等.2020年中国油气管道建设新进展[J].国际石油经济,2021,29(3):53-60.
[49] 王宇,张旭,王朝金.中国油气管道发展浅析[J].化工矿产地质,2022,44(4):342-349.
[50] 任晓娟,袁士宝,徐波.石油工业概论[M].北京:中国石化出版社,2020.
[51] 何海清,范土芝,郭绪杰,等.中国石油"十三五"油气勘探重大成果与"十四五"发展战略[J].中国石油勘探,2021,26(1):17-30.
[52] 蔡勋育,刘金连,张宇,等.中国石化"十三五"油气勘探进展与"十四五"前景展望[J].中国石油勘探,2021,26(1):31-42.
[53] 谢玉洪.中国海油"十三五"油气勘探重大成果与"十四五"前景展望[J].中国石油勘探,2021,26(1):43-54.
[54] 付秀清,黄森林,李建红.石油地质基础[M].2版.北京:石油工业出版社,2014.
[55] 何耀春,张红静.石油工业概论[M].2版.北京:石油工业出版社,2014.
[56] 夏位荣,张占峰,程时清.油气田开发地质学[M].北京:石油工业出版社,1999.